环境管理会计三维模型研究

曾辉祥　肖　序　著

科学出版社

北　京

内 容 简 介

本书立足于环境管理会计的典型分析工具——“物质流-价值流”二维分析，尝试以组织边界为切入点，将其向“物质流-价值流-组织”三维分析拓展，构建“物质流-价值流-组织”三维模型，并分别从企业、园区和国家（区域）三个层面诠释不同组织边界下资源价值流分析的应用。本书的特点有：一是在理论方面构建三维模型的模型框架体系，并深入阐述三维模型的基本原理；二是在方法体系方面，针对企业、园区、国家（区域）应用资源价值流分析工具的异质性，形成基于组织特性的资源价值流分析方法；三是分别引用具体的案例进行应用示范，为形成具有推广价值的应用指南提供参考。

本书适合高等院校从事环境会计、循环经济、环境经济与管理等方面研究的读者阅读，也可供企业管理人员、政府官员参考。

图书在版编目（CIP）数据

环境管理会计三维模型研究 / 曾辉祥，肖序著. —北京：科学出版社，2021.11

ISBN 978-7-03-063190-9

Ⅰ. ①环… Ⅱ. ①曾… ②肖… Ⅲ. ①环境会计－管理会计－研究 Ⅳ. ①X196

中国版本图书馆 CIP 数据核字（2019）第 249435 号

责任编辑：郝 悦 / 责任校对：宁辉彩
责任印制：张 伟 / 封面设计：无极书装

科 学 出 版 社 出版
北京东黄城根北街 16 号
邮政编码：100717
http://www.sciencep.com

北京虎彩文化传播有限公司印刷
科学出版社发行 各地新华书店经销

*

2021 年 11 月第 一 版 开本：720 × 1000 1/16
2021 年 11 月第一次印刷 印张：17 3/4
字数：350 000

定价：176.00 元

（如有印装质量问题，我社负责调换）

前　言

环境污染与资源枯竭带来的压力日益成为制约中国经济发展的瓶颈，十八届五中全会提出的绿色发展理念进一步为“十三五”规划和《中国制造 2025》实现经济转型升级添加了强劲的“绿色动力”。绿色发展着眼于节能减排和污染物治理，强调发展环境友好型产业，降低能耗与物耗，保护和修复生态环境；强调发展循环经济与低碳技术，使经济社会与自然协调发展。尤其是在环境保护制度日渐完善的背景下，环境管理会计作为连接经济活动与环境保护活动的纽带，其环境管理控制与决策功能在践行绿色发展战略的进程中愈加受到重视。将“绿色”嵌入发展的理念，意味着会计主题的视野需扩大到会计与环境之间的关系，将社会生产消费与相应的生态环境都纳入会计模式，计量并揭示会计主体的活动给生态环境带来的经济后果。绿色发展理念既向当代环境会计核算发出新的召唤，也对其提出新的要求。

以“物质流-价值流”二维分析框架为核心的资源价值流转会计是环境管理会计的有效工具之一。“物质流-价值流”二维分析立足于传统循环经济“重视物质循环，忽略价值流动”，背离“既循环又经济”之初衷的特点，成为健全循环经济实践的经济性核算体系，弥合价值流与物质流（元素流）裂缝的重要技术保障，被广泛应用于流程制造企业。然而，随着国家《绿色制造标准体系建设指南》对加快实现产品绿色化、工厂绿色化、企业绿色化、园区绿色化及供应链绿色化等重点领域标准化建设的迫切需求，如何将“物质流-价值流”二维分析由微观企业向中观园区和宏观国家（区域）层面拓展，尚属一项亟须攻克的方法论研究。本书基于现行资源价值流研究存在的不足，主要围绕以下三个方面进行积极探索，即核算主体由微观向中观、宏观层面扩展，核算对象立足于资金运动与物质流转并行，核算期间扩大至全生命周期。结合当前我国循环经济实践存在的一系列问题，如经济性核算不够健全，现行产品成本核算无法反映循环经济开展因“外部环境成本内部化”所带来的经济价值和环境保护效果，缺乏与技术性分析紧密相关的资源价值流计算标准体系，难以明确体现循环经济所隐含的企业、园区乃至国家（区域）之间的经济关系等，本书致力于进一步挖掘资源价值流分析工具更大的理论价值，尝试构建“物质流-价值流-组织”三维模型，以及其应用于企业、园区及国家（区域）等不同组织尺度的方法体系。

本书的主要研究内容包括以下几个方面：①在跟踪和梳理国内外最新研究进

展的基础上，集成环境会计学、资源经济学及工业生态学等学科的相关理论，并嵌入全生命周期与供应链视角，从会计主体、核算边界及环境管理会计工具等方面揭示当前资源价值流分析面临的困境，以及从组织维度拓展“物质流-价值流”分析的切入点。②基于社会化大生产背景下经济系统与环境系统之间的再生产关系，从技术性视角深入剖析物质流分析的理论演进，从经济性视角揭示资源价值流转会计的方法沿革，并与国家智能制造相结合，进一步挖掘“物质流-价值流”二维分析框架的拓展逻辑。③在厘清资源价值流分析组织层级的基础上，着眼于多级组织间的物质循环与价值流转，以及二者间的互动与融合规律，并确立“通量-路径-绩效”视角下资源价值流的跨组织代谢机理。④秉承资源价值流分析方法体系的流量管理理念，吸收生命周期理论、价值链理论、循环经济理论及组织理论，从物质流、价值流和组织层级三个维度构建“物质流-价值流-组织”三维模型及其框架体系，并引入投入产出分析方法，构建适用于资源价值流分析的多级组织“物质流-价值流”核算模型，还进一步界定能将“投入”与“产出”纳入同一考量体系的生态效率指标（资源效率与环境效率）及其分析方法。⑤在此基础上，根据“物质流-价值流-组织”三维模型对各级组织边界的界定，即企业、园区和国家（区域），按照“提出问题—分析问题—解决问题—案例应用”的研究范式，聚焦于微观企业（清洁生产）、中观园区（系统集成）及宏观国家（物质代谢）三类组织尺度在物质流与价值流等方面的特性，依次进行基于三维模型的，且具有针对性的方法论探究和案例示范研究（均以铝为例）。⑥从标准化管理的视角进一步提出构建多维资源价值流分析的思路和框架，主要包括标准体系、流程体系和应用指南。在此基础上，从组织保障、政策保障、技术保障、人才保障等方面提出推进循环经济资源价值流标准化管理的保障机制。

通过深入研究与分析，本书的主要结论与观点有以下几点。

(1)以“物质流-价值流”二维分析为主旨的资源价值流分析是环境管理会计的重要工具，具有广阔的应用前景。资源价值流分析是将环境会计学、生态经济学、资源科学、环境管理学、工业生态学、工程流程学等多学科的研究断层及不足进行知识嫁接、理论融合和集成创新而成的一种新的理论体系与方法，它有机融合了资源的物质流分析和价值流分析，以物质流分析为基础，从价值、物量两个角度对企业和园区内部资源流成本和外部环境损害做出评价，诊断评估损失并进行物质流路线的决策优化，克服了诸如工业生态学、工程流程学等学科仅关注物质流动的缺陷。目前，该方法被广泛应用于流程制造企业，已基本形成了钢铁、有色冶金、化工、水泥、造纸等典型工业行业（企业）的资源价值流分析应用指引。

(2)物质流(元素流)与价值流的跨组织融合及互动机理是从组织维度对“物质流-价值流”二维分析进行拓展的逻辑起点。绿色发展寓意社会层面的循环发展，当前包括资源价值流分析在内的环境会计核算局限于企业层面，服务于企业自身的资源节约和清洁生产，并没有扩展到上下游企业或整个供应链、生态工业园乃至整个国家（区域），因此，需要进一步探索资源价值流核算打破微观企业边界限制的逻辑起点。本书借鉴循环经济“小循环（企业）”、“中循环（园区）”和“大循环（国家或区域）”的组织区间分类，以及生命周期视角下生态工业系统的物质代谢机理，厘清了资源价值流分析的组织层级关系；同时，借助拓扑空间理论对拓扑结构下的跨组织物质循环、价值循环及二者间的耦合机理进行分析，并引入“通量-路径-绩效”框架对多级组织间的资源价值流代谢逻辑进行了一体化分析，从而为本书构建跨组织的资源价值流分析框架奠定了理论基础。

（3）本书从物质流、价值流和组织三个维度构建的环境管理会计三维模型既能实现企业、园区、国家（区域）等不同组织层面的纵向集成，以及跨组织价值网络的横向集成，也能实现物质（元素）全生命周期的端到端集成。传统会计核算以资金运动为主线，利润最大化是会计对经济活动进行确认、计量及披露所追求的终极目标，会计信息作为一种会计产出，其中并不包含与环境、生态相关的信息。立足于资金运动与物质流转并行的资源价值流分析，着眼于和谐、绿色发展理念，将核算对象深入至产生价值变动的物质流层面，且“物质流-价值流-组织”三维模型不仅从一体化视角揭示了组织内部资金运动与物质流转的变化规律，也形成了跨组织视角和全生命周期视角下的“经济-环境”核算体系。在具体操作层面，本书引入投入产出分析方法（input-output analysis，IOA），构建了通用的资源价值流投入产出模型框架，界定了基于物质量和价值量投入产出考量的生态效率评价指标及方法体系，从而为三维模型在企业、园区及国家（区域）层面的具体应用提供了指引。

（4）“物质流-价值流-组织”三维模型在微观企业、中观园区及宏观国家（区域）层面的应用，需要根据特定组织层级的物质流或元素流特点进行有针对性的价值流跟踪、量化及评价，如分别以何种物质类别为研究对象、所处的生命周期阶段、涵盖的产业链范畴等，进一步为形成多维组织的资源价值流分析标准化管理指明了方向。

第一，流程制造企业既是物质产品的直接供应者，也是废弃物的直接制造者，是循环经济运行最具代表性的微观主体。基于“物质流-价值流-组织”三维模型的微观企业资源价值流分析是以清洁生产为目的、以物质流增环或减环为手段，聚焦于单一产品生产阶段“物质流-价值流”的分析过程。根据企业资源价值流分析在三维模型中的时空定位，结合其内部的层级关系，本书构建了在投入上包含中间投入与初始投入，在产出上涵盖工序产品（物量中心）与半成品（车间）的企业资源价值流投入产出模型，并确立了基于生态效率（资源效率和环境效率）的企业资源价值流转效果评价指标与方法体系。在此基础上，进一步以GL铝冶金企业为例进行了相应的案例分析。

第二，生态工业园是通过系统集成（物质集成、能源集成、水集成等）而形成的“生产者-消费者-分解者”产业共生组合，是循环经济在中观层面的践行主体。基于“物质流-价值流-组织”三维模型的中观园区资源价值流分析，是以系统集成为目的，以废弃物的集中处理和梯级利用为路径，通过废弃物降解最小化外部环境损害和最大化园区内资源利用效率的环境管理活动。本书根据分室理论视角下的生态工业园区资源价值流转机理，将园区内各条工业链上的企业进行角色界定——生产部门、消费部门、中间部门、资源再生部门、废弃物回收部门及废弃物再生部门，构建了园区资源价值流分析投入产出模型（投入分为共生性投入与非共生性投入；产出分为中间产出与最终产出），并确立了包括园区内企业关联度、资源化率、生态效率在内的资源价值流转效果评价体系。基于此，以内蒙古 BTLY 园区为例，对其铝产业链进行资源价值流案例研究。

第三，区别于企业与园区层面的资源价值流分析，宏观国家（区域）层面的资源价值流转是根据经济系统的物质代谢规律，以特定金属元素流为对象，解析与元素流转对应的价值代谢过程。通常，企业与园区层面的资源价值流分析仅聚焦于产品生产制造环节的环境会计核算，忽视了全生命周期视角下生态工业系统的物质代谢机理，国家（区域）层面的资源价值流分析从源头、过程与归宿等环节跟踪元素流经整个工业链的货币价值运动过程，既要在全生命周期最大化利用资源，又要降低负制品成本及外部环境损害。本书在进行精准时空定位的基础上，剖析了国家（区域）层面元素流与价值流的代谢规律，并构建了以生命周期为主线的元素资源价值流三维投入产出模型，确立了生态效率评价指标的应用思路。进一步地，应用上述方法，以 20×5 年我国铝工业中的铝元素流为主线进行了国家（区域）资源价值流的实证分析。

本书的创新点体现在以下几个方面。

（1）首次在传统“物质流-价值流”二维分析范式的基础上引入“组织”维度，并剖析了资源价值流分析方法由微观企业层面向中观园区和宏观国家（区域）层面拓展的机理。当前，“物质流-价值流”二维分析被广泛应用于微观企业层面的环境管理实践，本书引入“组织”维度并划分为企业、园区和国家（区域）三个层级，借助拓扑空间结构和“通量-路径-绩效”思想解析物质流与价值流的跨组织代谢机理，这是对当前探索环境会计主体由微观向宏观递进路径的积极回应，也是一项立足于环境管理会计的基础理论研究。

（2）开拓性地从物质流、价值流及组织三个维度构建了环境管理会计“物质流-价值流-组织”三维模型及其体系框架，使资源价值流分析由二维平面会计模式上升为三维立体会计模式。立足于全生命周期视角的物质代谢及与之相伴的价值循环，参照循环经济运行的“大循环”、“中循环”和“小循环”三种模式，本书所构建的三维模型使资源价值流分析既能实现在企业、园区、国家（区域）等不同层面的纵向集成，以及跨组织价值网络的横向集成，也能实现物质全生命周期的端到端集成；此外，从“点”“线”“面”“体”四个方面对三维模型进行深度分解，进一步凸显了资源价值流分析工具的广泛应用前景。

（3）探索性地将投入产出方法引入资源价值流分析，在构建投入产出视角下多级组织资源价值流核算框架，以及界定不同组织层级资源价值流分析所处时空边界的基础上，设定了相应的资源价值流投入产出模型。其不仅能揭示资源价值流核算及分析过程中物质（物量）输入与产品（价值）输出的结构特征和转换原理，还能模拟物量项目和价值项目在各个子系统之间的逐步结转过程。投入产出方法与资源价值流分析的有机结合，既能夯实物质流与价值流耦合的数理逻辑，也是对当前资源价值流分析碍于组织间的物质流成本信息难于共享、废弃物成本信息难于集成等瓶颈的有益探索。

（4）依据物质生命周期运动规律，剖析横向联合、纵向闭合、区域耦合及社会复合等生态整合路径，对应于微观、中观及宏观层面的资源价值流核算方法及案例示范，为环境管理会计工具标准化建设提供了顶层设计之参考。依据物质全生命周期流转与组织边界、技术支撑及环境影响的互动机理，本书分别构建了企业、园区及国家（区域）三个层面的资源价值流分析方法体系，并进行了案例验证，为制定企业、行业的环境成本核算制度，制定和完善环境损害评估标准提供了参考；同时，这也与《绿色制造标准体系建设指南》的题中之意相吻合，服务于绿色产品、绿色工厂、绿色企业、绿色园区、绿色供应链等重点领域的标准化建设。

由于作者水平有限，书中有不妥之处在所难免，恳请同行批评指正。

曾辉祥　肖　序

2019年10月

目　录

第一篇　导　入

第二篇　机理与模型

第三篇　应用与案例

第四篇　政 策 保 障

第一篇　导　　入

第1章 引 论

在全球经济绿色化的大背景下，近年来生态环境已成为社会各界重点关注的议题之一，也是我国“十三五”规划及党的十九大所关注的重要论题。当前，中国环境污染日趋严重，粗放型经济发展方式加剧了环境的恶化，环境保护与经济发展之间的矛盾呈现愈演愈烈的趋势。循环经济发展模式是坚持五大发展理念和改善资源节约与经济发展相互制约现状的关键一环，成为我国进行供给侧结构性改革的重要抓手，也是我国建设绿色低碳社会的重要一步。对此，《中国制造 2025》作为我国推进制造强国战略的行动纲领，把坚持可持续发展理念视为走生态文明发展道路的重要着力点，“绿色制造工程”成为未来重点实施的五大工程之一[①]；此外，党的十九大报告在精准界定“人民日益增长的美好生活需要和不平衡不充分的发展之间的矛盾”[②]的基础上，进一步明确了生态文明建设和绿色发展的路线图。在此背景下，进一步挖掘和发挥绿色制造标准体系的规范与引领作用，探索和追求环境会计（environmental accounting）、管理会计等工具服务于绿色制造的有效途径，是会计学科在新时期积极回应不断加大的资源约束和环境压力的责任与使命。

1.1 本书研究缘起

1.1.1 本书研究背景

联合国《2030 年可持续发展议程》指出，采取紧急行动应对气候变化及其影响是全球 17 项可持续发展目标之一（UNDP，2016）。环境已经成为制约人类发展的一个重要方面，国际社会正面临着环境等多方面的挑战，环境保护刻不容缓。尽管 2016 年 11 月正式生效的全球气候变化协定《巴黎协定》引领了世界各国为应对气候、环境变化建章立制，但联合国 2016 年发布的《排放差距报告》认为，完全兑现“巴黎承诺”还需在既定目标的基础上进一步加大节能减排力度。未来几年，能源消费结构调整、全球变暖、碳排放权交易、环境信息披露等环境行为仍将是值得关注和期待的环境行为（Spracklen，2016）。

---

① 除绿色制造工程之外，还包括制造业创新中心建设工程、工业强基工程、智能制造工程及高端装备创新工程。

②《习近平：决胜全面建成小康社会 夺取新时代中国特色社会主义伟大胜利——在中国共产党第十九次全国代表大会上的报告》，http://www.xinhuanet.com/2017-10/27/c_1121867529.htm，2017 年 10 月 27 日。

1.“绿色制造”倒逼产业转型升级

在经济增速换挡、结构调整深化的背景下，尽管中国已是世界第二大经济体，但其应对气候变化的形势异常严峻（Tan et al.，2017；刘郁和陈钊，2016）。世界银行统计显示，我国 2018 年的国内生产总值（gross domestic product，GDP）为 90.03 万亿元人民币（约 13.46 万亿美元），远高于日本的 4.97 万亿美元，名副其实地成为仅次于美国（20.49 万亿美元）的世界第二大经济体，相比改革开放初期（1978 年）的 0.37 万亿元人民币，发生了翻天覆地的变化。从 2013～2018 年中国 GDP 的增速来看，经济增长呈现出趋势性的“新常态”。有预测显示，未来我国经济运行将是“L”形走势，深层次问题仍然存在。中国社会科学院“世界经济形势预测与政策模拟”实验室也对中国经济的结构性减速进行了预测，认为 2019～2020 年和 2021～2030 年潜在的增长率区间分别为 5.7%～6.6%和 5.4%～6.3%。传统型的经济是随物质的消耗增加而增长的，又称“物质消耗第一法则”。由于我国经济发展一直处于“三高”（高投入、高消耗、高污染）状态，缺乏核心技术而过度依赖资源消耗，因此带来了一系列严重的环境问题，如资源枯竭，雾霾天气、沙尘暴天气频繁出现等。资源环境约束已成为阻滞我国经济快速增长的硬约束，由于国家可持续发展战略的提出，人们在实现自身物质财富积累的同时，也越发地意识到经济发展与环境保护之间的重要联系，环境污染成为社会关注的焦点问题。

面对日益紧迫的环境形势，我们不得不重新审视国民经济的主力军和环境污染的主要来源——制造业。自 21 世纪以来，我国制造业实现了跨越式发展，产业规模迅速扩大，我国成为世界制造业大国，对国家经济和社会发展起到了重要支撑作用；与此同时，制造业也成为加剧环境负担的主要来源之一，资源耗竭加速、水污染加重、空气质量下降、废弃物外排肆虐等一系列环保问题越来越凸显了制造业转型升级的紧迫性。当前环境污染持续恶化与经济增长迅猛间的矛盾形式，得到了国家政府对环保问题的空前重视和关注，这显然也是当下不争的事实。自“生态文明建设”战略确立以来，“绿色发展”、“低碳发展”及“循环发展”从内涵和外延阐释了实现“生态文明”的内涵与领域。自十八届五中全会以来，国家就将可持续发展提升至绿色发展高度，绿色发展理念为“十三五”规划和《中国制造 2025》实现经济转型升级添加了强劲的“绿色动力”。2015 年 10 月，工业和信息化部（以下简称工信部）和国家标准化管理委员会发布了《国家智能制造标准体系建设指南（2015 年版）》（征求意见稿），并于同年 12 月正式发布。为贯彻落实《中国制造 2025》战略部署，国家标准化管理委员会与工信部联合制定了《绿色制造标准体系建设指南》，明确提出加快绿色产品、绿色工厂、绿色企业、绿色园区、绿色供应链等重点领域标准制定，创建重点标准试点示范项目，提升绿色制造标准国际影响力，促进我国制造业绿色转型升级。

2. 环境管理会计助力制造业循环化改造

绿色发展以效率、和谐、持续为目标，着眼于节能减排和污染物治理，强调发展环境友好型产业，降低能耗与物耗，保护和修复生态环境；发展循环经济与低碳技术，使经济社会发展与自然协调发展。随着生态环境日趋恶化，如何建立以资源环境的合理开发利用为导向、以可持续发展为中心内容的现代人类文明新秩序，成为企业、行业、园区乃至国家（区域）等各级组织不可回避的责任。党的十九大报告指出，“我们要建设的现代化是人与自然和谐共生的现代化，既要创造更多物质财富和精神财富以满足人民日益增长的美好生活需要，也要提供更多优质生态产品以满足人民日益增长的优美生态环境需要”[①]；“十三五”规划建议也明确指出，推进城市低值废弃物集中处置，开展资源循环利用示范基地和生态工业园区建设是实施循环发展引领计划的重点。可是，“只循环不经济”是当前循环经济实践中普遍存在的顽疾，其中重要的原因便是会计核算不能充分揭示生产工艺流程中负制品（废弃物）的成本或价值信息，最终导致逆向物流效益无法得到准确计量。简言之，即与技术性分析工具匹配的经济性分析工具缺位，进而影响了循环经济的持续开展。将“绿色”嵌入发展理念，意味着会计主题的视野必须扩大到会计与环境之间的关系，将社会生产消费与相应的环境污染、资源消耗都纳入会计核算框架内，计量并反映会计主体的经济活动带来的环境负荷。

自环境问题被纳入到会计中以来，会计并不是在可持续发展议题上毫无进度，而是成为核算和评价组织与经济、社会、环境之间复杂交互影响的数据信息支持。随着人们对环境责任关注焦点的变化，其对会计核算系统和会计信息流的需求也在不断增加，尤其是自可持续性成为考量组织业绩表现的多维度规则以来，环境管理会计（environmental management accounting）被赋予了更多的历史使命，会计应克服以“经济价值”为核心的狭隘性，通过计量投入的经济资本、环境资本和社会资本成为综合确定主体可持续价值的一种工具（吴春雷和张新民，2017）。2016年10月，财政部发布的《会计改革与发展“十三五”规划纲要》明确指出，以建设管理会计体系为抓手，引导、推动管理会计广泛应用，并且准备制定《管理会计基本指引》等一系列文件，以提升中国管理会计水平的理论创新和积极实践水平。与此同时，国家发展和改革委员会（以下简称国家发改委）、生态环境部也于近年出台了一系列加强环境保护和推进循环经济建设的文件，要求强化对环境经济手段的应用。

① 《习近平：决胜全面建成小康社会 夺取新时代中国特色社会主义伟大胜利——在中国共产党第十九次全国代表大会上的报告》，http://www.xinhuanet.com/2017-10/27/c_1121867529.htm，2017年10月27日。

3. 问题的提出

资源价值流分析作为环境管理会计学的重要分支，是以流程制造业为研究对象，通过识别生产工艺在环境保护方面的潜在改善环节，并在物量与价值双重计量的基础上，衡量其改善前后成本与效益的重要手段。此外，当前企业呈聚集式发展，其中以“资源—产品—再生资源”的循环流动模式为代表的生态工业园（eco-industrial park）作为一种新型产业组织模式，成为可持续发展在园区层级的实践形式和主要载体。截至 2014 年 5 月，我国先后有 85 个国家生态工业示范园区获批开展建设，其中 26 个国家生态工业示范园区通过验收。由此可见，在加强产业集中度和企业间协作力度的基础上，有机融合资源的物质流动和价值流转通过资源流转链条的延伸、扩展与优化，即左右双边扩展至产业间横向耦合与资源共享，前后双向延伸至输入端的资源减量化及输出端的废弃物再资源化（CO_2 的减排化），构建园区层面的低碳经济核算和评价体系迫在眉睫。由此可见，绿色发展理念在向当代环境管理会计发出新召唤的同时提出了新的要求，具体包括以下几个方面。

第一，核算主体应由微观向中观、宏观层面扩展。当前环境会计核算局限于企业层面，服务于企业自身的资源节约和清洁生产，并没有扩展到上下游企业乃至整个供应链。绿色发展寓意循环发展，环境会计核算需突破企业边界的限制，借鉴循环经济“小循环（企业）”、“中循环（园区）”和“大循环（国家或区域）”的组织区间分类，揭示因物质在组织间流转而产生的成本效益及其环境损害影响。

第二，核算对象应立足于资金运动与物质流转并行。传统会计以资金运动为主线，进行经济活动确认和披露的目的是单纯地追求企业利润最大化，而环境状况与环境保护方面的信息并不能从其披露的会计信息中剥离。着眼于和谐绿色发展理念，环境会计核算需深入产生价值变动的物质流层面，从“物质流-价值流”一体化视角揭示组织内部资金运动与物质流转的变化规律，形成组织视角下的“经济-环境”二维核算体系。

第三，核算期间应扩大至全生命周期。聚焦于产品生产制造环节的环境会计核算，忽视了生命周期视角下生态工业系统的物质代谢机理，无法通过识别和量化生产过程中的物料损失来实现组织内部及组织间的物质流转持续优化。在可持续的绿色发展背景下，环境会计核算需要运用生命周期思想（源头→过程→归宿），跟踪和量化物质流经微观、中观和宏观组织时带来的相应货币价值流活动，既在全生命周期最大化利用资源，又要降低负制品成本。

鉴于上述背景，本书尝试在现有研究的基础上拓展资源价值流分析方法的应用边界，由企业层面向园区、国家（区域）层面延伸，构建环境管理会计“物质流-价值流-组织”三维模型，重构一套适合于工业园区和国家（区域）的资源价值流核算方法体系，并通过具体案例建立一套适用于多级组织的资源价值流核算指南以指导企业、园区的循环经济实践。

1.1.2 本书研究意义

在众多环境管理会计工具中，资源价值流会计独树一帜，以流量分析为核心逻辑，吸收产业生态学中的原料与能源流动分析、物质流分析及生态效率等理论，参考成本会计中的逐步成本结转方法，追踪物质资源的物量信息和价值流转过程，是集成企业全流程物质流与价值流数据开展综合分析的工具。本书将“物质流-价值流”分析立足于全生命周期视角并向多级组织延伸，首次提出环境管理会计“物质流-价值流-组织”三维模型，这既是贯彻财政部《会计改革与发展“十三五”规划纲要》关于全面加强管理会计体系建设的积极响应，也是对国家发改委、生态环境部关于加强环境保护和推进循环经济建设等一系列政策文件的具体落实。具体而言，本书的理论意义与实践意义如下。

1. 理论意义

第一，有助于为开展多级组织间的“物质流-价值流”分析提供一体化的三维框架。本书的“物质流-价值流-组织”三维模型运用管理会计的现金流量管理思想，深入成本动因层面的物质流转深度予以分析，是对产业生态学、循环经济、环境会计学及组织理论的综合集成和高度抽象，继承了“物质流-价值流”二维分析从数量、价值、结构等方面使资源价值流实现“可视化”的功能，以全生命周期视角下的物质流为主要研究对象，将以生产活动为载体的物质流、价值流与环境管理的责任主体（企业、园区、政府部门等）相联系，有助于为车间、工厂、企业、园区等组织层级的资源价值流核算提供技术支撑。

第二，拓展和延伸了资源价值流分析方法及理论体系的应用边界。基于工业的资源价值流转方法体系基本成熟，并在钢铁、水泥、化工、造纸及有色冶金等企业（行业）层面得到广泛应用，但基于物质流的工业园区资源价值流分析及应用研究尚未起步，本书将企业的清洁生产、工业园区的系统集成及国家（区域）的大循环联系起来，使管理会计主体从微观视角扩大到中观和宏观层面，这不仅是对传统管理会计和环境会计理论方面的新突破，也有助于推动构建工业园区和国家（区域）层面的环境管理会计核算体系。

第三，弥补了现行成本核算体系不适用于多级组织资源价值流核算及循环经济评价的缺陷。现行会计的产品成本核算系统无法反映循环经济开展所带来的“外部环境成本内部化”的经济价值、生产流程的废弃物成本信息和环境保护效果的货币化评价。基于资源价值流转的“物质流-价值流”核算体系根据物质在各业务单元（车间的各个物量中心、企业内部各车间、园区企业间）和各级组织层面的流转路径来构建管理循环模式，“物质流-价值流-组织”三维模型不仅有助于满足企业、园区及国家（区域）循环经济实践对资源流转价值信息的需要，也为拓展物质流转过程中成本核算的组织边界、跟踪和量化物质流转全生命周期的环境影响评价，以及延伸物质流转效率评价的对象提供了指引。

2. 实践意义

第一，有效推动企业、工业园区等组织内部物质流、能源流传递路径的持续优化。物质流和价值流的互动耦合机理是进行资源价值流核算、分析、评价及改进的逻辑起点，根据车间加工工艺、企业清洁生产物质流转及园区系统集成原理，跟踪并绘制物料的流动过程和价值流转路线，在循环经济 3R 原则[即减量化（reducing）、再利用（reusing）、再循环（recycling）]的指导下优化调整物质流路线，并重新核算其价值流状态，以评估循环经济效益。诊断循环链中的低效率点或潜在改善点，不仅可以改善现有物质流转路径，也有助于后续探索低碳发展模式。

第二，为建立企业（行业）或园区的资源价值流分析标准化体系指明了方向。应用资源价值流核算方法体系，通过资源流转闭环链重构与优化，多边扩展至企业间横向耦合与纵向集成，实现资源共享，前后双向延伸至输入端的资源减量化及输出端的废弃物再资源化，构建企业、园区资源价值流核算通用模型，形成一套完整的企业、园区资源价值流转计算与分析体系，有助于分别构建一套通用于企业、园区资源价值流核算的应用指南，并通过标准化的形式为提高资源产出效率、减少废弃物排放和技术的推广提供保障。

第三，有利于改善企业、园区废弃物资源化协同处理的效率，提高资源循环利用率。无论是企业层面的资源价值流分析，还是园区层面的资源价值流核算，其根本目的在于通过挖掘资源价值流转规律，充分调动企业参与到循环实践中来，实现企业（行业）内部的资源高效利用。对园区内的企业而言，通过科学合理的资源价值流核算，使园区企业的“内部经济效益”与“外部生态效益”兼得，有助于使处于循环链不同节点的企业积极参与资源协同处理，实现工业园区资源节约与环境负荷降低这一“双赢”目标。

1.2 本书研究目的、内容及方法

1.2.1 本书研究目的

本书的主要研究目的有以下三个方面。

（1）构建环境管理会计“物质流-价值流-组织”三维模型框架。以环境会计、循环经济、工业生态学及流程工程学为研究基础，在“物质流-价值流”二维分析的基础上，构建“物质流-价值流-组织”三维模型框架，揭示组织内部、组织间的物质循环流动规律，以及伴随物质流转过程发生在相应组织内部和组织间的货币资金价值流转规律，并设计一套组织尺度下的资源价值流分析理论和方法体系。

（2）分别构建物质资源流经企业、园区及国家（区域）层面的资源价值流核算及评价方法体系。全生命周期的资源流转是“资源-产品-废弃物-再生资源”的闭环模式，且各物质代谢过程发生于不同的经济子分系统（组织）。构建三维核算体系的目的在于，以全生命周期物质流路径为依据，根据其流程中存在的产业链分工及组织功能定位，如企业小循环、共生企业间中循环、生产和消费（含进出口）大循环，分别量化资源的有效利用价值、废弃物排放引起的资源损失价值及间接带来的外部环境损害价值，发掘潜在改善环节。

（3）应用本书构建的方法体系进行案例实证，为资源价值流分析方法在企业、园区及国家（区域）的推广提供应用指引。基于“计划-执行-检查-处理”（plan-do-check-action，PDCA）循环的“核算-评价-优化-控制”范式是资源价值流分析的惯用操作流程，本书通过建立适用于不同组织层级的资源价值流分析框架与方法体系，从诊断、决策、控制及评价等具体维度提供相应的应用指南，最终分别服务于微观企业、中观园区乃至宏观国家（区域）的循环经济管理实践；同时，强化政府部门对运用资源价值流分析方法挖掘企业和园区循环经济持续实践“动因”的重视。

1.2.2 本书研究内容与方法

为了揭示组织内部、组织间的物质循环流动规律，以及在此循环过程中货币资金在组织内部及组织间所发生的相应价值流动规律，本书尝试通过构建环境管理会计“物质流-价值流-组织”三维模型，研究出一套多级组织尺度下的资源价值流分析方法体系。本书的技术路线如图 1.1 所示。

鉴于本书涉及多学科交叉，且研究所涉及的问题较为复杂，故需要多种研究方法与分析技术来完成。主要包括以下方法。

（1）理论分析与文献综述法。资源价值流本来就是环境会计学、工业生态学、循环经济、资源科学及环境学科等多学科理论的集成，本书尝试对其进行扩展研究，这不仅需要组织理论、价值链理论、生命周期理论等的支撑，也需要借助学术期刊、网络及学术交流等多种形式搜集和跟踪最新的相关文献资料，对国内外的学术研究动态和实践成果有充分的掌握，根据不同组织层级物质流与价值流的耦合规律抽象概括出资源价值流分析的理论与方法体系。

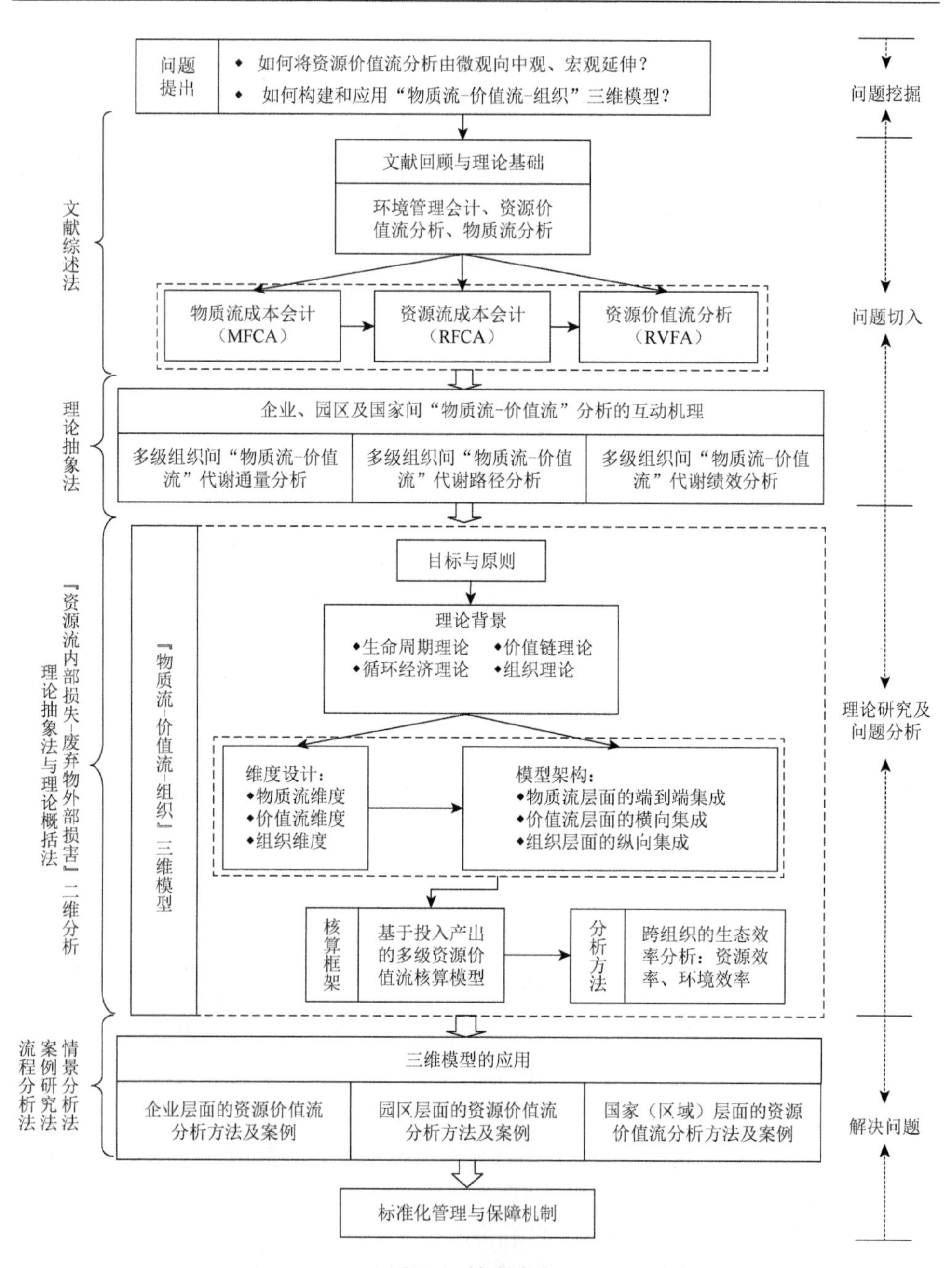

图 1.1　技术路线

MFCA：material flow cost accounting
RFCA：resource flow cost accounting
RVFA：resource value flow accounting

（2）计算绘图与流程分析法。针对研究对象或组织层级（企业或工业园区）设计、确定每一节点的计算单元，结合工艺特点绘制相对应的物质流路线图及资源价值流图，为开展资源价值流量化分析奠定基础。在具体的核算中，价值流维度的基本项目——物质输入与输出成本、正制品与负制品成本（材料、能源、系统成本等），以及负制品引起的废弃物损失价值和外部环境损害价值均在列，相应的核算结果既是进行评价的基础，也是进行循环经济改进和物质流转的保障。

（3）“资源流内部损失-废弃物外部损害”二维分析方法。资源流转成本的计算贯穿本书，具体包括两方面：一是通过废弃物归集，在输出端分正制品（资源有效利用成本）和负制品（废弃物成本）；二是以不可回收利用的废弃物为对象，评估废弃物排放给外部生态环境带来的损害大小，借助 LIME（life-cycle impact assessment method based on endpoint modeling）系数进一步计算相应的外部损害成本。本书以外部环境损害价值与内部废弃物价值的联动分析为核心，通过现场分析，确定生产流程中各节点资源的有效利用与废弃损失状态，诊断改善潜力之处，挖掘其资源流转优化的关键环节。

（4）案例研究法。流程制造业最具循环经济发展潜力，通过对典型企业进行调研和诊断，从生产过程中获取生产工艺流程、物料输入与输出数据，以及资源流转成本核算等资料进行案例研究是本书的重要环节；此外，对典型工业园内企业间的能源集成、水集成及物料互换和共生网络进行分析也是案例分析的重要内容。案例研究是对本书成果的具体运用和验证，同时也是改进核算方法的重要途径。

（5）情景分析法。该方法是在对经济、产业、技术的演变提出各种关键假设的基础上，通过对未来详细的、严密的推理和描述来构想可能方案的一种虚拟探索。无论是何种组织边界下的资源价值流分析，只有在对整个物质、价值流转系统有了足够认识，并充分了解其影响因素的基础上才能以一定的精度预测其影响后果，尤其是在涉及物质循环、回收等逆向物流的情形下，更需要对潜在影响因素做出一些假设才能对资源价值流进行合理分析。

1.3　基本框架与主攻关键

1.3.1　基本框架

基于本书所确立的研究目的，全书共包括九章，基本框架及研究内容如下。

第 1 章为引论。针对当前国家生态文明建设战略和《中国制造 2025》战略赋予制造业转型升级的“绿色化”内涵，本书以环境管理会计为切入点，从研究目的、内容与方法、本书的基本框架与主攻关键及主要学术思想与创新点等方面进行系统阐述，为后文持续深入研究奠定基础。

第 2 章阐述了资源价值流分析研究进展。重点从环境管理会计、资源价值流分析及物质流分析等研究领域入手，在系统梳理国内外最新研究动态的基础上，全面分析了环境管理会计研究主体与核算边界、MFCA 持续改进优化、全生命周期与供应链视角下“物质流-价值流”二维分析存在的局限性和面临的挑战，分析并定位本领域的可拓潜质和空间。

第 3 章阐述了资源价值流会计的理论基础及方法演进。该章以资源价值流会计理论的发展脉络为基础，从社会大生产背景下经济发展与资源环境之间的关系入手，分别从组织扩展的角度阐述了物质流分析由微观、中观向宏观延伸的内在逻辑，并详细梳理资源价值流会计的发展历程、背景、原理及相应方法，随后将资源价值流分析延伸至多级组织，构建“物质流-价值流-组织”三维模型的逻辑起点。

第 4 章阐述了“物质流-价值流”二维分析的跨组织互动机理。现行“物质流-价值流”二维分析建立在物质流循环和价值流循环耦合的基础上，为了剖析资源价值流分析在组织边界上扩展的可行性，本书遵循物质流决定价值流的客观规律，从物质流全生命周期视角将本书的组织维度界定为企业、园区及宏观上的国家（区域），尝试借助系统拓扑论对跨组织的资源价值流分析原理进行阐述，并引入“通量-路径-绩效”分析框架，其中，“通量”对应于资源价值流的通量核算，“路径”对应于循环经济资源价值流转路径分析，“绩效”对应于循环经济物质流与价值流的生态效率，全方位剖析资源价值流的跨组织代谢机理。

第 5 章阐述了“物质流-价值流-组织”三维模型构建。在明确模型构建目标与原则的基础上，根据价值链理论、循环经济理论及组织理论等特定理论背景，从物质流、价值流与组织层级三个维度构建“物质流-价值流-组织”三维模型架构及其框架体系，并提出通用的核算框架与方法，为后文分别从企业、园区和国家（区域）层面进行资源价值流分析的具体研究奠定基础。

第 6 章阐述了基于三维模型的企业资源价值流分析。立足于企业“物质流-价值流”分析在三维模型中的时空定位，以及企业资源价值流分析的边界和对象，本章依据企业尺度物质流与价值流的投入产出原理，构建了企业资源价值流投入产出模型，明确了开展生产效率评价的基本思路，并以 GL 铝冶金企业为例进行了案例分析。

第 7 章阐述了基于三维模型的园区资源价值流转研究。通过明确园区资源价值流分析在三维模型中的时空边界，并根据园区内企业间的系统集成思想，采用分室模型揭示了企业之间进行物质交换的机理，从生产、消费、中间、资源再生、废弃物回收、废弃物再生六个部门出发，搭建了园区资源价值流投入产出模型框架及阐述了其分析方法，并以 BTLY 园区铝工业链为例进行了案例分析。

第 8 章阐述了基于三维模型的国家（区域）资源价值流转探析。根据三维模型在国家（区域）层面的应用思路，该章以元素流为对象，从投入产出模型及生态效率评价等方面构建了适用于国家（区域）层面的资源价值流分析框架，并延续前文以铝为例的案例分析思路，对我国 20×5 年铝工业系统的铝元素价值流进行了实证分析。

第 9 章阐述了多维资源价值流管理及其保障机制。在前述研究的基础上，针对不同组织层级的特性构建对应的资源价值流分析标准管理体系是未来的趋势，该章初步提出构建资源价值流分析标准管理体系的思路，以期为组织实施价值流分析提供实践指导依据，并将其作为组织开展循环经济的方法参考。与此同时，还从组织、政策、技术、人才等方面提出了相应的保障措施。

1.3.2 主攻关键

资源价值流分析以资源的物质流转为基础，追踪企业货币资金随之发生的相应价值循环流动，并探寻其对企业财务状况和经营业绩产生的影响。因此，揭示循环经济价值流与物质流互动影响的变化规律，并设计可供循环经济决策有用的价值流数据系统，构建不同组织层级循环经济资源价值流分析的理论与方法体系，可为企业、园区、国家（区域）的循环经济实践提供参考，具有推广意义。本书拟解决的关键科学问题如下。

（1）揭示循环经济物质流动与价值流转的本质。企业循环经济的核心是企业内部物质的循环流动，伴随此种循环，企业货币资金将发生相应的价值循环流动，其结果会对企业的财务状况和经营业绩产生重大影响。循环经济物质流包括产品的正向流、废弃产品流、循环利用的逆向物流、最终废物的处理流等过程，循环经济价值流跟踪资源实物数量的流转变化，提供资源全流程物量和价值信息的核算数据，以此作为循环经济资源价值流分析的基础，为不同组织层级的资源价值流分析奠定理论基础。

（2）阐明循环经济物质流动与价值流转的内在逻辑关系。生产流转可以影响资源流的走向，衡量这一影响大小的指标是以质量为单位的物质流和以货币为单位的价值流。已有研究表明，循环经济背景下物质流动与价值变化存在着内在的逻辑关系，基于物质流与价值流的互动影响规律，二者形成不同的功能定位，价值流进行核算的基础和依据是物质流，而客观公正地衡量物质流的改造是否有效可行则需要依靠价值流，二者相辅相成。本书进一步研究循环经济改造所形成的价值变化规则，并提炼出应用这种规则进行物质流路线优化与价值流评价的理论模型与方法体系，可为不同组织层级进行管理、决策、控制和优化提供参考。

（3）构筑不同组织层级的资源价值流分析应用指南。对多个相关学科的成果进行系统集成，把握循环经济的发展趋势和变动规律，将视野由微观扩展到中观、宏观层面，并从企业、园区、国家（区域）等层面发展循环经济的基本路径出发，构建基于三维模型的具体核算方法体系、诊断评价方法体系及优化决策方法体系。进一步地，本书尝试分别选取具有代表性的案例进行示范性分析，以便验证本书三维模型设计的适用性与可行性，为典型工业企业、行业、工业园区、国家（区域）的循环经济优化发展提供应用规范与指引。

1.4　本书的主要学术思想与创新点

1.4.1　主要学术思想

本书立足于“循环经济是通过物质循环来创造更多价值的经济”这一基本观点，依据物质流与价值流互动影响的变化规律，以构建循环经济资源价值流分析理论和方法体系为理论目标，通过对会计学的货币计量、成本计算理论，工业生态学的工业代谢、生态效率，冶金流程工程学的元素流、流程网络、流转程序等相关内容进行吸收、借鉴、系统集成与改进，以协调优化循环经济物质流、价值流路线为目标，系统集成上述学科的物质流、元素流、流程网络、流转程序等相关内容，从工业制造流程的组成结构与发展循环经济的要求出发，构筑一套与物质流路线相匹配的循环经济资源价值流分析的理论与方法体系，充分揭示循环经济物质流的资源价值变化规则，并系统对接现有数据结构系统，建立普遍应用于企业、园区及国家（区域）的循环经济资源价值流分析体系。

首先，从经济价值角度实现对循环经济物质流的静态描述，即对物质流路线的作业单元、制造流程，以及生态制造链层面描述成本、工业增加值、产值、废弃损失费用、环境损害评估值的状态进行描述，构成相应的价值流分析图。这种价值信息有助于解释制造流程的改善潜力价值，判断循环经济实施的优先改造点；同时，运用这种描述对实施循环经济后的状态进行重新计算分析，可评估循环经济实施的技术经济效益。

其次，结合流程制造企业循环经济中的制造技术及生产工序，运用相关研究成果揭示有关资源开发和利用之间所存在的链状和网状价值增值关系，即计算与分析循环经济物质流的“加环增值”（即通过增加一个或几个转化效率高的环节延伸产业加工链，进而提高资源利用率，扩大产品品种，生产更优产品来实现价值增值）、“减环增值”（即适当减少加工链，采用高新技术替代，使经济产出较低的生产环节被更高的生产环节取代，以获得更高附加值的产品），为循环经济效益的预测、规划、决策提供有用的经济数据。

最后，运用流程管理的思想，从投入与产出的结合上构建可揭示各种因素对价值流增减值影响的计算与分析方法，并能与现行会计、统计、环保及技术工艺数据库相衔接，以形成可用于过程动态控制的“标准”价值流图，为实施循环经济模式的动态运行控制服务。依据物质流与价值流互动变化影响原理，构筑可充分揭示循环经济物质流路线中的资源价值信息，并组合运用会计、统计、环境及技术工艺等数据，应用典型工业企业、工业园区开展乃至区域循环经济的价值流核算与诊断、评价与分析、决策与控制的价值流分析理论和方法体系，进而扩展至循环经济资源价值流分析标准管理体系的制定，以满足工业生产开展循环经济的迫切需求。

1.4.2 主要创新点

从几何学的角度来看，现行资源价值流分析可抽象为一种由物质流和价值流两个维度构成的平面会计系统，本书尝试从立体解析几何的角度对资源价值流会计系统进行重构，并设想在传统“物质流-价值流”二维的基础上引入组织维度，共同构成三维立体空间。鉴于此，本书构建了“物质流-价值流-组织”三维模型，并分别从企业、园区和国家（区域）三个层面构建三维模型的应用方法体系及应用案例。相比于已有研究，本书的创新主要体现在以下四个方面。

第一，在传统“物质流-价值流”二维分析范式的基础上引入“组织”维度，剖析了资源价值流分析方法由微观企业层面向中观园区和宏观国家（区域）层面拓展的机理。“物质流-价值流”二维分析是源自MFCA的一种环境管理会计工具，被广泛运用于微观企业层面的环境管理实践，而围绕这一领域的学术研究多为基于企业经营的案例研究，且更多的是提出问题而非提供问题解决方案。本书引入“组织”维度并划分为企业、园区和国家（区域）三个层级，借助拓扑空间结构和“通量-路径-绩效”思想解析物质流与价值流的跨组织代谢机理，这是对当前探索环境会计主体由微观向宏观递进路径的积极回应，也是一项立足于环境管理会计的基础理论研究。

第二，开拓性地从物质流、价值流、组织三个维度构建了环境管理会计“物质流-价值流-组织”三维模型及其体系框架，使资源价值流分析由二维平面会计模式上升为三维立体会计模式。立足于全生命周期视角的物质代谢及与之相伴的价值循环，参照循环经济运行的“大循环”、“中循环”和“小循环”三种模式，本书所构建的三维模型使资源价值流分析既能实现在企业、园区、国家（区域）等不同层面的纵向集成，以及跨组织价值网络的横向集成，也能实现物质全生命周期的端到端集成；此外，从“点”“线”“面”“体”四个方面对三维模型的深度分解，进一步凸显了资源价值流分析工具的巨大应用前景。相对于主要集中于典型行业企业层面的应用研究，本书既是方法论的深入，也是对资源价值流分析研究边界的扩展。

第三，探索性地将投入产出方法引入资源价值流分析，在构建投入产出视角下适用于多级组织资源价值流核算框架的基础上，分别从物质流生命周期和组织空间跨度对不同组织层级资源价值分析在三维模型中所处的时空边界进行了界定，并设计了相应的资源价值流投入产出模型。针对资源价值流分析中物质流与价值流动态匹配的学理基础，尝试将投入产出方法嵌入资源价值流分析体系，利用投入产出模型中投入与产出的关联及平衡定律，不仅能揭示资源价值流核算及分析过程中物质（物量）输入与产品（价值）输出的结构特征和转换原理，还能模拟物量项目和价值项目在各个子系统之间的逐步结转过程。投入产出方法与资源价值流分析的有机结合，既能夯实物质流与价值流耦合的数理逻辑，也是对当前资源价值流分析碍于组织间的物质流成本信息难于共享、废弃物成本信息难于集成等瓶颈的有益探索。

第四，依据物质生命周期运动规律剖析了横向联合、纵向闭合、区域耦合及社会复合等生态整合路径，对应于微观、中观及宏观层面的资源价值流核算方法及案例示范为环境管理会计工具标准化建设提供了顶层设计。在全面推进制造业绿色转型升级的背景下，标准化是提高资源产出率、减少污染物排放和技术推广的重要制度保障，环境管理会计工具的推广应用需要借助于规范的标准和流程体系。依据物质全生命周期流转与组织边界、技术支撑及环境影响的互动机理，本书分别构建了企业、园区及国家（区域）三个层面的资源价值流分析方法体系，并进行了案例验证，为制定企业、行业的环境成本核算制度，制定和完善环境损害评估标准提供了参考；同时，这也与《绿色制造标准体系建设指南》的题中之意相吻合，服务于绿色产品、绿色工厂、绿色企业、绿色园区、绿色供应链等重点领域的标准化建设。

第 2 章　资源价值流分析研究进展

资源价值流分析的多学科交叉属性决定了组织视角下的"物质流-价值流"创新研究需要跟踪和把握相关领域的最新研究动态，本书重点从环境管理会计、资源价值流分析及物质流分析三个方面梳理和回顾了当前的最新研究成果。

2.1　环境管理会计研究现状

梳理环境管理会计的国内外最新研究动态，需要从环境会计的渊源说起。环境会计作为反映、监督与环境有关的经济活动的工具，是能够使环境与经济相互融合的有效体系（Maunders and Burritt，1991）。自 20 世纪 70 年代开始环境会计演变为会计领域的一个独立分支，成为将环境与经营相结合的有效工具，得到了实务界与理论界的关注。在国外，环境会计也被称为绿色会计（green accounting），虽然其历史不长，但正在兴起且影响逐渐扩大。20 世纪 90 年代以来，一些国际组织通过制定和发布一些相关的标准或规则积极推动环境会计及管理会计方面的研究，环境会计的理论研究有了一定的发展，建立起了日趋成熟的理论框架。

联合国国际会计和报告标准政府间专家工作组（The Intergovernmental Working Group of Experts on International Standards of Accounting and Reporting，ISAR）自 1990 年起将环境会计问题纳入到每届会议的主要议题，1998 年曾公开发布 *Accounting and financial reporting for environmental costs and liabilities*。在此基础上，环境管理会计在过去十余载迅速发展，联合国可持续发展部（United Nations Division for Sustainable Development，UNDSD）也先后出台了两部关于环境管理会计的工作手册，分别是"Environmental Management Accounting Procedures and Principles"（UNDSD，2001）和"Environmental Management Accounting：Policies and Linkages"（UNDSD，2002）。在此基础上，为了进一步阐明环境会计的核心要素，国际会计师联合会（International Federation of Accountants，IFAC）也发布了环境管理会计国际指引（IFAC，2005）。日本自 20 世纪末期以来，以环境厅为主导的部门也致力于环境会计的推广，相继出台了《引进环境会计体系指南》、《环境会计指南 2005》及《环境报告书指南 2007》等。环境会计被引入中国始于 20 世纪 80 年代，尤其是在中国政府制定了《中国 21 世纪议程——中国 21 世纪人口、环境与发展白皮书》之后，环境会计获得了更大的发展空间，在环境会计制度、环境管理会计理论、环境财务会计理论及环境信息披露等方面取得了突飞猛进的发展。对此，Burritt 和 Saka（2006）曾指出，传统会计在服务于可持续发展战略时所表现的短板正是未来环境会计要深入研究的重点。就环境会计的落脚点而言，张先治和李静波（2016）更倾向于认为辅助环境管理活动决策与实施的环境会计信息为微观主体践行可持续发展战略奠定了基础，因此，为企业内部控制与改进提供有用的会计信息更能彰显其价值。学者不仅从环境财务会计、环境管理会计、可持续发展会计等不同的领域对环境会计进行了广泛的探索（Jasch，2006；Gray，2010；肖序，2010；王立彦和蒋洪强，2014），也从企业、社会、政府等不同的主体角度探讨了环境会计应对可持续发展战略、生态文明制度建设及重振民主政治等方面所面临的挑战（周守华和陶春华，2012；Tregidga et al.，2014；沈洪涛和廖菁华，2014；Brown and Tregidga，2017）。

在环境会计的体系方面，宏观（国民收入核算和报告）与微观（企业财务报告会计、管理会计）两个层面的划分是美国国家环境保护局（U.S. Environmental Protection Agency，USEPA）的做法。换言之，前者即为宏观环境会计，后者则主要是企业环境会计。现阶段，理论界公认的环境会计体系如图 2.1 所示。从对象来看，宏观环境核算主要考察国家（区域）的环境问题；微观环境会计是包含各类自治体、非营利组织在内的环境会计，以企业为中心。从功能的角度也可将其分为外部环境会计和内部环境会计，其中内部环境会计也就是环境管理会计。王立彦和蒋洪强（2014）认为，在企业发挥传统成本会计和管理会计的职能时考虑环境因素是环境管理会计的本质特征。鉴于其重要性日益凸显，美国、德国及日本等都积极投身于开发环境管理会计工具的队伍中。其中，美国国家环境保护局在 1992～2002 年实施了“环境会计项目”，专门将一些关心环境会计的企业组成网络，积累案例，鼓励开发相关方法，美国是最早采用环境管理会计的国家。德国开发的 MFCA 在环境管理会计领域是最值得关注的，德国也是最早盛行以生态平衡为代表和基于物量计量的国家。在日本，环境管理会计方法的开发由经济产业省主导，并于 2002 年公布了《环境管理会计技术工作手册》；此外，日本也较好地继承和发扬了 MFCA。

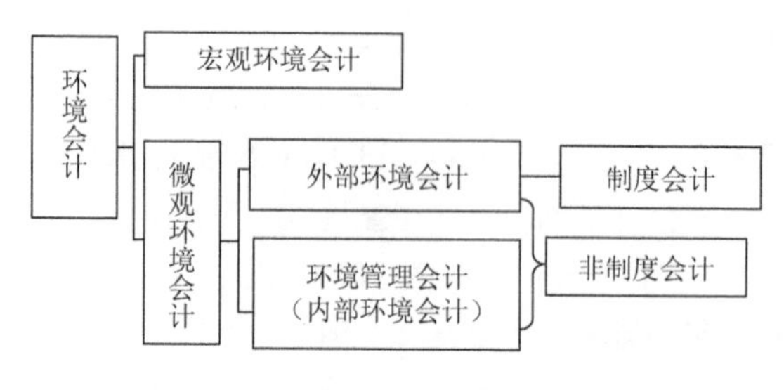

图 2.1　环境会计的框架体系

梳理近年来环境管理会计的已有文献，以规范研究、案例研究及实证研究三种范式为主，在研究视角方面大致可以分为以下三个方面。

2.1.1　可持续发展视角

Maunders 和 Burritt（1991）首次将生态学中的“生态风险”概念与会计相结合，并分别从直接效应和间接效应两方面分析了生态问题与会计信息间的关系。从某种程度而言，剖析了传统会计在生态问题中的局限性和面临的挑战，进一步凸显了环境管理会计在助力企业可持续发展方面具备的特定功效（Milne，1991；Mathews，1995）。基于会计在信息管理、促进企业可持续性和企业责任方面的重要角色，Schaltegger 等（2006）提出了“可持续会计”（sustainability accounting）的概念，明确了可持续会计是为生态系统和社会服务的会计。随后，Burritt 和 Schaltegger（2010）在回顾相关文献的基础上，进一步确定了可持续发展会计研究的关键管理路径，认为发展可持续性会计应该更趋向于改进企业的管理决策。为了揭示组织如何以可持续发展的方式展现自身功能，Tregidga 等（2014）以新西兰 1992～2010 年 365 份公开的企业报告为样本，应用 Laclau 和 Mouffe 的话语理论（discourse theory）分析组织身份（对环境负责且合规的组织、可持续发展方面的领导者、具有战略意义的“好”组织）随时间推移而发生的变化。国内学者也从宏观会计核算（杨世忠和曹梅梅，2010；杨世忠，2016）、自然资源资产负债表（陈艳利等，2015；周宏春，2016；刘明辉和孙冀萍，2016）等方面进行了尝试性研究，认为会计与会计信息将有助于生态文明制度中的对话合作机制建设（沈洪涛和廖菁华，2014）。总体而言，可持续发展视角的环境管理会计研究侧重于从宏观的高度出发关注企业与社会、环境之间的相互影响，而缺少更为详细而具体的框架体系。

2.1.2　外部性视角

科斯定理（Coase theorem）为从经济学角度研究污染的外部性问题奠定了理论基础。环境管理会计的初衷在于采用具体的办法和措施使企业的负外部性内部化（周守华和陶春华，2012），碳管理会计、资产弃置义务会计是涉及的重要议题。随着党的十九大对解决突出环境问题的重视，以及自然资本账户对环境约束关注的日益凸显，生态足迹核算成为支撑复杂经济-社会-环境系统的手段之一（Chen B and Chen G Q，2006），碳排放作为一种重要的生态足迹也得到了环境管理会计的重点关注。碳会计由最初被纳入排污权交易会计框架内逐渐演变成为一个单独的研究领域（Lohmann，2009；周志方和肖序，2010；Burritt et al.，2011；Singh and

Bakshi，2014），其中，企业碳预算（潘俊等，2016；涂建明等，2016；Larrinaga，2014）、碳信息披露（Fleischman and Schuele，2006；Jasch，2006；Kim et al.，2015）是当前较为热门的方向。资产弃置义务会计方面的研究以中南大学肖序教授团队的研究最为典型，其从会计准则、理论体系、核算方法、案例等方面进行了较为深入的研究（肖序，2010；肖序和许松涛，2013）。此外，兴起于澳大利亚的水管理会计成为近几年学术界关注的一个全新领域（Water Accounting Standards Board，2012a，2012b），在水管理会计框架、水资源核算、企业水信息披露、企业水责任等方面涌现出大量理论、案例及实证研究（Signori and Bodino，2013；Rajput et al.，2013；Water Accounting Standards Board，2014；Burritt and Christ，2017；Christ and Burritt，2017）。

2.1.3 成本管理视角

周守华和陶春华（2012）指出，成本管理视角的研究应将重点放在如何确认环境成本、如何控制环境成本，以及如何利用成本制定环境决策上。这一特点与其交叉性学科属性的特点完全吻合，既继承了环境会计关注营造绿色系统的本质，又兼顾了管理会计的成本管理和控制系统思想（Bartolomeo et al.，2000；谢德仁，2002；肖序和周志方，2005；Vasile and Man，2012）。由此，致力于兼顾环保活动与财务绩效的环境管理控制系统（environmental management control systems，EMCS）①成为近两年的热点，EMCS 是实现一般的可持续性与具体环境问题集成的有效途径，也为集成培育企业内部驱动和零散的管理流程提供了一种可行的方法。Guenther等（2016）在由时间、控制点及范畴三个维度构成的三维空间中准确定位了 EMCS，分析了不同维度之间的互动机理。在此基础上，李志斌和李敏芳（2017）通过剖析其基本内涵与构成要素、内外部影响因素及经济后果，构建了企业生态管理控制的基本理论框架。相对于张先治和李静波（2016）在整合环境会计与管理控制方面的探究，其理论体系得到了进一步深化。此外，具有学科交叉背景的资源价值流会计的诞生（肖序和金友良，2008），不仅是环境管理会计与循环经济的高度融合，也是与流程工程学、产业生态学的耦合。目前，以中南大学肖序教授为首的研究团队针对部分企业在解决循环经济技术应用过程中存在的“有循环、无经济”的现象，以及现行会计的产品成本核算系统存在无法反映循环经济开展所带来的“外部环境成本内部化”的经济价值、生产流程的废弃物成本信息

① 企业管理者为使企业环境目标与经济目标相协调，利用环境信息和财务信息，以目标与计划为起点，对企业生产经营全过程的环境行为进行约束、引导和监督，是包括制度、规则、程序、方法等诸多要素的企业环境管理控制系统。

和环境保护效果的货币化评价等弊端，提出了一套基于资源流转的“物质流-价值流”二维核算方法体系（肖序和熊菲，2010；肖序和刘三红，2014；肖序和熊菲，2015），并尝试从组织维度进一步拓展这一工具的应用边界，提出了初步的“物质流-价值流-组织”三维模型的构想（肖序等，2017a；肖序和曾辉祥，2017），这也正是本书的出发点所在。

2.2　资源价值流分析研究动态

资源价值流分析的思想归根溯源来自 MFCA，本书在对该领域的研究进行回顾时主要从 MFCA 和“物质流-价值流”二维分析两个方面展开。

2.2.1　MFCA

20 世纪 80 年代，德国 Kunert 纺织公司实施的一个环境管理项目最早孕育了 MFCA 的雏形，后 Wagner（1993）将其发展为一种环境管理会计工具，相继出现了“流量会计”、“流量成本会计”和“环境成本会计”等概念（Wagner，2015）。在此基础上，日本根据资源“输入-输出”平衡原理将物质流模型设为输入端（材料、能源和系统）和输出端（正制品和负制品），并借助生产作业单元划分不同的物量中心，每个物量中心的总成本在正、负制品之间分摊。进而，MFCA 逐渐成为环境管理会计的一个重要分支，ISO 14051 的颁布更是成为 MFCA 运用于实践的催化剂（Guenther et al.，2015；Sulong et al.，2015）。MFCA 是一种以物量单位和货币单位量化、追踪生产过程中的原材料、能源和系统成本流动及存储，揭示生产过程中非效率点的可视化工具（ISO，2011）。与传统成本核算相比，MFCA 的不同之处在于对废弃物的识别（Kokubu et al.，2009），即 MFCA 将所有的物料损失视为废弃物或非产品输出，而传统的标准成本核算体系并没有将超出既定标准的损失纳入其内。鉴于此，赵丽萍等（2017）通过设置成本归集分配表、正负制品成本计算单及正负制品明细账，对物料流量成本会计与现行成本核算体系进行整合，并模拟应用于某硝酸制造项目。

自 MFCA 得以标准化（ISO，2011）以来，围绕这一主题的文献以案例研究为主流范式，而相关的理论研究极为少见。近年来，有学者开始探讨如何将这种可视化工具与 ERP（enterprise resource planning，企业资源计划）融合，通过信息共享与信息集成来改善废弃物减排决策，并以南非的一家酿酒厂为例进行了个案研究（Fakoya and van der Poll，2013）。类似地，肖序等（2016a）针对 MFCA 与生命周期评价（life cycle assessment，LCA）的集成提出了二者的集成框架，并以一件特定的陶瓷物品（茶碗）为例做了案例分析，当然，也有文献从循环经济视角对其应用边界做了扩展，以获取更多的成本节约信息（Zhou et al.，2017）。不过，在扩展探索方面最为成功的尚属 MFCA 与低碳供应链的系统集成，自 Prox（2015）首次提出该想法以来，直到 2017 年 3 月国际标准化组织（International Standard Organization，ISO）才通过国际应用指引的形式加以标准化（ISO，2017）。该标准也吸收和借鉴了众多学术研究成果，如 Schmidt（2015）、Hunkeler（2016）等，更多地体现了生命周期管理的思想，着眼于使产品生命周期的环境负荷最小化。目前，MFCA 在德国、日本等国家得到广泛推广和应用，企业生产实践对 MFCA 的兴趣日趋浓厚（Christ and Burritt，2015；Kokubu and Kitada，2015；Wagner，2015），尤其是在提高资源利用效率（Rieckhof et al.，2015；D'Onza et al.，2016）、废弃物回收（Kasemset et al.，2015；Mahmoudi et al.，2017；肖序等，2017c）等方面，充分展示了 MFCA 的巨大潜力。国内学者围绕 MFCA 开展了多方面的研究，如基本原理、应用流程、运行机理等（毛洪涛和李晓青，2008；邓明君，2009）；与此同时，将 MFCA 应用于案例研究（冯巧根，2008；郑玲和肖序，2010）。在具体的实践方面，MFCA 对提升化工、药业、电子制造、汽车等行业领域的经济绩效效果显著。

2.2.2 “物质流-价值流”二维分析

肖序教授带领的中南大学商学院环境会计研究团队立足于 MFCA，并从循环经济视角对其做了扩展研究，针对部分企业在解决循环经济技术应用过程中存在的“有循环、无经济”的现象，以及现行会计的产品成本核算系统存在无法反映循环经济开展所带来的“外部环境成本内部化”的经济价值、生产流程的废弃物成本信息和环境保护效果的货币化评价等弊端，提出了一套基于资源流转的“物质流-价值流”核算体系（肖序和金友良，2008）。“物质流-价值流”二维计算与分析方法不仅可以识别和计量企业生产过程中的潜在改善点，还可以衡量其改善前后的效益，由此也推动了企业循环经济活动不断走向深入（Xiong et al.，2015；肖序和刘三红，2014；肖序和熊菲，2015）。

目前，“物质流-价值流”二维分析方法已得到广泛运用，相关研究成果可大致分为三个方面：①理论与方法的体系构建，即基于流程制造企业物质流（元素流）路线的资源价值流分析理论框架与方法体系构建（刘薇，2009；肖序和熊菲，2010；周志方和肖序，2013；梁赛，2013；王普查和李斌，2014）；②理论与方法的扩展研究，包括横向拓展与纵向拓展两个方面，横向拓展主要是由企业对象向供应链和生态工业园延伸，纵向拓展主要体现在方法探索上，如价值流维度上经济附加值的引入、资源价值流转方程式的结构改进、环境成本控制、通用资源价值流分析标准体系的构建等（肖序和熊菲，2015；肖序和陈宝玉，2015；Zhou et al.，2017；罗喜英和王雨秋，2017）；③实践应用层面，目前这一套方法体系已经服务于单个企业、集团企业及工业园区的循环经济活动，并尝试建立相应的方法体系（肖序等，2016b；肖序等，2017b；熊菲，2017；肖序和周源，2017）。其中，肖序等（2016a）尝试将 MFCA 与 LCA 集成，构建一套生命周期视角下的物质流、价值流、环境损害核算模型。王达蕴和肖序（2016a）在重新梳理 ISO 14051 的基础上，探索构建资源价值流分析的标准化；通过对企业内部资源流动规律及相对应的价值变动机制进行分析，帮助企业发掘和控制生产经营过程中造成资源浪费和环境影响的工艺流程。在已有研究的基础上，肖序等（2017a）首次公开提出了“物质流-价值流-组织”三维分析的思想，并初步形成了模型、理论框架和分析思路，为后续的深入研究搭建了一个更加宽广的平台。

2.3　物质流分析研究进展

物质流分析（material flow analysis，MFA），最早要追溯到 Wolman（1965）发表的 *The metabolism of cities* 一文。可将其理解为通过追踪、测量和分析一定时空边界内特定经济系统的物质输入、输出和储存过程，最终目的在于通过提高资源利用率、强化废弃物回收利用、减少有害物质排放，实现社会、经济和环境效益协同，助力持续发展（Brunner and Rechberger，2004）。具体而言，需要全面考察物质的流动过程，包括资源开采、加工制造、产品消费、二次利用及最终废弃等过程，其分析结果是衡量工业经济发展水平、环境影响状况及可持续发展进程的基础。朱彩飞（2008）认为借鉴自然资源及环境评估定量分析中使用的污染容量与资源压力等考量方法是物质流分析的思想起源，该方法的总体思想可以概括为以下三个方面。①近似地把工业经济系统视为一个能够进行新陈代谢的有机体；②经济系统从自然环境中获取的资源及向环境中排放的废弃物是引起环境扰动的来源；③遵循质量守恒定律，即一定时期内的物质输入等于一定时期的物质输出和物质存储。此外，物质流分析作为环境核算（environmental accounting）的一部分，包括经济系统的物质流核算（economy-wide MFA）、经济系统的物质平衡（economy-wide material balances）和实物型投入产出表（physical input-output tables，PIOT）。根据 Brunner 和 Rechberger（2004）对物质流分析中关键术语的界定，即物质流分析中的“物质”包含两层含义：一是元素和化合物，对应的分析即为元素流分析（substance flow analysis，SFA），如铁、铜、碳、排放的废弃物、木材、煤炭等；二是混合物和大宗物资，对应的分析又称为物料流分析（bulk-material flow analysis，bulk-MFA），主要是经济系统的物质流入与流出。

从已有文献来看，国内外有关物质流分析的研究可按研究范围归纳为宏观（国家或区域）、中观（区域、行业）和微观（企业）三个层面。

2.3.1 宏观层面的物质流分析

美国、欧盟、日本等是最早涉足于物质流分析研究领域的经济体。Ayres（1978）首次提出在考察国民经济的物质流动时采用物质守恒定律；在此基础上，Wernick和Aushel两位学者构建了国家物质流分析的基本构架用于分析国内的物质流（陶在朴，2003）。随着20世纪90年代工业生态观念的盛行，一些欧盟成员国将物质流统计列为国家统计的一个重要部分（Eurostat，1997）。德国Wuppertal气候、环境与能源研究所（Wuppertal Institute for Climate，Environment and Energy）的Ernstvon Weizsaecker提出了生态包袱（ecological rucksacks）、单位服务的物质投入（material input per service，MIPS）等概念，用以表示获得有用物质而造成的附加生态压力，这一指标被广泛运用于单一产品资源和生态损害分析（Schmidt-Bleek et al.，1998）。世界资源研究所（The World Resources Institute，WRI）曾提出了“隐藏流”的概念，也就是可以把资源开采和产品生产过程中所残留的不可出售的那部分废弃物当作物质输入并会同产品输出而进入物质流过程（Martthews et al.，2000）。WRI分别于1997年、2000年和2008年完成了物质流分析系列研究的三份报告，即《资源流：工业经济的物质基础》（分析了美国、日本、德国及荷兰四国经济系统的物质流动状况）、《国家之重：工业经济的物质输出流》（分析了美国、日本、德国、荷兰、奥地利五国工业经济的物质流动状况）和《美国的物质流：美国工业经济的物质核算》（吴开亚，2012）。美国的Gerald教授团队长期致力于资源消耗的环境负荷研究，通过多年对众多金属元素［如铅（Pb）、铁（Fe）、汞（Hg）、镉（Cd）、铬（Cr）、钴（Co）等］流动路线和物量测度的全面分析，在矿产资源、消费结构等方面获得了大量数据，为政府在开采矿产资源、减少有毒有害物质的排放等规范规定方面提供了决策支持。此外，Kleijn等（2000）、Sundin等（2001）、Binder等（2004）分别对瑞典、英国、芬兰及瑞士等国的特定物质进行了物质流分析研究。中国对物质流的研究起步较晚，国家范围内的物质流分析基本沿用欧盟分析框架，其中最早将这一方法引入国人视野的是陈效逑和乔立佳（2000），自他们首次对中国经济与环境系统进行物质流分析后，其他中国学者才开始关注不同经济系统层级的统计分析，并出现了一系列的研究成果。例如，基于可持续发展理念，李刚（2004）对中国国家层面的物质流进行了测算与分析；戴铁军和赵迪（2016）将物质流分析应用于京津冀地区，对其物质代谢情况进行了核算，证明了该方法在循环经济实践中的有效性。除此之外，也有理论与方法方面的探索，王军等（2006）在总结已有物质流研究的基础上，对其理论体系和应用方法进行了阐述和归纳。除了单一的物质流分析之外，也有学者开始将其与生产率、环境效率、废弃物回收等方面结合，拓展了其应用边界（Bornhöft et al.，2016；Song et al.，2016；戴铁军和肖庆丰，2017；郑忠等，2017）。

2.3.2　中观层面的物质流分析

将物质流分析方法应用于中观（区域）层面，基本上都是参照国家宏观尺度的物质流分析而进行的尝试性探索，目前针对区域物质流分析的方法体系还有待进一步完善。最为常见的是构建生态效率指标体系，借助环境压力方程模型来分析物质输入经济系统带来的环境影响（段宁等，2008）。1996 年 Wuppertal 气候、环境与能源研究所对德国北莱茵河威斯特伐利亚地区的鲁尔区开展物质流平衡分析，研究强调了进出口物质生态包袱的重要性，但没有对区域层次物质流分析研究的系统边界问题予以足够的重视，在贸易统计表中也没有考虑国内的进出口物质（Bringezu and Schutz，1996）。也有研究尝试通过物质流分析方法与生态足迹方法进行当地环境与消费模式状态的评价。这些研究主要是以某个部门的物质作为分析对象，结果表明案例地区的消费模式均属于非持续性消费模式，应从市民层次及政策制定者层次上进行社会行为的转变（吴开亚，2012）。基于先前的地区及国家层次物质流分析的研究成果，Hammer 等（2003）出版了 *Material Flow Analysis on the Regional Level：Question，Problems，Solutions* 一书，全面系统地介绍了区域物质流分析研究的思路。相对于国外中观层次的物质流分析，国内区域层次的物质流分析工作开展得较晚，主要以省域、市域为研究对象。在借鉴国外已有研究的实践经验的基础上，徐一剑等（2004）、王军等（2006）分别以贵阳市、青岛市城阳区为例，分析了物质流情况及其规律；葛建华和葛劲松（2013）以环境绩效为切入点，研究了柴达木地区的物质流状况；陈东景等（2014）还将其用到县级层面，并以长海县的生态海岛建设为例做了分析。在物质流分析的中观评价指标方面，彭焕龙等（2017）对传统的强度指标、效率指标等做了改进，将资源环境对物质流动的影响（如约束、反馈、调控等）考虑进来，构建了一系列用于刻画资源环境效率的方法，如资源环境基尼系数、输入输出强度、资源利用效率及用于环境经济系统的 IPAT（I = human impact，P = population，A = affluence，T = technology）方程等，并以广州市南沙区为例进行了实证研究。物质流分析与数据包络分析模型结合是评价环境效率的一种新颖评价方法（胥丽娜，2016），以此为基础，Song 等（2016）运用数据包络法对我国 31 个城市的城市物质和能源流动效率进行了评价分析。

2.3.3 微观层面的物质流分析

特定产业、某一企业或者具体的物质（元素）是微观层面物质流分析的对象。从已有研究文献来看，水泥、造纸、钢铁、林业等产业是物质流分析的热门行业，而企业方面的物质流分析则以流程制造业为主（王俊博等，2016；张健等，2016）。Gao 等（2016）分析了水泥生产过程中的物料流量和消耗量，以改善水泥生产过程中使用的资源管理，减轻其对环境的影响。Guyonmet等（2015）和Swain等（2015）分别将材料流分析应用于欧洲和韩国的稀土元素，以探讨某些稀土元素的流量和库存，并满足对这些稀土元素有效回收和元素流量管理的要求。物料流分析还被广泛应用于研究钢管道（Yin et al.，2015）、焊缝（Qu et al.，2015）、废纸（Sevigné-Itoiz et al.，2015）、谷物流（Courtonne et al.，2015）及钢材（Sarkar et al.，2016）方面。Byrne 和 O’Regan（2016）则对致力于能源效率提升和可再生能源发展的爱尔兰农村进行了社区的物质流分析，该案例研究指出，任何可持续发展转型的核心是社区领袖和利益相关者（因为他们了解当地的知识、服务和支持，了解他们社区要什么及他们能提供什么），并用关于能耗消耗的问卷数据计算出社区利用可用资源产生能源需求的潜力。通过能源升级及建筑改造等活动减少能源消耗，社区可在 2025 年实现二氧化碳零排放。针对钢铁企业面临的库存增加、产能过剩、盈利艰难等问题，郑忠等（2017）通过分析企业以“铁”为核心的元素流和相应能量流的网络特点，以及企业当前建设信息化系统时在实现能量流、物质流及信息流集成和协同方面存在的诸多问题，有针对性地提出了促使钢铁制造过程中能量流与元素流协同的思路与方法。

2.4 已有研究的局限性

通过上述文献回顾可知，学者在环境管理会计、资源价值流分析及物质流分析等方面取得了丰富的研究成果，极大地促进了环境管理会计这一重要环境经营方法在适用对象、适用范围等方面的拓展，也为本书拟构建的“物质流-价值流-组织”三维模型及其在园区、国家（区域）层面的应用奠定了坚实的理论基础。当然，鉴于本书的研究目的，上述三方面的成果也对本书进一步挖掘相关理论潜质和延伸应用边界产生了重要启示。

（1）环境管理会计的研究主体与核算边界有待拓展。众所周知，环境管理会计是连接生产经营活动与环境保护的有效工具，是一个重要且有待发展的会计领域。一般而言，环境管理会计的研究主体与传统财务会计一致，特指“企业”，环境管理会计也被认为是企业为了内部管理而使用的环境会计。毋庸置疑，现代公司制企业是会计主体的典型代表，但不容忽视的是以资为本和追逐资本增值是现代公司制企业的先天基因；再者，不同于财务会计，环境会计需要从宽口径来考虑环境责任承担问题，如社会福利等。因此，环境会计的研究主体不应受制于企业微观层面，而应吸收管理会计的逻辑，将研究主体设定为小到个体、班组、企业，大到行业、国家（区域）的组织。环境管理会计以“环境会计 + 管理会计”为信息基础，其所考虑的成本领域超越了通常意义上的企业成本范畴，包含了生命周期成本（life cycle cost，LCC）和社会成本。因此，环境管理会计也应根据算账的立场，相应地将主体设置为对应的微观和宏观组织，其核算边界也会随组织层面的扩大而延伸（杨世忠和曹梅梅，2010）。

（2）环境管理会计工具缺乏实质性突破，MFCA 有待持续改进优化。环境管理会计是多种方法工具的集合，通常包括 MFCA、LCC、环境友好型设备投资决策、环境友好型成本规划、环境预算矩阵及环境友好型绩效评价等（国部克彦等，2014）。其中，MFCA 是环境管理会计的主要方法。从近几年来关于 MFCA 的研究来看，该领域的文献更多的是揭示问题而非如何解决问题，文献中占主导地位的是概念层面的案例研究，且大都是基于行为的项目研究，缺乏对 MFCA 背后基础理论缺失的关注，缺乏对 MFCA 工具在不同规模组织中实践的系统性探究（Wagner，2015；Christ and Burritt，2016）。资源价值流分析在组织层面的延伸既是对 MFCA 的继承和优化，也是对“物质流-价值流”二维分析的进一步扩展。

（3）“物质流-价值流”二维分析在全生命周期与供应链视角下面临新挑战。通过文献回顾发现，“物质流-价值流”二维分析是在循环经济背景下，将工程科学中的物质流分析与社会科学（会计学、财务学、企业管理科学等）中的价值流分析相融合的一种集成式研究。但是，随着我国循环经济战略实施的不断推进，组织生产和管理理念、模式方法均得到了不断的更新，在物质流分析层面，循环经济已从微观视域走向宏观视域，抽象其分类依据，其本质就是物质流全生命周期理论的应用与扩展。与此相对应，价值流的表现形式也会发生变化。尽管当前关于企业层面“物质流-价值流”的分析颇为丰富，但缺乏在园区、地区层面的探索。此外，将资源价值流分析的数据信息应用至供应链是“物质流-价值流”分析实践的最高层次（Nakajima et al.，2015）。ISO 14052 作为一个国际标准化指引，为 MFCA 在供应链中的实施指明了方向，但仍然需要对物质流和价值流的耦合机理、协同机制等进行深入细致的研究，例如，如何实现生产系统的技术细节和生产成本信息共享、利益共享方面的信任机制等。

第3章　资源价值流会计的理论基础及方法演进

关于“资源价值流会计”，肖序和金友良（2008）最早对其进行了界定，即“以货币为主要计量单位，依据循环经济的物质流分析路线，对资源、能源等在企业内部不同空间发生的位移进行价值确认、计量、报告、分析和评价，并参与循环经济决策与控制的一种管理活动”。资源价值流会计主要以流程制造业（包括冶金、化工、建材、石化、造纸、食品加工等）为研究对象，与循环经济密切相关，秉承“既循环、又经济”的原则，是技术性分析（物质流分析）与经济性分析（价值流分析）的融合。如图3.1所示，本章将从社会化大生产背景下经济系统与环境再生产之间的关系入手，分别从组织扩展的角度阐述物质流分析由微观、中观向宏观延伸的内在逻辑，并详细梳理资源价值流会计的产生背景、改进方法、基本原理及方法体系，随后深入剖析将资源价值流分析延伸至多级组织，构建“物质流-价值流-组织”三维模型的逻辑起点。

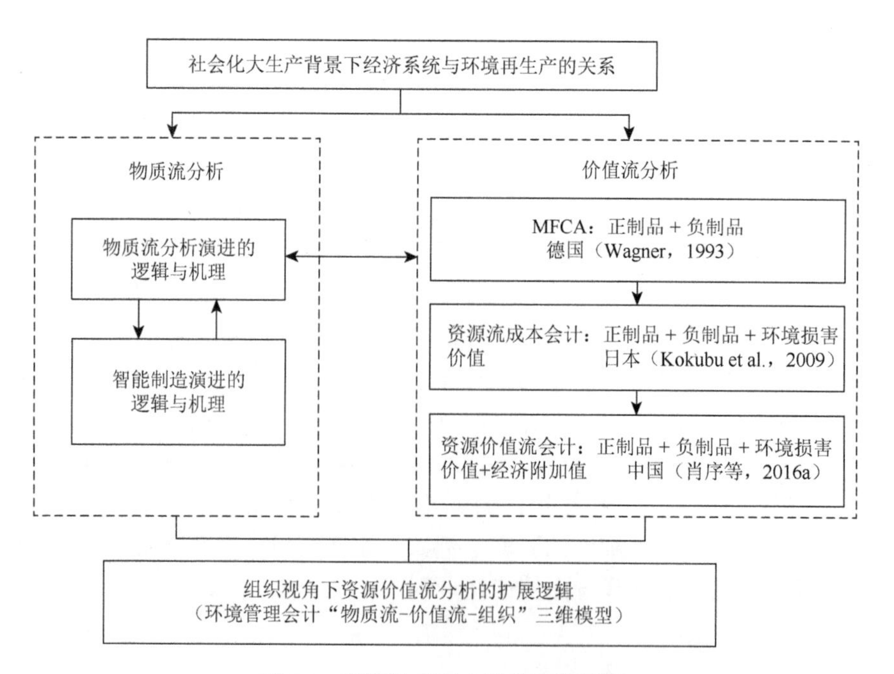

图3.1　资源价值流会计的演进历程

继资源价值流会计提出之后，环境管理会计“物质流-价值流-组织”三维模型是在继承已有研究成果的基础上提出的，前期相关阶段性研究成果已发表在《会计研究》（2017年第1期）、《会计之友》（2017年第16期）等期刊上

3.1　多学科交叉背景

循环经济资源价值流分析在目前看来仍是一个比较新的概念，涉及多个学科领域相关理论的交叉融合，包括自然科学与社会科学相关内容的融合。目前，有关循环经济资源价值流分析的支撑学科间相互关系比较复杂，难以做出清晰的解释与说明，因而较难具体明确地划分资源价值流分析的学科基础。尽管如此，我们认为以循环经济的物质流与价值流融合为主线，仍可解释本书所涉及的最邻近科学领域。

3.1.1　循环经济理论

循环经济在实践中有三种循环模式，分别是小循环、中循环和大循环。这三种模式中，小循环仅仅存在于企业内部的物质流之间，中循环是在多个企业之间的物质流转，大循环存在于企业物质流和社会物质流之间。目前对循环经济的研究方法主要是三种：物质流分析方法、生态效率方法与情景分析方法。其中，物质流分析方法是追踪和评估在经济和环境之间进入和流出及存在于这一系统内部的某一特定物质，为资源减量化和可持续发展提供数据以供研究的一种方法。元素流分析和价值流分析是物质流分析的两种主要方法。

就目前世界范围内对这一学科的研究方向来看，最初只涉及某些特定的物质或元素对环境造成的污染与危害，之后逐渐向中观和宏观经济中的社会系统物质流靠拢，而这些研究一般是从自然科学或者工程科学的方向看待研究问题。此外，物质流分析方法等虽在国内日渐成熟和完善，但立足于物质或元素数量或含量，涉及资源价值流分析的极少，微观及中观层面的价值流转分析方法目前只有极少的一些理论分析，还没建立完整的框架体系。近年来，国内外的一些专家学者开始将目光转向物质流分析在经济学方面的应用，但由于学者的专业背景不完全一致，大多只能对循环经济的物质流做出一个简单的框架构想，没有从经济学和会计学的角度上再提出深层次的看法，也没有构建出完整的资源价值流分析的框架和体系。直到2013年，周志方与肖序合著的《两型社会背景下企业资源价值流转会计研究——基于循环经济视角》弥补了这一空白。物质流分析和价值流分析相互制约，物质流分析是获得价值流数据的重要前提，而价值流分析可以在对物质流进行调整的时候提供需要的数据和建立方法体系。综上，只有优化了物质流的路径，才能够发展循环经济，以此来减少资源的使用，减少环境污染，为企业创造更多收益。循环经济资源价值流分析能够帮助企业优化路径，为其管理决策提供必要的信息和方法。

3.1.2 工业生态学

工业生态学的重心在于系统分析，这方面的理论和方法较为丰富，其中工业代谢分析、物质减量化、生态效率与本书的研究息息相关。工业生态学尚只发展了二十多年的时间，属于由多个学科交叉而成的新兴学科，很多内容及体系都还在探索和完善中。然而，该学科中的“链网分析”“生态效率理论及评价”“工业代谢分析”“原料与能源流动分析方法”“整体综合及优化分析”等方法依旧是本书的研究基础。具体体现在以下几个方面。

（1）“生态效率”理论和资源价值流分析具有相同的目标。生态效率既能够为企业带来更多好处，又能够降低资源损耗，减少环境损害，而在资源价值流分析中，还有一个目标就是试图能融合环境和财务两方面的业绩，以此来推动工业企业进行生态转型以达到环境保护的目的。

（2）工业代谢分析通过揭示原料与能源的流量，服务于资源价值流的核算和评估。该方法能够刻画生产过程所涉及的产品生产链条和废弃物链条，并进行延伸和循环分析，能够提高资源的使用效率，让废弃物再次得到合理使用，让产品的价值得到提升。对经济系统的材料、能源与环境问题之间的因果关系进行量化分析，以此来挖掘解决问题的最佳办法，这是揭示企业物质循环流动的基本研究方法之一。很明显，工业生态学和资源价值流分析是从两个不同的角度去分析同一个问题，虽然路径有所不同，但二者的目的、本质及环境理念高度统一。所以，工业生态学也能够为分析企业的循环经济价值流、评估资源的生产效率和估算废弃物的价值提供手段和方法，再和成本会计所涉及的逐步结转相结合，这样就可以构建企业循环经济资源价值流分析核算模型与方法体系。

3.1.3 资源科学与资源经济学

资源科学认为，资源流是资源在人类生产活动、产业和消费人群或区域中进行的运动、转移和转化过程。资源流分为横向流动和纵向流动，其中，横向流动是由于资源所处的地理位置不同而发生的空间上的移动；纵向流动是资源在加工、消费、废弃这一链环运动过程中关于形态、功能、价值的转化过程，其包含在横向流动之中。相关理论研究包含资源流特点、构成元素、研究方法等，应用研究则从国家/区域、产业/部门、企业/家庭三个空间尺度来进行。如今，学者通常按部门或地域划分来对资源流进行探索与分析。然而，资源科学尽管可揭示物质流与价值流互动变化的一些规律，但在微观经济与企业管理方面对接会计、环保统计的系统性上仍存在不足，难以形成资源价值流的计算与分析体系。

在资源经济学中，资源的内涵、模式及价值模型与本书具有关联性。资源经济学对资源流的定义与资源科学不一样，该学科认为资源流应分为物质流、人员流、能源流、信息流、产权流及价值流六大要素。其中，价值流能够同时反映其他五种要素的变化情况。本书不考虑资源产权、人力资源等的影响，只找出资源流转要素，希望能够探索到资源价值与资源物质流转之间的某些关联，且资源成本与资源价值的一些理论也会在该研究中起到关键性作用，其中包括估计环境资源的有效价值、计算厂商对污染物的排放会对社会造成的利益损害、量化企业开展环保活动的成本等。对于企业来说，投入价值就是总的资源投入，产品价值包括产品和副产品的价值总额。所以，在深入考虑废弃物对环境的污染的情况下，其环境损害价值和循环经济资源价值流分析的价值与内涵界定几乎一致。因此，本书将扩展与延伸该学科的原理，并融入管理、环境等学科的相关内容，将研究提升至更加系统的高度。

3.1.4　流程工程学

流程工程学在学科属性上是一种综合集成基础科学、技术科学（如传热、传质、传动量和反应器工程的“三传一反”）、工程科学问题及相关技术的工程集成的知识体系。流程工程学是近些年才发展起来的一门新兴学科，本书的研究对象正是基于材料和能量转换的制造过程中的工程科学与工程技术。流程工程学的一个最大特点是从更大尺度探索单元操作、单元工序与装置、制造流程、生态制造链四大组成部分的“解析-优化”“集成-协调”，这种尺度涉及效率、经济、环境及质量等开放范围，具有了循环经济的思想。其中，尤以冶金流程工程学的代表性人物殷瑞钰院士为典型代表，他针对现代冶金等制造业工艺所面临的需求，综合解决了包括产品成本、物耗、能耗、质量、生产效率、投资效益等市场综合竞争力，以及“资源-能源”可供性、“环境-生态”和谐性在内的可持续发展等重大集成性前瞻命题，研究领域的突破主要着眼于基础科学（如化学反应热力学和动力学等）和技术科学等局限，进而围绕冶金流程制造过程中存在的不同“时空”尺度的问题，从整体上全面探索钢铁冶金的制造工艺、结构和效率，并取得重大进展。

借鉴流程工程学领域的流程优化理论与方法，采用资源价值流分析工具，首先从价值流分析角度出发，对循环经济的实施条件及发展潜力进行评价；其次，根据评价结果，提出相应的可行性方案；最后，依据优化理论与方法，使制造流程中的物质和能源循环流通量最大化、资金占用量和经济合理性程度最优化，最终能够实现资源减量化、废弃物资源化及循环再利用的目的。从该意义上说，流程优化理论是本书研究的理论基础。

3.1.5 环境会计学

会计是研究会计发展规律和会计人员实践的知识体系。其核心内容是以货币作为主要计量手段，通过设置资产、负债、所有者权益、成本、收入、利润等会计要素，对工业企业的经济业务活动进行核算，来说明工业企业活动引起的价值改变情况及发生的缘由。在 20 世纪 80 年代之后，会计这一学科从本是主要研究工业企业经济活动的资金变化，拓展到和工业企业息息相关的生态系统当中，就此将环境成本、负债及效益作为主要研究对象来进行会计确认与计量，由此开创了新的会计分支——环境会计学。由此看来，环境会计是会计学科与环境学科相结合的一种应用学科，也是环境经济学、环境管理与会计学的组合产物。

环境会计与循环经济资源价值流分析存在着天然的内在关联。相对而言，循环经济资源价值流分析的研究视角更为开阔，而并不局限于环境污染末端，综合考虑了资源、环境与经济绩效的综合协调关系。虽然环境会计学在工业企业循环经济发展及应用中还存在着诸多缺点和不足，但这一学科的相关原理和方法仍是本书研究的重要理论支撑。例如，价值流分析需以会计学的货币计量理论为基础，“价值”的概念边界需以会计学的成本分类方法为依据，价值流转核算与分析需参考流转成本会计的设计原理等，这些均是借鉴的重要内容，特别是近年来在德国、日本出现的新兴环境成本核算模式——MFCA，直接为资源流转成本与价值核算提供了方法基础。

3.2 经济系统与环境部门的对偶原理

3.2.1 社会化大生产的潜在环境假定

马克思的《资本论》通过分析生产力与生产关系的辩证运动揭示了资本主义经济的运行规律，也从各种要素之间的相互关系探讨了社会化大生产的一般规律。社会化大生产是指基于深度的分工协作，各个行业甚至企业之间的生产变得十分紧密，形成一个有机整体（杨欢进，1994）。社会化大生产是相对于分散的小规模个体生产而言的，包括生产资料、生产过程及商品市场的社会化，具体表现为：规模化生产，即生产资料和劳动力资源集中用于企业进行有组织的生产活动；专业化生产，即不断提高的社会专业化分工水平促使各种产品生产之间的协作更加密切；市场化生产，即社会化的交换使产品在生产和销售过程的各个环节通过市场自动调节（陈兴荣，1984；韦裕明，1994）。社会化大生产思想是马克思和恩格斯揭示资本主义“生产资料私人所有与社会化大生产”基本矛盾的一个重要范畴，也是确定其社会主义理论体系的基础。产业革命以来，社会化大生产所创造的巨大物质财富被马克思和恩格斯给予高度评价，甚至被认为比过去一切时代的全部生产力都要大。中国特色社会主义社会也建立在社会化大生产的基础上，因此，必须遵循社会主义社会的客观规律，按照社会化大生产的客观要求来建设社会主义。孙冶方（1982）在社会主义经济理论的研究中，对中国情景下的社会化大生产理论进行了丰富的探讨。他认为，“企业规模的扩大可以反映生产社会化程度的加强，但生产社会化程度的最重要表现是社会分工的发展，随着生产社会化的发展，企业间的交往关系更为错综复杂”。从中国特色社会主义的伟大实践来看，中国市场经济体制的建立和完善、改革开放政策的推进及科技强国战略的实施，都极大地促进了社会生产力的发展，也印证了“市场经济是社会化大生产的灵魂”、“开放性是社会化大生产的本质特征”及“社会化大生产发展的根本动力是科学技术的开发和应用”等社会化大生产的重要规律。

马克思的经济理论蕴含大量揭示社会化大生产一般规律的原理，如在生产过程中节约生产资料、保护生态、广泛推行循环经济等思想都是其重要内容。其经济理论还指出，集中和大规模的使用生产资料就是节约生产资料的表现，设计大商场的必然结果就是大量劳动者聚集并共同参与劳动，以及废弃物重新回到生产环节并加入到消费循环的过程，就是将其他部门的排泄物转化为另一个部门的新生产要素。从马克思的社会生产思想来看，社会生产除了包括人口再生产、物质资料再生产等类型之外，还应包括现代社会下的环境再生产。中国经济的迅速崛起见证了社会化大生产对解放和发展生产力所产生的巨大推动作用，但也应关注到，从生命周期的视角剖析物质流的断面分布，以及物质流与价值流的互动影响规律可以发现，中国正处于以大量生产、大量消耗及大量废弃为特征的物质流和价值流前端，表现为资源利用率低、附加值低且环境污染大。由此可见，尽管马克思的社会生产思想蕴含着前瞻性，但建立在劳动价值论基础上的马克思再生产理论以研究资本主义社会人与人之间的关系为基石，环境因素并不在劳动价值论的揭示范畴内，也即作为隐含条件的环境、资源及生态等因素在马克思再生产模型中并不被予以考虑。

鉴于此，本书借助马克思的两部门简单再生产模型，就其中隐含的环境假定做进一步分析，如图 3.2 所示。两部门之间分别以生产资料和生活资料为载体实现了物质交换和价值交换，主要研究两部门之间的内部交换关系，并没有考虑经济生产活动对环境系统的影响，即作为隐含条件的环境系统不纳入考虑范围。由此可以推导出如下两个有关环境的潜在假定：①环境系统能为两部门提供无限供给，实现自然资源零价值；②经济增长在环境的承载限度内。由此可见，马克思再生产模型中的“生产”限于物质生产，把环境视为生产力的构成要素。

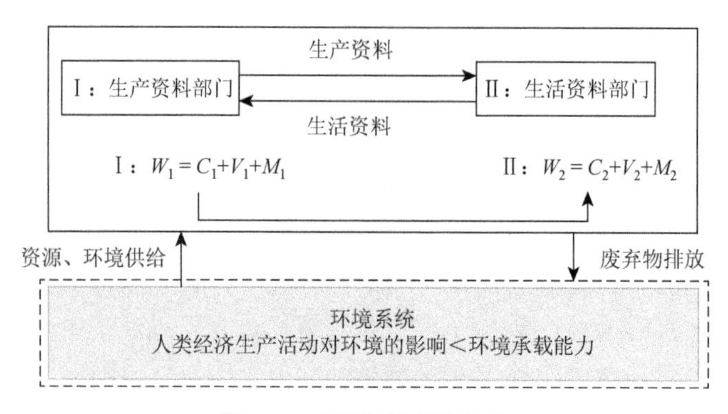

图 3.2　两部门简单再生产

3.2.2　经济系统与环境部门的再生产关系

经济系统是人类进行生产经营与生活消费的一切活动所构成的一个封闭系统，环境部门是以自然过程为主导的生态系统，两个系统各自进行着物质流、价值流、能量流及信息流交换（陈长，2011）。自 20 世纪以来，第三次科技革命兴起、人口增长、经济全球化扩张等特点使人类社会与自然界的关系在规模、强度、角色方面都发生了根本性变化，引起环境变化的驱动因素也正在以快速、大规模和高覆盖的方式增长、演化和组合，给环境施加了前所未有的压力。在此背景下，“环境再生产”在传统社会再生产面临重大矛盾与困难的条件下逐渐发展起来，其出发点是解决社会物质再生产与其前后两端环境再生产之间严重失衡的冲突，维护和扩张能够支持物质资料再生产的自然生产能力。“环境再生产”作为一种新兴再生产类型，其核心含义是环境也存在生产与再生产的过程，而且其生产与再生产也包含着简单再生产与扩大再生产。

经济学家对资源环境与经济发展相互关系的关注和研究由来已久，Harris 和 Roach（2013）分别从传统经济学和生态经济学视角探索了处理自然资源和环境经济之间关系的两种途径。

(1)传统经济学立足于标准古典主流经济学思想的模型和技术在环境经济概念上的应用，“外部性”（externalities）[又称“第三方效应”（third-party effects）]就是新古典经济学理论处理环境问题的具体应用之一，即分析经济活动带来环境损害的成本及经济活动改善环境带来的社会收益。经济学家之所以对外部性问题情有独钟，是因为外部性违背了市场经济中竞争均衡最优化的条件。但是，经济学家并未考虑使经济活动之间相互联系的“技术”系统，而技术的外部性通常是经济活动之间的非市场相互依赖性。本书在此以 i 和 j 两项经济活动为例做进一步说明，若经济活动 i 的产量 Q_i 由产量 Q_j（经济活动 j 的产量）及其他活动的投入 R_j 决定，则 Q_i 可以表示为 $Q_i = F_i(R_i, Q_j, R_j)$，其中，$\partial Q_i / \partial Q_j \neq 0$ 或 $\partial Q_i / \partial R_j \neq 0$ 。此时，若活动 i 的产量随活动 j 的产量的增加而增加，则说明存在正外部性；反之，则为负外部性。本质上，在分析外部性时，除了要考虑生产及消费之间的相互依赖之外，还需要考虑使经济活动相互联系的"技术"系统——环境。

（2）能源供应、稀缺的自然资源及积累的环境问题将制约经济增长，生态经济学以"人类经济活动受到环境承载力[①]限制"为原则，凸显了资源环境在当前经济系统中的重要性，认为资源、能源的可获得性及其对环境的影响是生态经济的核心问题。相对于传统的经济学，生态经济学从更广的视角和更大的框架将经济系统放置于它所处的生态框架中。图 3.3 对标准生产要素循环流动模式（左侧）与广义生产要素循环流动模式（右侧）做了比较，标准的经济分析中主要围绕家庭与企业的关系模型展开，土地、劳动力、资本等生产要素沿着顺时针方向循环，其经济价值通过逆时针的资金流反映，自然资源与环境并没有得到体现；而广义的生产要素循环流动模式则充分揭示了生产过程中废物和污染物的影响，经济运行中所排放的"废弃物"直接影响环境系统，将经济活动与生态系统活动联系在一起，揭示了自然资源与环境在经济系统中的角色定位。因此，研究经济活动需要将其放置在一个更大的框架中。

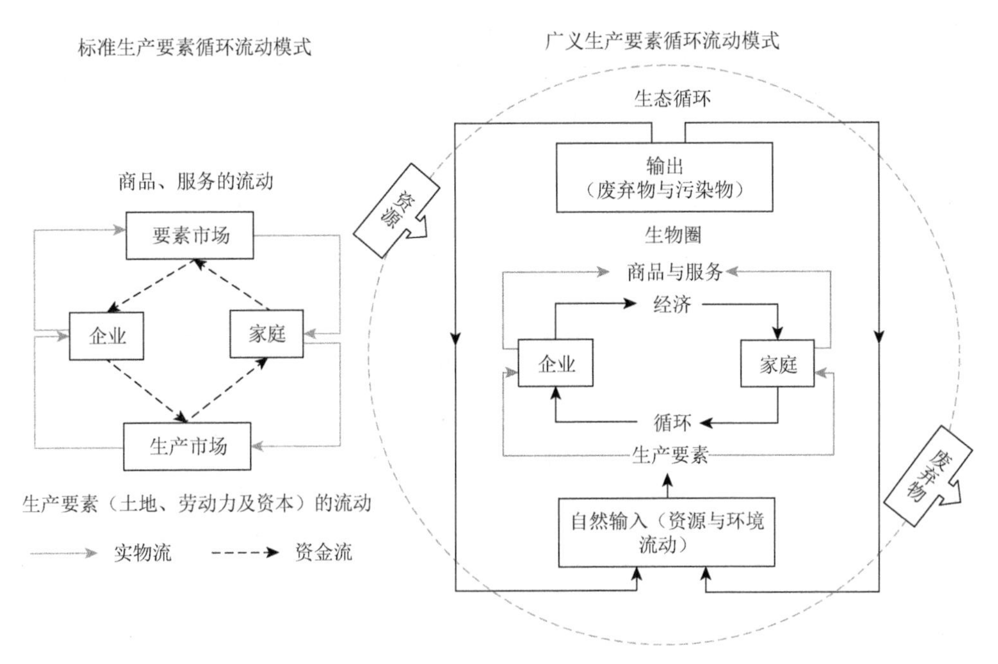

图 3.3　生产要素循环流动模式

通过以上分析可知，经济系统并不能完全刻画其物质流、能源流的运行状态及趋势，而需要扩大到更大的开放型系统视角——"经济-环境"系统。其中，环境部门不仅为经济系统的运行提供必要的原材料和能源，同时提供了经济生产过

① 承载力是指可以保持自然资源可持续利用的人口水平和消费水平。

程在数量上的货物与质量上的服务。环境系统是经济生产的前提；同时，经济系统的运行又反过来影响环境系统的运行，废弃物的排放直接决定环境系统数量与环境质量的变化。因此，经济系统与环境部门之间是互为前提、互相影响的再生产关系，二者之间的有机联系可以归纳为经济系统以环境承载力为前提，环境承载力又受到经济生产的影响。按照经济学的解释，环境有四项参与方：消费品（为消费提供公共物品）、资源供给者（生产活动投入要素）、废弃物容纳场所（接收经济系统排放的废弃物）和区位空间（为经济系统的区位提供空间）。

基于上述有关经济系统与环境部门再生产关系的阐述，本书尝试将二者置于整个大的生态系统，从物质交换及循环的角度揭示两个部门之间的物质生产关系和均衡关系。于是，在图 3.2 的基础上引入环境部门并构建了物质生产部门与环境生产部门之间的关系框架（图 3.4），由第Ⅰ部类（生产资料）和第Ⅱ部类（消费资料）组成的物质生产部门（也即传统经济部门）与环境生产部门共同构成了整个生产部门。其中，环境生产部门是从传统两部类中分离出来的相关部门，由资源类、环境类及生态类产品的生产系统组成，包括以人工手段创造新物质资源和人工环境的部门，以及对天然资源进行开采和加工得到资源环境产品，服务于生产和生活消费部类的部门。此外，自然界被划分为自然资源和自然生态。

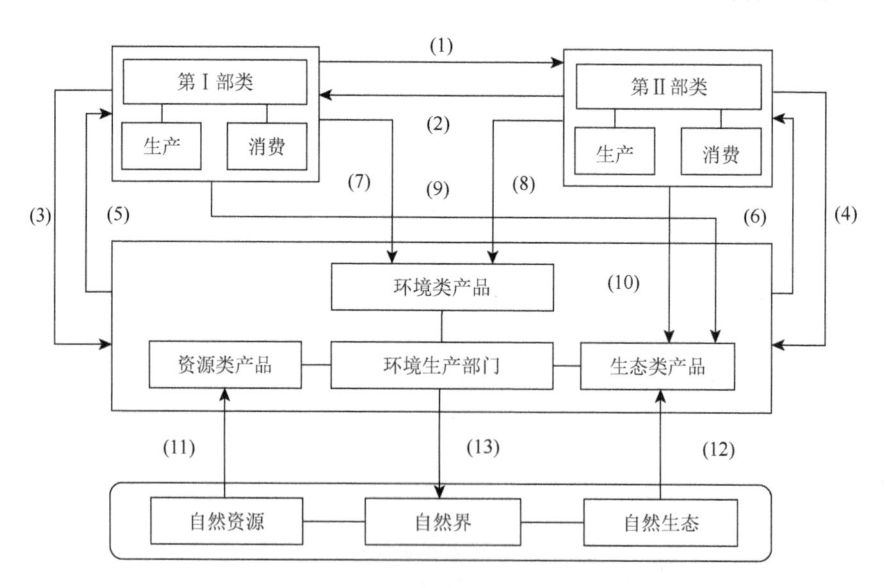

图 3.4　物质生产部门与环境生产部门之间的关系框架

资料来源：综合《环境与自然资源经济学——现代方法》（Harris and Roach，2013）与《物质与环境再生产关系的理论与实证研究》（陈长，2011）绘制而成

根据图中的箭头方向，（1）和（3）、（2）和（4）分别表示第Ⅰ部类、第Ⅱ部类的生产资料转出；（5）和（6）表示从环境部门转出的生产资料和生活资料；（7）和（8）分别表示从第Ⅰ部类和第Ⅱ部类排放的废弃物；（9）和（10）表示生产与消费活动对生态的影响；（11）与（12）表示自然界为生产资源类产品/生产生态类产品的环境生产部门提供的自然资源/生态环境；（13）表示环境生产部门流向自然界的废弃物

从图 3.4 可以看出，尽管经济系统通过价值交换将要素市场与产品市场联系起来形成了一个循环，但并不能忽视经济系统生态基础的存在。物质生产部门与环境生产部门之间存在千丝万缕的联系，既体现在部门之间的物质交换关系上（编号为（1）～（13）的箭头），也体现在二者间物质的平衡关系上[①]。为了揭示两个部门的平衡关系，本书结合投入产出分析法与物质平衡原理进一步说明其逻辑关系。对物质生产部门而言，存在两组平衡关系，即（2）+（5）=（1）+（3）+（7）+（9）和（1）+（6）=（2）+（4）+（8）+（10）；同理，环境生产部门从转入与转出的角度也必须按照一定的计量方式维持平衡，即（3）+（4）+（7）+（8）+（11）+（12）=（5）+（6）+（13）。显然，本书此处仅仅从物质循环的层面揭示了各个投入项目与输出项目之间的平衡关系，并不能代表其价值量的投入产出平衡关系。

3.2.3　“经济-环境”系统物质流与价值流的耦合机理

有关经济增长过快或增长极限的争论中密切交织着资源、能源及环境问题，经济与环境通常被视为两种矛盾的目标（Meadows et al.，1972）。但在经济学研究中，研究视域从“经济系统”到“经济-环境系统”的转变，释放出人类通过可持续发展理论努力平衡经济和环境目标的信号。例如，经济系统边界下的标准经济学理论将生产率增长的动力之源归结为资本聚集和技术进步，而着眼于经济-环境系统的生态经济学将经济增长动因聚焦在三个方面：能源供应、自然资本、工业污染的环境吸收能力（Harris and Roach，2013）。从前文关于经济系统与环境部门之间的再生产关系可以看出，经济系统不能揭示物质和能量流动的状态及趋势，且环境系统不能反映环境产品所具有的劳动价值[②]，这就使得经济-环境系统被赋予了两大基本职能：一是清晰地表达物质生产部门与环境生产部门之间的物质循环关系，即物质平衡关系；二是建立经济与环境之间的数量关系，即价值平衡关系。相应地，对经济-环境系统的研究也需要从揭示物质循环与价值循环的耦合关系入手。

Boulding（1966）认为，经济系统与环境系统的运行机制不同，经济系统是增长型的，而环境系统是稳定型的。正是基于经济系统与环境系统之间不同的运

① 需要说明的是，由于不同的物质在计量单位上不一致，本书此处所提到的平衡关系只是从质的角度进行分析，并不具有严格意义上的量的关系。

② 环境部门可以分为生产性环境部门和非生产性环境部门，从价值的角度来看，生产性环境部门所生产的环境产品具有劳动实体的价值；但对非生产性环境部门而言，虽然其环境产品并不具有劳动实体的价值，但我们可以将其与物质产品交换中表现出来的价值称为虚拟价值。本书关于环境价值的论述主要基于马克思的《资本论》中自然资源价值的论述。

行轨迹和作用条件，研究两大系统之间关系的循环经济作为一种新型经济发展模式应运而生（杨雪锋和王军，2011）。由环境系统与经济系统耦合而成的循环经济系统，是运用经济手段、技术手段和制度手段把物质、能量、信息与价值的流动与转化紧密联结而成的有机整体，弥合了物质流与价值流的裂缝，使资本循环与物质循环有机统一。从循环经济视角看，“经济-环境”系统的可持续发展（物质生产、人的生产、生态生产）本质上就是物质流、能量流、价值流与信息流在结构和功能上的不断交换和融合，其中，结构是功能的基础，功能是结构的表现。具体而言，循环经济从四个方面揭示了“经济-环境”系统所拥有的功能：①物质循环（经济物流与自然物流）[①]，循环经济作为最大限度实现物质循环的经济模式，其物质的循环包括自然资源循环与非自然资源或新自然资源循环利用两个层次，物质流与价值流、信息流协调才能实现整体循环；②能量流动，在自然能流转化为经济能流的单向流动过程中，能量流动与物质流动同步进行，能量在传递与转移过程中逐渐被消耗和递减；③价值增值，生态价值观下的价值流动不仅表现为自然物质转化为经济物流的价值转移，也表现为自然物流自身资源价值和环境价值的再发现；④信息传递（自然信息与社会经济信息），以价值增值为目的的信息流动使各个系统相互关联，物质流、能量流及价值流是信息在生态经济系统内部及其之间进行转换的载体，具有“神经系统”的功能。总之，物质流、能量流、价值流、信息流及其循环转化、动态匹配和协调统一是循环经济系统运行的动力机制（沈满洪，2008）。

鉴于本书的研究对象是物质流与价值流，在揭示物质流与价值流的耦合机制时主要关注二者的分离与融合，重点对物质流与价值流的循环转化进行分析。物质流与价值流的分离过程主要表现在交换阶段，即商品交换过程是所有权让渡与价值转移的过程，价值流与物质流分离的纽带是信息流。从经济生产的角度来看，物质流与价值流的融合过程可以从生产准备阶段和生产过程阶段分别加以说明，前者将货币转化为生产所需的物质资料、能量及劳动；货币随着生产过程的开始而退出，劳动成为物质流与能量流融合的纽带，以新产品为载体不断创造形成新产品的转移价值和价值增值。此外，会计学中的资金运动理论将货币信息与物质流信息之间的联动规律概括为“现金→原材料→产成品→应收账款→现金”过程，结合经济生产活动从另一个侧面阐述了物质流与价值流的循环转化原理（肖序等，2017a）。以企业为例，在物质循环流转的过程中，企业的资金运动同步进行，二者共同构成企业的流转体系。由此可以看出，社会化大生产及再生产过程是物质转换的生态过程和价值形成与增值过程的统一，物质流是经济系统运行的物质基

① 自然物流由物质的物理、化学和生物变化等过程体现出来，经济物流由社会再生产的生产、交换、分配和交换等过程体现出来。

础和活动载体，构成了系统的“骨架”，价值流为系统运行与发展提供了活力和刺激，是系统的“造血功能”。

不难发现，循环经济的本质不仅是以物质循环为表象的价值循环，同时也是生态规律支配下的经济循环活动，既包括针对物质流转的技术性分析，也包括针对价值流转的经济性分析，如图 3.5 所示。其中，物质流分析维度对应的是通过技术分析手段，以 3R 原则为基础，追踪、描绘和改进生产要素的流动、损耗和弃置，采取“增环”与“减环”的方法，改进物质流转路线；价值流维度则是采用经济性分析方法，针对物质流转过程核算成本、价值及价值增值，进而研究经济体内各个工序的成本变动和总体的绩效变动。当然，经济性分析与技术性分析也进一步揭示了二者之间的密切联系，经济性分析为物质流改进提供决策和管控的价值信息，技术性分析明确了价值流信息的生成过程。在此基础上，后文将分别深入挖掘物质流分析与价值流分析的理论基础，并尝试探索从特定物质（或元素）全生命周期层面分析其物质流与价值流，以及从中观和宏观组织层面考察物质流动与价值流动的可能性。

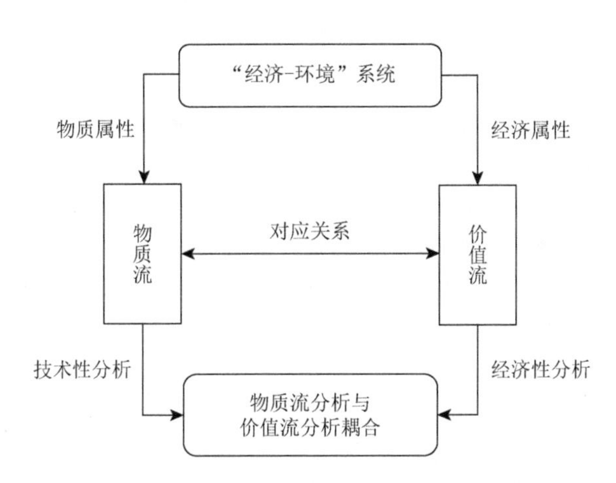

图 3.5　“经济-环境”系统的物质流与价值流耦合

3.3　物质流分析的理论基础、方法体系与应用模式

所谓物质流分析，即对一定时空范围内特定系统物质流动的来源、路径、存储及去向进行系统性的分析或评价。物质流分析在信息支撑和技术保障方面成为循环经济的重要手段，循环经济作为物质闭环流动型经济，其核心是物质代谢；物质流分析揭示和掌握物质投入与产品产出之间的关系，是循环经济的技术支撑。可见，连接经济系统与环境系统的物质流搭建了人类活动与环境影响之间的桥梁。

目前，物质流分析已形成了完备的理论基础、方法体系及应用模式，为实现价值流与物质流动态匹配提供了核算依据。

3.3.1 物质流分析的理论基础

1. 质量守恒定律

物质流分析是一种以重量单位追踪物质从自然界被开采，到进入人类经济系统，再沿着经济系统各环节流动，最后还原到自然环境的研究方法。可见，该方法是以经济系统为中心、物质流入与流出为两翼的数量核算逻辑，遵循质量守恒定律（law of conservation of mass）①而构建起来的物质流入与流出平衡模式。解释化学反应现象是质量守恒定律起初的主要用途，元素种类和原子质量在反应前后不会发生变化，进而可以判断物质的组成、推导出生成物或反应物的化学表达式，并据此推导出分子质量及相关物质的质量等。在生产活动中，原材料投入量、产品产量、能耗量、中间产出物等都是生产者关注的重点内容，由此看来，基于物料核算和能量核算的物质流分析对计算和揭示各股物质流的构成、数目及比率关系显得尤为重要。

物质流分析通过测量输入、输出及留存于生产系统的物质量，客观体现了生产系统的物质代谢规模——物质吞吐量，其不仅反映了经济活动创造的物质财富，而且反映了对生态环境造成的压力。质量守恒定律为分析经济系统内各个生产单元之间的物质转换与迁移、统计物料消耗及正制品、负制品、半成品的产量奠定了基础，总体上，一个经济系统的物量衡算可以表示为：一定时间内进入系统的全部物料质量（$\sum M$）等于离开该系统的全部物料质量（产品输出$\sum P$、回收物料$\sum R$）与消耗掉的物料质量（$\sum D$）之和。可表示为

$$\sum M = \sum P + \sum R + \sum D \tag{3.1}$$

根据这一原理，不同系统边界下的质量守恒定律具有不同的含义，进一步可分别从“生产单元”和“生产系统”加以说明（张健，2016）。

基于生产单元的物质流分析，其输入流主要包括外来的物质流 N_i、中间产品流 M_{i-1}（来自上游相邻生产单元）及循环流 Q_i（来自其他生产单元）；而输出流包括产品流 P_i（经由生产单元 i 加工处理）、下游的循环流 R_{i+j} 与上游的循环流 R_{i-j}（均为生产单元 i 产生的伴生物）及排放到环境中的废弃物 W_i。于是，可抽象为图 3.6，其平衡关系可表示为

① 质量守恒定律，也称物质不灭定理，最早由俄罗斯科学家罗蒙诺索夫于 1756 年发现，后经拉瓦锡研究发现，这一定律也适用于化学反应。

$$M_{i-1}+N_i+Q_i=R_{i+j}+R_{i-j}+W_i+P_i \tag{3.2}$$

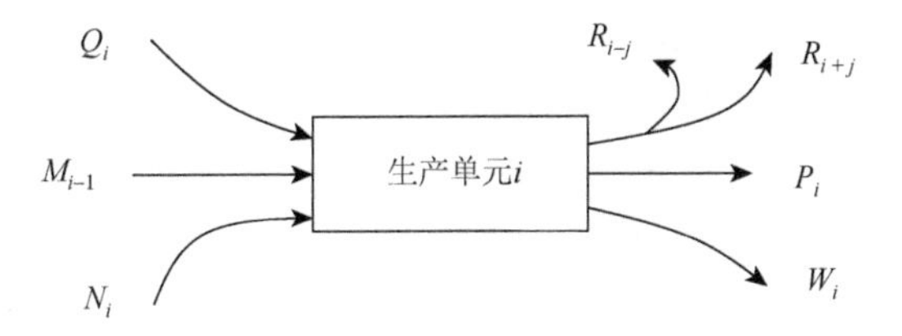

图 3.6　生产单元的物质流平衡

同理，由若干生产单元整合而成的生产系统的物质流分析模型可以借助图 3.7 反映，其物质输出与输入关系可以表示为

$$\sum_{i=0}^{n}N_i+P_0=P_n+\sum_{i=1}^{n}W_i \tag{3.3}$$

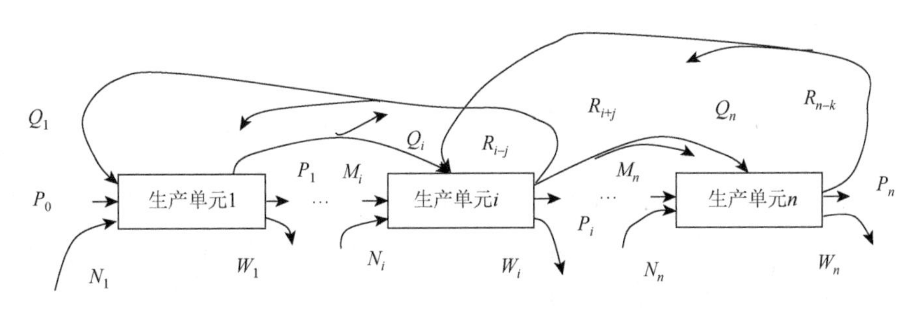

图 3.7　生产系统的物质流平衡

2. 物质代谢理论

生物学对“代谢”的定义是，“生物体通过吸收外界的能量物质，转化为生物体生命存续的机能，经过消化后又将废弃物排入外界环境”（袁增伟和毕军，2010）。Ayres 和 Kneese（1969）开创性地将生物体与企业、产业系统类比，提出了“产业代谢”的概念，认为工业生产本质上是一个将原料、能源转化为产品和废弃物的代谢过程，对应的工业系统可抽象为由生产者、消费者、分解者和非生物环境四个基本成分组成的自然生态子系统。通常，产业代谢分析由对象、过程、流量与流速、转换系数等基本要素构成，其中，对象为物质，包括物料在不同生命周期阶段所表现出的原材料、加工材料、产品及废弃物等形态；过程是随着物质在生产系统中的移动，物质以一种形态进入系统，以另一种形态输出，并有部分物质存留于系统内的一系列活动；流量与流速是物质在发生位移

的过程中表现出的强度和速度；转换系数则借助物质输出量与输入量的比值反映一个系统的技术水平。

由产业代谢理论到物质流的具体分析可以从个体和系统两个层面进行刻画：①在企业个体层面，企业是经济界的一个个体，犹如生物有机体是生物界的一个个体。企业通过各种工艺过程将原材料和能源转化为产品，同时产生废弃物，与生物有机体能自我繁衍不同，企业只能生产产品和提供服务，并不是可以自我调节的稳定系统。对企业层面的物质流分析，需要根据工艺流程图确定研究的系统边界，并对每个工艺过程进行详细的物料衡算。②在系统层面，不同生物体之间通过食物形成食物链，生物体与非生物体之间的物质循环和能量流动使生态系统相对平衡和稳定；企业之间通过原材料供应、生产制造、消费及废弃物排放形成工业"食物链"。一定系统边界内企业之间的物物交换增加了整个系统的关联度，通过物质流分析能挖掘出产品链中提高资源效率和能源利用效率的节点。

3.3.2　物质流分析方法体系

物质流分析以质量守恒定律为依据，根据物质代谢规律，将企业（产业部门或者经济系统）的物质分为输入、中间存储和输出三部分。当然，对企业循环系统、输入和输出系统的物质进行细分，并考虑物质循环等因素，会相应地衍生出多种具体分析框架。无论是何种组织层面，物质会沿着各自的生命周期轨道流动，既涉及能源物质，也涉及非能源物质。图 3.8 以企业生产系统为例进行了描绘，能源物质及非能源物质输入至企业系统后，物质形态会与企业的工艺流程同步变动，经过系统内部的开采、加工、储存或消耗等过程，物质由最初的静态组元转化为产品或固、液、气态废弃物。企业既承载着物质实物形态的消耗，也承载着

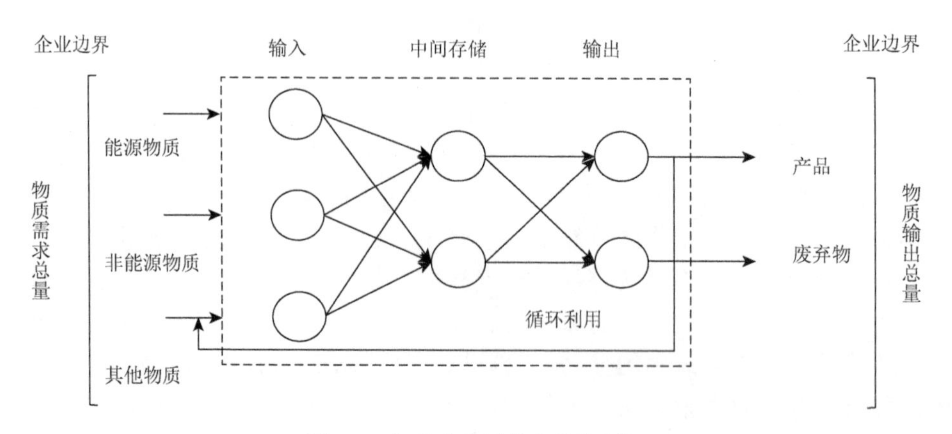

图 3.8　物质流分析基本结构框架

价值形态的转变，生产流程中资源形态的变化可通过其纵向流动的全过程分析“透明化”。需要明确的是，系统作为物质流分析的真实载体，系统边界（分为时间系统边界和空间系统边界）决定了物质流核算的主体和对象，时间系统边界依赖于时间跨度，空间系统边界根据物质流过程所在的地理范围设定，可以是企业、地区、国家或全球（吴开亚，2012）。

投入产出思想贯穿于物质流分析的始终，将投入-产出方法应用到物质流分析建立的模型，包括静态投入产出物质流模型、动态投入产出物质流管理模型和动态投入产出反馈控制模型，其基本思想是利用系统分析方法进行物质流分析，再借助投入产出表来反映物质流的流量与流向。在具体的分析中，物质流分析指标体系构成了物质流分析方法的核心内容，是评价一个经济系统资源生产率高低的重要手段。譬如，物质输入指标可分为直接物质投入量（direct material input，DMI）、物质总输入量（total material input，TMI）、物质需求总量（total material requirement，TMR）；物质输出指标分为国内物质输出量（domestic processed output，DPO）、直接物质输出量（direct material output，DMO）及物质输出总量（total material output，TMO）；平衡指标包括库存净增量（net addition to stock，NAS）和物质贸易平衡（physical trade balance，PTB），以及以物质消耗强度（material consumption intensity，MCI）、物质生产率（material productivity，MP）等为代表的强度和效率指标。鉴于流体的流动规律，相对于静态视角的定点观察法，陆钟武（2006）从动态物质流分析的视角提出了跟踪观察法，通过关注产品生命周期中与产品相关的某一物质的轨迹，从而跟踪观察各阶段该物质的流入与流出量；定点观察法则关注流入和流出于选定生命周期各阶段的相关物质量，选定物流中的一个区间作为观察区。此外，根据不同行业的主要原材料、辅料和主要产品、废弃物中主要元素的差异，特定元素流分析（substance flow analysis，SFA）和通量物料流分析（bulk-material flow analysis，bulk-MFA）构成了两种具体的方法。

3.3.3 物质流分析的应用模式

正如前文所提到的，组织层面的物质流分析主要包括宏观、中观和微观三类，分别对应国家（区域）、园区、企业层面的物质流分析，系统边界决定了物质流分析的时空尺度。根据不同组织层面物质流管理的特征，刘凌轩等（2009）首次指出物质流分析应从关注时空尺度开始，并从时间与空间维度构建了模型框架（图3.9）。

图3.9中，B 表示系统的边界，也就是设定所研究的经济-环境-社会系统在时间与空间概念上的范围。横轴（C）表示物质流在设定的系统 B 内沿着时间轴的运动轨迹，主要包括：原料→加工→生产→流通→销售→消费；纵轴（$\log N$）表示物质流在 B 系统中的空间流动，其中 N 表示空间尺度的实际距离，当 $\log N$

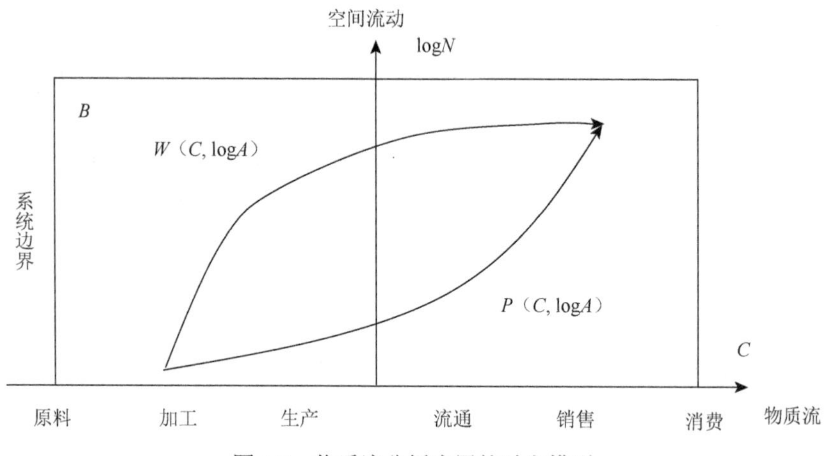

图 3.9　物质流分析应用的时空模型

>0 时，N 越大，则物质流分析所涉及的空间尺度越大，空间流动尺度包括生产车间、工厂、企业、企业集群或工业园区、区域、国家乃至全球。对于产品物质流函数［即 P（C，log$A$）］和废弃物物质流函数［即 W（C，log$A$）］，引起二者曲线变化的因素主要是科学技术、经济结构和社会体系（董家华等，2014）。物质流分析的系统边界决定了价值流的考量尺度，本书在界定资源价值流会计核算的组织层级时也参照了物质流分析的空间维度划分。

3.4　资源价值流会计的基本原理与方法演进

归根到底，资源价值流会计的前身是德国的 MFCA，同时吸收了日本的资源流成本会计思想，是对上述两种工具的集成式创新，构建“物质流-价值流-组织”三维模型及核算方法体系，是基于资源价值流会计的进一步拓展研究。本节主要从学术思想和方法论演进的视角对资源价值流会计的提出背景、理论框架、核算原理、分析方法及扩展空间进行深入剖析。

3.4.1　MFCA

1. 概念及内涵

1）背景与概念

MFCA[①]起初是德国 Augsburg 大学环境经营研究所的 Wagner 教授与 Strobel

① MFCA 的原型是“流量成本会计”（flow cost accounting），又称为“物料流量成本会计”，后来考虑到核算对象包括材料、能源等，便统称为 MFCA。

博士在承担 Kunert 纺织公司的一个研究项目时开发的一种环境管理方法，即采用先进的生态平衡方法对企业和工厂中的原材料、能源的输入和输出进行研究的方法。然而，生态平衡只能从物量层面揭示企业与环境之间的关系，并不能表明其在经济方面的价值。为此，Wagner 教授团队在生态平衡框架中增加了成本信息，用于计算产品及废弃物的成本，这便是 MFCA 的雏形。可见，MFCA 并非起源于会计学，而是环境管理。随后，联合国的《环境管理会计业务手册》与国际会计师联合会的《环境管理会计的国际指南——公开草案》将 Kunert 经验作为一项重要的环境管理技术收录，并将其分类为联系会计与管理系统的管理控制工具。在日本的推动下，2011 年，国际标准化组织以 ISO 14051 的形式公布了该方法的国际标准，国际社会对 MFCA 的关注度及其影响力上了一个新台阶。

关于 MFCA 的概念，国内外学者基于不同的侧重点对其进行了有启发性的探讨。例如，冯巧根（2008）提到，MFCA 在将物质流系统要素数量化的基础上，以内部透明化的特点，进一步强化其在经济与生态方面的导向功能，是将最终废弃物的原始材料成本及所承担的间接费用等均包含在内，并以全成本费用作为管理对象核算的一种成本会计。Hyršlová 等（2011）从核算原理的视角对 MFCA 做了界定，即 MFCA 以正制品和负制品对企业的所有产出进行分类：基于对企业所有材料和能源的具体流动过程的追踪，界定流向负制品的材料和能源，通过降低负制品成本增强企业竞争力，实现保护环境和节约资源的目标。不过，最具权威性的概念是 ISO 14051 的阐述，“MFCA 是量化生产过程或生产线中原料流或存货的物量信息与货币信息工具”（ISO，2011）。在笔者看来，可以更通俗地理解为：MFCA 是通过梳理企业产品或生产线的流程，获取废弃物的流动轨迹，并将物质的输入与输出表征出来，以服务于企业生产经营管理者的一种决策工具。

2）理论基础及内涵

物料和能量流管理一直是近年来清洁生产领域理论研究和实践的核心问题，企业的资源和能源使用效率也会因此得到显著提高。然而，这种分析通常仅限于单个项目，许多研究的重点集中在实物流及其经济评价。但 MFCA 通过跟踪和量化组织中各物理单元材料的流动和存储，能促进和提高企业材料和能源使用实践的透明度，能量既可以作为材料也可以被量化并被包含在 MFCA 中，与材料流动和能源消费有关的任何费用都可以被量化并分摊出去，MFCA 凸显了与产品相关的成本和与材料损失相关的费用（如废弃物、气体排放及废水等）之间的比较。当然，MFCA 并非无根之木，其与其他学科的发展紧密相连且具有丰富的理论基础体系，如图 3.10 所示。

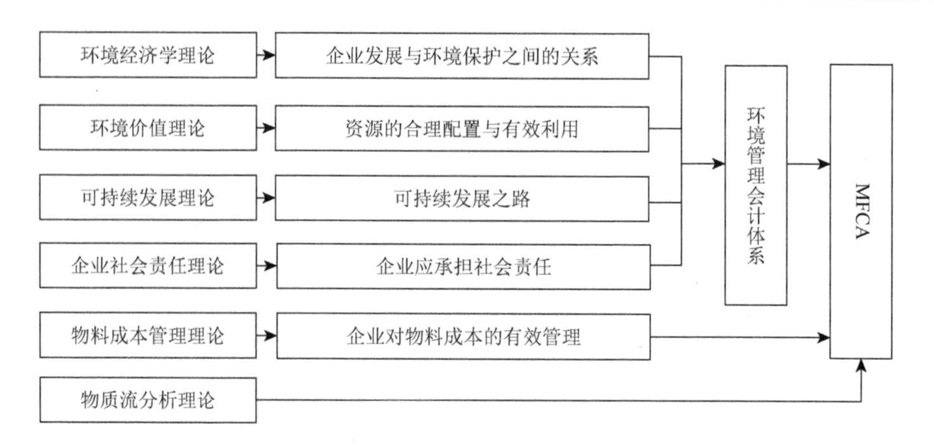

图 3.10　MFCA 的理论基础

资料来源：王立彦和蒋洪强（2014）

在 MFCA 的理论基础体系中，环境经济学理论将环境因素放在了社会经济发展的突出位置，环境经济学在分析经济再生产、自然再生产和人口再生产三者间的关系时，强调经济活动符合自然生态平衡与物质循环规律。环境资源的稀缺性和不可再生性使企业在生产管理过程中将环境价值理论作为其管理的重要依据，在进行会计核算时，将环境因素纳入企业生产成本，在生产过程中合理配置资源、提高资源效率。可持续发展理论为企业成本管理提供了理论基础，企业在核算所耗费的经济成本时忽视环境成本往往会以牺牲环境为代价换来短期效益。此外，企业社会责任理论、物料成本管理理论及物质流分析理论从不同侧面阐述了将环境成本内部化①的动因，本书不再赘述。

MFCA 与传统成本会计存在显著差异。传统成本会计通过比较标准成本与实际成本，来分析和调整成本差异，被广泛应用于制造业及其他产业，但标准成本系统中的成本差异并不能反映所有的材料损失，由于建立的标准成本系统中包含作为废弃物的材料损失，其通常被视为正常损失，这意味着超过标准的材料消耗将被视为废弃物。相反，MFCA 聚焦于对作为非盈利性产品的废弃物的识别，将所有没有转化为可出售产品的原材料视为废弃物，非输出产品被标识为副产品，所有的相关成本被视为负制品成本（METI，2007）。MFCA 获得精确的垃圾数据信息会激励管理层提高物料生产力，与仅依靠传统的生产和成本会计信息相比，能显著减少生产过程中的废弃物（Kokubu et al.，2009）。总之，二者的本质区别是 MFCA 要求核算所有的材料损失成本，并将

① 企业环境成本内部化，是指企业将环境外部成本内部化为企业内部成本的行为，具体表现为企业为实现环境目标或为管理其活动对环境造成的影响而付出相关成本费用。

其视为废弃物或非产品输出；而传统的标准成本核算并没有包含这一超出既定标准的成本。

2. 核算原理及方法

1）MFCA 核算原理

MFCA 是贯穿企业从物质投入、生产、消耗及转化为产品整个生产物质流转过程的一种核算方法。与 MFCA 相关的基础概念并不是没有前期历史的突破创新，一些关键元素早在 20 世纪 20～30 年代就开始在学术界讨论，如投入-产出物量平衡、工业生产物料流动评估、价值等。物质流转平衡原理贯穿于 MFCA 核算的始终，主要观点为人类生产活动对自然环境的影响是通过向自然索取资源和向自然环境排放废弃物实现的。MFCA 核算的物质流转平衡原理，也可体现为“原材料 + 新投入 = 输出端正制品 + 输出端负制品”，如图 3.11 所示。

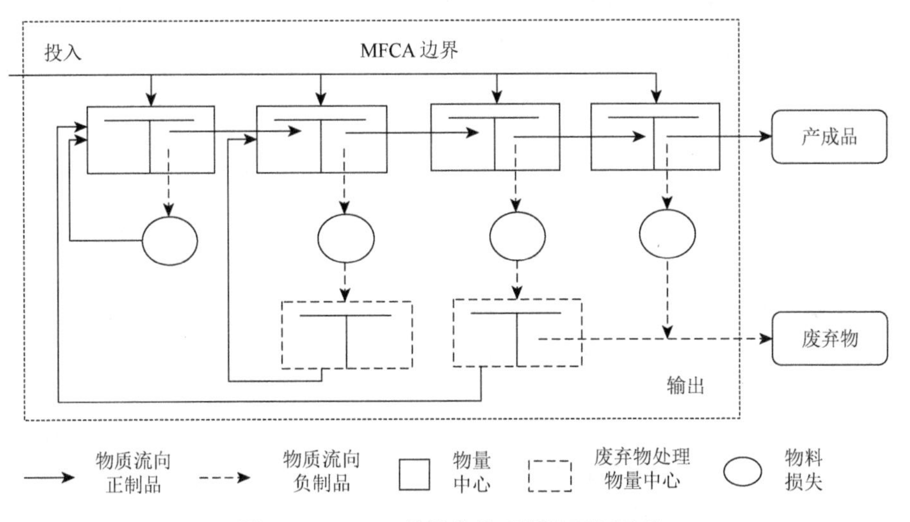

图 3.11　MFCA 核算的物质流转平衡原理

资料来源：ISO（2011）

根据图 3.11 中呈现的物质流转平衡原理，MFCA 的核算原理可进一步表示为

$$\sum \text{input} = \sum \text{product} + \sum \text{solidwaste} + \sum \text{gaswaste} + \sum \text{liquidwaste} \quad (3.4)$$

从输出的角度，当难以精确测度固体、液体及气体废弃物时，其测度方式可进行如下变换：

$$\sum \text{solidwaste} + \sum \text{gaswaste} + \sum \text{liquidwaste} = \sum \text{input} - \sum \text{product} \quad (3.5)$$

进一步地，将固体、液体及气体废弃物统称为资源损失（resource loss），则资源损失可以通过期初的物质存量、新投入物质及期末产品输出倒推得到：

$$\sum \text{resource loss} = \sum \text{initial inventory} + \sum \text{newinput} - \sum \text{product} \qquad (3.6)$$

在企业边界内的 MFCA 核算将企业视为一个物质流转系统，在整个核算过程中，企业层面的物质流转可划分为若干物量中心，企业生产产品所投入的物质与输出物质在总体上相等；按材料、能源依次在不同物量中心的移动，以此分别计算输出端正制品与负制品的各自成本。此外，跟踪系统内各个环节的物质流量与存量，量化所有成本要素，也为企业的成本分析、成本监控及经营决策提供了一种思路。

2）MFCA 核算方法

在物质流转平衡原理的指引下，MFCA 核算方法体系包括界定物量中心、成本分类及核算、物质流成本核算结果分析、改进需求分析等环节。

（1）界定物量中心。所谓物量中心，是指物质流转过程中确定的成本计算单元，是生产过程中选定的一个或多个环节。物量中心具有数据收集的功能，是 MFCA 核算的对象，如图 3.12 所示。与传统的成本计算将整个生产流程视为一个“黑箱”不同，MFCA 将一个企业划分为多个物量中心，分别核算各物量中心的正制品与负制品成本。

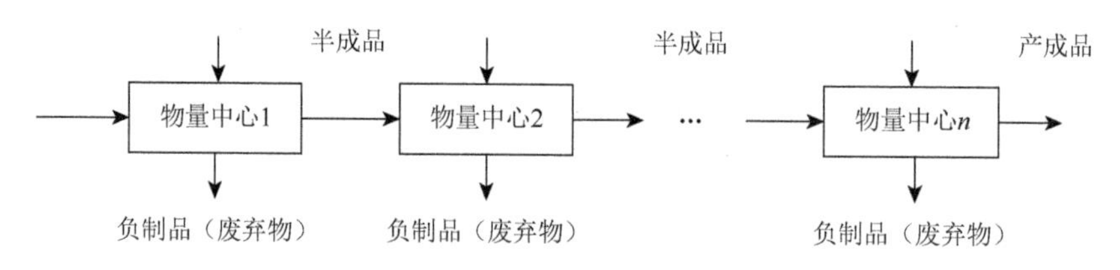

图 3.12　物量中心的划分原理

（2）成本分类及核算。以生产工艺流程中的物量信息为基础，通过货币金额的形式对废弃物的价值进行科学评价，进而激励企业内部管理层增强废弃物减排动机，这是 MFCA 的重要特征之一。在 MFCA 的核算过程中，根据物质消耗对环境的不同影响，一般将 MFCA 成本分为四类：材料成本（material cost，MC）包括主要材料成本、次要材料成本及辅助材料成本，其计算是材料流程数量与材料流动价格的乘积，即材料采购单价×投入量；系统成本（systematic cost，SC）包括人工、折旧及其他相关制造费用等，通过将系统成本分摊给所有的完工产品、半成品及废弃物损失，可以使这些相对静止的系统成本转变为具体材料流转的系统价值，在其分摊过程中，分配额度可以用费用率×工时×单价计算得到；能源成本（energy cost，EC）是所消耗能源的成本，通常以电力、燃料等为代表，其计算一般由平均单价×消耗量得到；废弃物处置成本（waste-disposal cost，WC）是发生在产品销售及废弃物处理环节，由产品或废弃物的运输物流费用及废弃物处置成本构成的，其计算通常要借助联合环境成本中心经过跟踪和追溯后将废弃物处置成本分配给各物量中心，再进一步分配给各种产品。

（3）物质流成本核算结果分析。在由多个物量中心组成的物质流转系统中，根据生产流程绘制的物质流图可以获取产品从生产到处理过程中的全部物质流信息（生产成本信息处理和管理、储存、损失、废弃物管理和处理等），而成本分类核算满足了建立材料的物质流信息与管理会计信息或数据之间直接联系的需要，将生产或废弃物处理方面的物量信息转化为货币会计信息。MFCA 核算的各项成本通常以物量中心为对象作为一个整体计算得出，上一物量中心的正制品与新投入物质共同构成了本环节的全部成本，通常需要不同成本类型的分配特征在正制品与负制品之间进行分摊，因此生产过程的复杂性也会相应增加计算过程的难度。需要明确的是，正制品是那些可以直接销售或能够进入下一流程继续加工的产品或半成品，发生的相应成本为“正制品成本”；同理，负制品是那些不仅不能给企业带来价值，反而会给环境带来负面影响的产出，也就是废弃物，造成的相应成本即为“负制品成本”。

于是，根据前文的物质流成本分类及核算原理，正制品成本与负制品成本可表示为

$$C_{PP} = C_{MC} + C_{SC} + C_{EC} \tag{3.7}$$

$$C_{NP} = C_{MC} + C_{SC} + C_{EC} + C_{WC} \tag{3.8}$$

其中，PP 表示 positive product（正制品）；NP 表示 negative product（负制品）。

与 MFCA 不同，传统的成本会计不对正制品与负制品进行区分，而是进行综合核算，其产品成本的构成表示为

$$C = C_{MC} + C_{SC} + C_{EC} + C_{WC} \tag{3.9}$$

对于一般的流程制造企业而言，生产过程中的材料成本、系统成本、能源成本及废弃物处置成本计算会因工艺流程的共生性及基础数量的繁杂性使得整个计算过程十分复杂。但只要通过上述计算方法得出客观的测算结果，并对相应的结果按照一定的原则进行分类和汇总，则既可以反映某一产品的成本构成（表 3.1），也可以物量中心为对象揭示其物料输入与产品输出情况（表 3.2）。

表 3.1　产品成本结构

输出	材料成本	能源成本	系统成本	废弃物处置成本	合计
正制品					
负制品					

表 3.2 物量中心的物料输入与产品输出

成本类别	物量中心 1				…	物量中心 n				合计
	输入		输出			输入		输出		
	期初存量	本期输入	正制品	负制品		期初存量	本期输入	正制品	负制品	
材料成本										
能源成本										
系统成本										
废弃物处置成本										
合计										

为了进一步揭示物质流成本与传统成本之间的差异，在汇总企业成本信息的基础上，还可以借助损益表对不同核算方法所带来的影响进行比较，如表 3.3 所示。尽管二者所反映的总收入、总成本及利润金额相同，但所揭示的信息存在较大差异。传统成本会计所忽略的废弃物成本部分在 MFCA 中得到了体现，降低负制品成本（B_{12}）不仅有助于企业采取直接的措施节能降耗，也是节约成本进而提高营业利润的重要途径。

表 3.3 MFCA 与传统成本核算下的损益表比较（单位：万元）

基于 MFCA 成本核算的损益表		基于传统成本核算的损益表	
一、营业总收入	A	一、营业总收入	A
二、营业总成本	B	二、营业总成本	B
其中：营业成本（产品总成本）	B_1	其中：营业成本（产品总成本）	B_1
正制品成本	B_{11}		未知
负制品成本	B_{12}		未知
营业税金及附加	B_2	营业税金及附加	B_2
销售费用	B_3	销售费用	B_3
管理费用	B_4	管理费用	B_4
财务费用	B_5	财务费用	B_5
⋮		⋮	
三、营业利润	C	三、营业利润	C

注：根据说明需要，本书只截取损益表的部分项目

（4）改进需求分析。核算与监督是会计的基本职能，也同样适用于 MFCA。经过 MFCA 核算得到的数据信息，一方面增加了材料流与能源消耗的透明度，提高

了组织在材料与能源使用方面的协调和沟通；另一方面，也服务于组织在生产计划、质量控制、产品设计及供应链管理中的决策过程。对于 MFCA 的监督职能，最为直接的体现是帮助企业提高环境效果与环保经济效益，尤其是随着 ISO 14001 在工厂层面的推进，实现 MFCA 监督职能的 PDCA 循环管理逐渐渗透到企业的可持续管理中。如图 3.13 所示，MFCA 可以提供“计划-执行-检查-处理”循环持续改进周期各个阶段的重要信息，PDCA 使 MFCA 核算信息所揭示的问题与现场诊断活动相互联结。

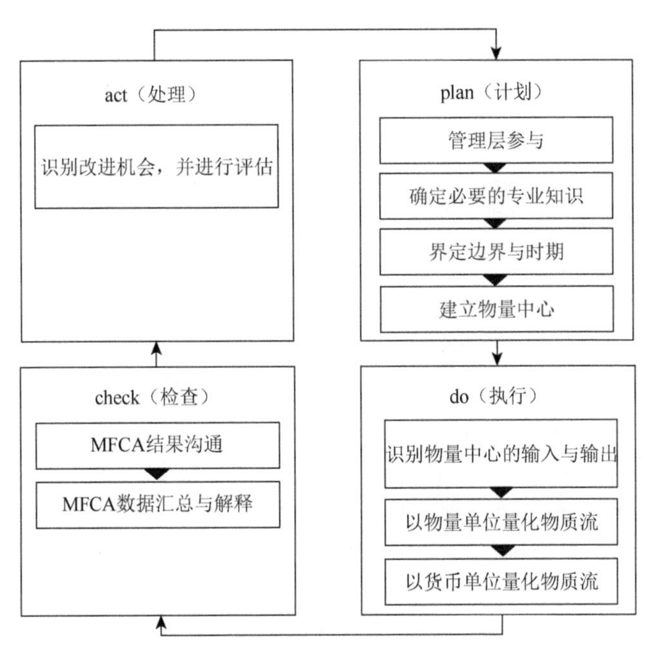

图 3.13　MFCA 实施的 PDCA 循环

资料来源：根据 ISO（2011）翻译得到

早在 20 世纪 90 年代的德国，Kunert 项目就致力于满足环境目标，如减少资源消耗、废弃物排放或热损失等，其结果不仅能够准确定位低效率点和损失发生点，也能够节约成本。在 MFCA 完善和发展的进程中，这一目标得到了延续和秉承。对企业而言，基于 MFCA 核算结果的负制品成本动因、工序定位、损失规模分析等是其进行改进的基础，也是制定具体改进措施的方向。具体地，针对不同物量中心的具体情形，首先需要明确损失类型（即主要的损失成本类型），并对损失性质和损失规模进行客观、定量描述；其次，分析潜在制约因素，根据预期改进目标确立改进方向；再次，评估改进方案的可行性及效果，提出具体措施；最后，实施改造和重新核算、评估全部成本。总之，降低企业生产成本，降低生产活动的环境负外部性，提升资源、能源的利用效率，实现环境效益与经济效益的双赢是 MFCA 的终极目标，随着环境负荷约束的苛刻程度不断趋紧，更需要基于 PDCA 循环的持续改进。

3. MFCA 的缺陷

由前文及 MFCA 的国内外实践经验可知，MFCA 的应用效果毋庸置疑，其在改善企业资源利用效率和可持续性方面的功效主要表现在：MFCA 并不是仅仅揭示企业实施清洁生产的一次性物质流动潜力，而是通过不断改善管理活动和操作程序实现持续精益生产。为了深入挖掘其在企业经济和环境实施中具有的可持续性潜力，本节主要从核算对象、核算边界及核算维度三个方面进一步探讨了 MFCA 系统扩展的可能性。

（1）MFCA 核算的物质对象以原材料和废弃物输入与输出为主，缺乏从社会福利角度测度废弃物对环境的损害价值。在传统经济学看来，经济社会是一个独立的系统，并没有将环境与自然资源考虑在内；与此不同，现代经济学则将环境看作可以提供各种服务的一种资产，在传统经济学的基础上将环境视为整个经济-环境大系统的一部分（张帆和夏凡，2015）。从经济与环境之间的关系来看，现代经济学给 MFCA 带来了如下启示：能源在将原材料转化为产品的生产过程中发挥了重要作用，环境直接服务于经济系统。从这个视角来看，MFCA 有悖于环境价值论，环境具有使用价值和非使用价值，自然资源是大部分价值的源泉，而 MFCA 主要从经济生产系统的角度核算了产品（包括正制品和负制品）的经济价值，而忽视了废弃物外排所带来的环境价值损害。自然资源与环境的价值是客观存在的，它并不是达到某种目的的工具，而是目的本身。因此，将生产过程中环境污染物外排导致的环境损害价值纳入 MFCA 成本核算框架是 MFCA 扩展的方向之一。

（2）MFCA 核算的组织边界以企业为主，缺乏向供应链的扩展。MFCA 之所以能够以广阔的视野使资源流转体系中的“薄弱环节”可视化，是因为 MFCA 根据生产环节的物料流和物量中心绘制流量模型，这样既考虑了生产系统中的物质流流向与流量，又能支撑物质流转路径的优化和改进决策（Schmidt，2015）。毋庸置疑，传统 MFCA 只适用于企业边界内的材料流、能源流成本核算，如一条生产线或数条生产线、一家工厂或一个企业的几家工厂等，相应的成本可视化与正、负制品成本分摊也仅限于企业内部（肖序等，2016a）。对此，Schaltegger 和 Zvezdov（2015）也因核算边界的局限性质疑 MFCA 的科学性和客观性。根据约束理论（Theory of Constraints，TOC），任何系统有且至少有一个瓶颈，否则就可能有无限产出。因此，从减少环境负荷的角度来看，将 MFCA 的核算边界扩大到供应链上下游企业，从供应链中发现环境负荷大的环节，揭示废弃物产生的原因，对其实施改善活动更具针对性。显然，成本信息是企业间的商业秘密，成本信息共享是将 MFCA 在企业间进行整合所必须破解的困境。

（3）MFCA 核算的时间维度以企业内部的生产环节为主，缺乏对全生命周期的扩展。对流程制造业企业而言，与产品开发、制造、消费及回收处置相关的过程即使不是经济效益、生态效益和社会效益的最佳平衡，其目标也应该是追求三者的最优。传统 MFCA 成本核算主要集中于物质在企业内部的新陈代谢过程，即“物料→中间产品→产成品”，仅包含物质全生命周期（从地球中来，到地球中去）的一部分。对此，Bierer 等（2015）和 Prox（2015）认为 MFCA 仅限于企业边界的材料流、能源流及材料损失的量化和可视化，这可能是改善物料流潜在非效率点的主要障碍，并率先提出了整合 MFCA 与生命周期工程的设想。LCA 作为考察产品全生命周期过程对环境影响的评价方法，将其与 MFCA 结合，并将关注点延伸至产品的原材料开采、制造、产成品、消费、废弃、再资源化等过程的物质资源损失或负制品，以及相应的环境损害，是诊断供应链薄弱环节、加强供应链节点企业合作的重要措施。

3.4.2　资源流成本会计

资源流成本会计是由日本会计学者在引进德国 MFCA 的基础上提出的，除了对 MFCA 进行相应扩展外，其核心思想仍然是对 MFCA 的继承，是对物质流成本与外部环境成本的核算。有文献考证发现，MFCA 能在日本得到迅速而广泛的传播和应用，离不开日本 Katsuhiko Kokubu 教授的大力传播（Guenther et al.，2015）。自 2000 年日本经济产业省（Ministry of Economy，Trade and Industry，METI）开始启动 MFCA 版本的修订并引入日本商业部门，到 2007 年 3 月 METI 发布《物料流成本核算指引》以及 2011 年 MFCA 得到国际化标准（ISO 14051）的认可，再到 2017 年的 ISO 14052，日本在应用方面极大地促成了 MFCA 在制造业领域的普及。相比于传统的 MFCA，资源流成本会计的最大突破在于引入了“外部环境损害”。资源流成本会计在原理、方法等方面继承了传统 MFCA，二者的相似部分本书此处不再赘述，本节内容也主要围绕资源价值流成本会计引入外部环境损害的原理、方法及拓展潜力进行详细阐述。

1. 基本原理

随着可持续发展思想的提出，经济学界开始关注传统经济增长中忽视的资源、生态等环境问题。以 Adam Smith、David Ricardo 及 Karl Heinrich Marx 为代表的古典经济学派均认为自然资源取之不尽用之不竭，是无价品，它们所遵循的劳动价值论确定的自然资源价值为零。这与传统经济系统的特定背景相关，即把整个经济社会看作一个独立的系统，不考虑环境与自然资源的影响。环境经济学作为应用经济学原理研究自然环境的发展与保护，使用古典经济学标准分析方法来研究环境问题的分支学科，它的一个基本观点是：环境与整个经济密不可分，二者共同存在于一个更大的系统，任何一方的变化都会影响另一方。环境经济学认为，环境和自然资源具有公共产品的属性，或不存在市场，才导致资源环境变化的价值难以测量。从当前理论界关于资源环境价值方面的研究来看，对自然资源是否具有价值还并未完全达成共识，但仍然朝着自然资源具有价值的方向发展。关于自然资源价值决定问题，双重价值论、有限资源价值论、价格决定价值论、三元价值论等数十种思想都对其进行了解释。例如，双重价值论一方面认为资源具有价格而无价值，另一方面，价值又表现为价格。环境经济学派把生态环境视为一个凝结和聚集了劳动的大系统，其价值实质上就是劳动在生态环境中的流转。环境经济学的诸多思想与环境主义伦理观（绿色伦理观）相吻合，对经济学的基本理论做出了一些修订，重新认识了人与环境的关系。MFCA 继承了环境经济学的思想，在工艺流程中实时跟踪负制品的流量及流向，以废弃物为纽带将环境成本内部化，充分考虑了经济生产活动与生态环境之间的互动关系，与传统成本会计具有不同的出发点。

资源流会计在传统 MFCA 的基础上引入外部环境损害价值，是以认同生态价值论[①]为前提的，这进一步丰富和发展了 MFCA 工具的内涵。经济学中的外部性理论认为，企业在追求自身经济利益最大化的过程中，负外部性生产活动会带来社会损失。必须承认的是，要求企业实现零排放并不太现实。对此，开发闭环系统限制和减少对资源的需求是许多企业最现实的技术选择；度量企业污染行为会对社会、经济及其他企业产生的负外部性，并将外部成本内部化是最可行的经济手段（吉利和苏朦，2016）。对前者而言，可持续供应链、循环经济等措施为其提供了技术支持，依赖于相应物质流信息的 MFCA 为经济分析与技术分析的融合奠定了理论基础，成为环境管理在应用层面的起点；对后者而言，外部性成本的货币化度量是确保其内部化的首要条件，MFCA 虽然将工艺流程各个环节的物质输出分为正制品和负制品，但并没有从负外部性的角度来量化废弃物的环境损害价值，这也正是资源流成本会计对 MFCA 拓展和延伸的切入点。环境经济学对生态系统价值度量方法的归纳为外部环境损害的价值计量提供了参考，如：①恢复生态环境质量而花费的劳动时间；②为避免“三废”排放引起生态环境质量、功能发生变化而发生的治理费用；③市场价值法、生产率法、机会成本法等同商品和劳务直接相关的评价方法。在 MFCA 分析中，“三废”是引起外部环境损害最具代表性的负价值载体之一。

① 生态价值论认为，各种自然资源都是作为自然生态系统的要素而存在的，在生态系统中对生态平衡都是具有不可替代价值的功能要件。

2. 外部环境损害的引入及核算方法

除了组织内部的成本核算及分析之外，确定资源消耗及废弃物的排放对自然生态环境的外部损害价值也是资源流成本核算一个非常重要的方面。在本书中，损害是指因生态破坏行为或者环境污染行为而致使资源与环境蒙受损失，如危及生物物种、危及生态系统等。所谓外部环境损害，是指废弃物的产生会给组织（如企业）带来资源浪费等损失，另外向外部环境排放时还会引起相应的环境污染和损害，对这种损害进行货币化核算便可以得到对应的外部环境损害价值。核算的目的在于，通过对损害数量、类别及深度的量化，保证恢复方案产生的预期效益不能低于核定损害。

外部环境损害价值的确定是一项复杂的系统工程，首先需要评估外部环境损害量，即“期间损害”；其次，要判定污染环境行为与环境损害之间的因果关系；最后，通过价值转换系数将环境损害转化为环境损害价值，并按一定的标准进行分摊。具体如下。

（1）期间损害的评估，是指在环境损害发生到恢复至基线水平这个期间，生态环境在提供生态系统服务方面的损失量。如图 3.14 所示，环境损害量的计算高度依赖于生态恢复方案的恢复路径与恢复时间，其中恢复路径包括采取人工恢复措施和采取自然恢复措施。人工恢复措施可能会大大减少期间损害量（*B* 区域），人工修复更能在短时间内使受损的资源与服务恢复到基线水平，相反，自然恢复措施需要更长的时间才能达到基线水平，因此其带来的损害量也较大［（*A*＋*B*）区域］。显然，在某些情形下，即便是采取了修复措施也无法使受损的环境恢复到基线水平。

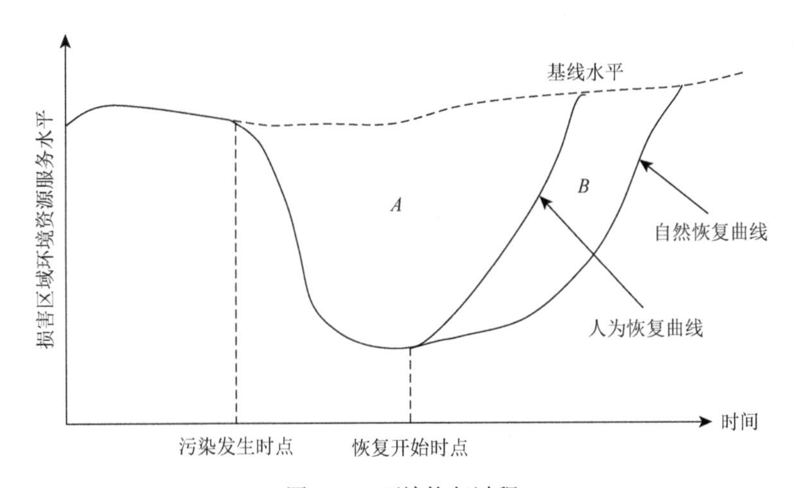

图 3.14　环境恢复过程

关于生态环境损害评估的常用方法主要有两种，分别是替代等值法和环境价值评估法。其中，以替代等值法最为常用，其可以用来确定生态环境损害所引起的资源或服务的损失类型和损失数量（会随时间而变化），以及弥补损失的措施与数量。替代等值法又包含两种具体的分析方法——资源/服务等值分析法和价值等值分析法，本书此处以资源/服务等值分析法为例简要说明其原理。在这种方法下，期间损害即受损期间内年度损失贴现量的合计，如式（3.10）所示，其中每年受损资源或服务的价值大小通过预估得到。

$$H=\sum_{t=0}^{n}(R_t\times d_t)\times(1+r)^{T-t} \tag{3.10}$$

其中，H 表示期间损害量；T 表示基准年或者贴现年，即需要评估损害的年份；而 t 表示评估期限内的任意给定年，且 $t\leqslant T$；R_t 表示受影响资源或服务的单位数量；d_t 表示核定的损害程度，即资源或服务的受损程度；r 表示现值乘数（一般采用 2%～5%）。

（2）因果关系判定。环境损害行为与环境损害间的因果关系判定包括两部分，分别是：判定环境损害与环境暴露之间的因果关系，以及建立并验证环境污染源到受体的暴露路径。其中，前者的判定应符合一定的原则，例如，时间上的先后顺序、关联合理性及关联一致性、关联特异性等；而后者的判定则相对复杂，需要一定的专业技术，首先需要掌握污染源排放状况及区域环境质量状况等基础资料，其次，需要提出污染来源的假设，并根据必要的条件或标准建立和验证暴露路径。

（3）环境损害的经济评价。将环境损害全部用货币金额来表示是资源流成本核算的前提条件，也是将环境问题转化为经济问题的关键一步，在分别计算出对保护对象损害数值的基础上，通过一定的方法计算出保护对象的经济价值，然后进行与损害量相适应的经济换算。周志方和肖序（2013）总结了日本三类典型的环境损害系数的计算方法——LIME 数、日本环境政策优先指数（Japan environmental policy priorities index，JEPIX）及最大限界削减成本法（maximum boundary cost reduction，MBCR）。三类方法皆以日本特定环境背景为基础进行核算和开发，且均选择最具影响力或重要性的环境领域或废弃物质。但在进行资源价值流分析时，外部环境损害的计算主要应用了 LIME 系数，其原理是在共同的端点汇集不同种类环境负荷造成的损害量，再进一步将这种损害量转化为货币价值。LIME 考虑了 11 个环境领域，近千种环境负荷物质的损害量，表 3.4 汇总了 LIME 中使用的计入损害量的项目种类，LIME 综合化系数是每单位环境负荷相当的社会费用，是由损害系数和联合分析法得到的加权系数的乘积，其计算公式如下：

$$SI = \sum_{IC}\sum_{S}(Inv_{\cdot s} \times IF_{s,IC}) = \sum_{IC}\sum_{S}\left[Inv_{\cdot s} \times \sum_{e}(DF_{s,e} \times WF_{e})\right] \tag{3.11}$$

其中，$Inv_{\cdot s}$ 表示环境负荷物质 S 的清单数据，单位为 kg；用 $IF_{s,IC}$ 表示综合化系数，单位为金额/kg；用 $DF_{s,e}$ 表示保护对象 e 及环境负荷物质 S 的损害系数，单位为损害量/ kg；用 WF_{e} 表示根据联合分析得到的加权系数，单位为金额/损害量，损害量会因为保护对象不同而有差异。SI 表示社会费用；IC 表示环境损害权重。运用该模型评估废弃物环境损害价值的基本原理结构如图 3.15 所示。

表 3.4　LIME 中使用的计入损害量的项目汇总

保护对象	影响领域			
	人类健康	社会资产	生物多样性	一次性生产
臭氧层破坏	皮肤癌、白内障	农业生产、木材生产		陆地生态系统 水域生态系统
地球温室效应	热应激、冷应激、疟疾、登革热、灾害损失、营养失调、饥饿	农业生产、能源消耗、土地损失		
酸性化	（都市圈大气污染评价）	木材生产、渔业生产		陆地生态系统
都市圈大气污染	呼吸器官疾病（12 种形态）			
光化学氧化剂	呼吸器官疾病（6 种形态）	农业生产、木材生产		陆地生态系统
有害化学物质	致癌（8 个部位）		生物毒性评价	
室内空气污染	呼吸器官疾病、黏膜病症、精神疾病			
生物毒性			陆地生态系统 水域生态系统	
富营养化		渔业生产		
土地利用			陆地生态系统	陆地生态系统
资源消耗		疟疾	陆地生态系统	陆地生态系统
废弃物	（对有害废弃物进行有害化学物质、生物毒性评价）	疟疾	陆地生态系统	陆地生态系统
噪声	会话障碍、睡眠障碍			

资料来源：国部克彦等（2014）

注：表中浅色部分表示评价损害量的领域，也是 LIME 计入的分类终端；较深色部分表示损害量经推测很小的领域；深色部分表示经推测为重要的但在当前难以对其进行评价的领域

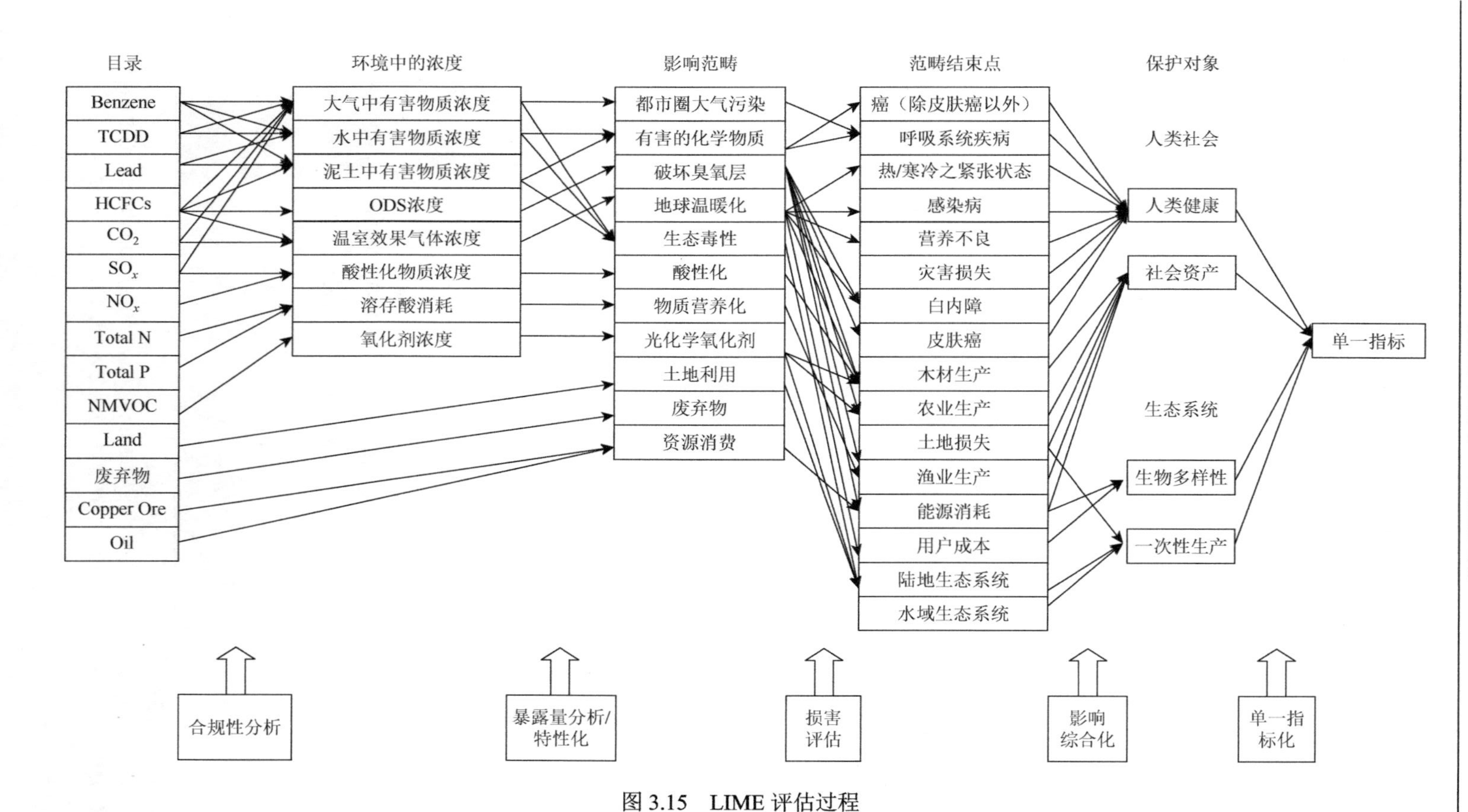

图 3.15　LIME 评估过程

TCDD：四氯二苯-p-二噁英(tetrachlorodibenzo-p-dioxin)；HCFCs：氯氟碳氢，HCFCs 是一系列制冷剂的代称，中国生产和使用的受控 HCFCs 包括：HCFC-22、HCFC-123、HCFC-124、HCFC-141b 和 HCFC-142b；NMVOC：非甲烷挥发性有机物；ODS：ozone depleting substances，消耗臭氧层物质

图 3.15 所反映的是日本版的损害测算型环境影响评价方法，采用该方法进行环境损害评价主要有以下几个步骤（国部克彦等，2014）：①根据环境负荷物的形成原理，分析它在大气、泥土及水等环境媒介中的浓度变化（合规性分析）；②根据环境媒体中环境负荷物质的浓度变化，通过人体及其他生物来分析环境负荷物质暴露量的变化（暴露量分析/特性化）；③根据暴露量的增加趋势，对接受者的潜在损害量变化、损害状态等进行分析和评估（损害评估）；④对共同的终点数据，如人类健康等，分别收集各种损害量，并进行汇总（影响综合化）；⑤就终端间的重要性进行适用性分析，得到环境影响的综合指标（单一指标化）。

3. 资源流成本会计的局限性

毋庸置疑，尽管 MFCA 工具由德国学者开发，但其重要性得到国际公认却是在日本。传统 MFCA（德国）更关注设备管理，而资源流成本会计（日本版 MFCA）更关注产品生产线和生产过程，这使得 MFCA 不仅是一个成本控制工具，也是一个环境影响控制工具。从其实质来看，虽然传统 MFCA 充分考虑到因企业废弃物（负制品）而导致的内部成本损失，但没有考虑到废弃物或负制品引起的间接影响——外部环境损害，而资源流成本会计恰恰弥补了这一不足。外部环境损害价值测度充分体现了从社会福利角度考察环境变动的思想，这也正是日本资源流成本会计的增量贡献。总体而言，资源流成本会计除了在核算的组织边界与时间维度方面延续了传统 MFCA 的局限之外，在以下方面也存在拓展潜力。

（1）缺乏对资源流成本会计实施阻碍因素的关注。德国经济学家 Riebel（1994）指出，成本会计需要满足企业多种不同的目标，如成本-效率比较、价格政策、损益表等。因此，企业建立基于目标导向的会计数据库是必须的，以便根据不同的目标或目的建立各种评价计算体系。在日本的大力推动下，资源流成本会计在企业界得到了广泛应用，且诸多案例研究也印证了 MFCA 确实能给组织带来积极效果，但大量案例研究的背后揭示了一个现象，即很少有企业自觉主动采取这种实践工具，而是学者在推动 MFCA 的运用进程中发挥了重要作用（Schaltegger et al.，2012）。因此，在 MFCA 学术研究缺位的状态下，案例企业是否仍然会参与实施 MFCA 不得而知。鉴于当前资源流成本会计被运用和推广至业务层面还十分有限的背景，如何通过必要的会计程序和管理思想创新促进环境管理与成本核算的融合，以及如何引入政府部门的监管等问题，充分调动企业管理层主动、积极推行资源流成本核算的积极性，仍是资源流成本会计研究需要消除的障碍。

（2）缺乏对资源流成本会计信息集成路径与共享机制的探究。两个或多个组织间的关系是以资源输送、资源流动而维系起来的，企业根据自身异质性需求与复杂而不稳定的环境致力于组织间的关系维护，通常这种互动关系都是为了满足组织自己的需求。资源流成本会计（或传统 MFCA）因能提供详细而深入的废弃物成本信息用于分析生产过程中的原材料和能源流，而得以捕捉和吸引企业管理层或决策者对废弃物全部成本的关注。ISO 也曾明确指出，传统 MFCA（或资源流成本会计）可应用于任何组织，但无论是现有的会计系统还是环境管理系统，似乎都暗示传统 MFCA（或资源流成本会计）是一个独立系统，也表明很多情况下传统 MFCA 需要的信息可以从现有的来源中获得，可 MFCA 信息可以（或应该）以什么样的方式被集成到其他组织系统尚不明确。此外，成本信息往往是一个企业的商业秘密，无论是内部损害成本还是外部环境损害成本，如何使成本削减的效果在交易的上下游之间共享，还是一个需要深入探讨的问题。

3.4.3 资源价值流会计

资源价值流会计是以货币作为计量单位，依据“物质流-价值流”的互动影响变化规律，通过设置物量中心对生产过程中的物质流动进行成本核算与诊断，并开展分析、控制与评价的一种环境管理会计分支学科。在其三个关键词中，“资源”被界定为满足社会生产需要的原材料、能源、水等自然资源范畴；“价值流”是从原材料加工成产品并赋予价值的一整套生产过程；“会计”是通过货币计量对组织的经济活动进行反映和监督的经济管理活动。在资源价值流分析中，资源在被加工成产品的过程中伴随着流动而凝结着人工成本和制造费用，最终在产出端形成产值、利润和工业增加值，构成了依据资源流动而形成的成本价值流。在传统 MFCA 与日本资源流成本会计的基础上，资源价值流会计从循环经济的角度揭示了物质流与价值流的耦合机理，并在价值核算中引入了经济附加值核算，本节也主要围绕这一边际贡献作详细阐述。

1. *循环经济视角的物质流与价值流耦合机理*

“耦合”的概念源自物理学，即两个或多个运动形式间通过相互作用而彼此影响以至联合起来的现象。经济系统中不仅在物质循环内部和价值循环内部存在耦合关系，而且在物质循环与价值循环之间也存在耦合关系。经济发展模式由线性经济向循环经济的转变也引起了经济学范式的改变，物质流与价值流在循环经济体系中的耦合关系得到进一步关注，物质流驱动了针对价值流的核算与分析，反之价值流带动了物质流的循环，二者之间高度吻合（毛建素和陆钟武，2003；罗丽艳，2005）。关于循环经济与资源价值流会计之间的密切联系，肖序和金友良（2008）从以下两个方面做了诠释。

（1）循环经济的核心任务是妥善应对经济发展中的资源环境问题。它将经济活动抽象为“自然资源→产品→废弃物→再生资源”的反馈流程，以 3R 为原则追求“污染排放最小化”“废弃物资源化与无害化”的经济增长模式。其中，3R 原则的实施需要一个定量化的工具来反映、评价、监测、预测其进程，物质流分析法作为资源、废弃物和环境管理的方法学上的决策支持工具，为循环经济的评价与研究提供了新的思路；同时，物质循环过程也建立在资金流动的基础上，投资活动、营运成本管理等经济活动使物质、能源、资金、成本等要素在时间与空间上呈现一体化流动。将物质循环各个阶段的产品价值分摊至各个环节的资源物质的不同流向中便引起资源价值流的改变，形成与不同物质流路线相匹配的价值流信息。由此可见，侧重于技术性的物质流分析和侧重于经济性的价值流分析，通过循环经济模式实现了物质循环与价值循环的统一。

（2）传统会计核算体系难以满足循环经济规划对相关信息的需求。传统会计以资金运动为主线，只服务于利润最大化的企业目标，与资源价值流核算存在显著区别。着眼于和谐绿色发展理念的会计核算须深入至产生价值变动的物质流层面，从“物质流-价值流”一体化视角揭示组织内部资金运动与物质流转的变化规律，形成组织视角下的“经济-环境”二维核算体系。另外，在企业实施循环经济技术应用过程中普遍存在成本高于收益的情况，也即“有循环不经济”，进而影响循环经济的可持续性开展。究其原因在于经济性核算不够健全，现行会计的产品成本核算系统无法反映循环经济开展所带来的“外部环境成本内部化”的经济价值和环境保护效果的货币化评价，缺乏与技术性分析紧密相关的资源价值流计算标准体系，难以明确推行循环经济所隐含的企业、社会乃至政府相关部门的经济关系。循环经济背景下的会计核算则不然，既要能合理确定各生产环节的资源流成本项目和正反两个方向的变化，也要跟踪反映和分析实施循环经济前后的价值流信息，以服务于循环经济评价。

根据资源流转与成本流动的有机联系来分析物质流与价值流之间的关系可揭示其会计信息，资源价值流会计的本质是通过生产过程各环节的资源流动规律，从实物和货币两方面来揭示其资源利用效率与经济产出效益的环境管理会计学。在循环经济视角下，依据不同的阶段可以将物质流动路径划分为两个部分：一是从生产线起点到终点的物质流动过程，即各种非能源物质在经过生命周期变化之后由最初的天然资源到最终废弃物和产成品形成的过程；二是除生产线起点至终点以外的延伸流动过程。如图 3.16 所示，在企业的整个生产流程中，资源流动与价值转移相辅相成，进入经济系统的资源会随着生产流程而逐步流转，既有内部循环，也有外部输出，且资源是价值流转的载体。资源价值流会计是多学科交叉融合的环境会计管理工具，其基本核算原理采用了成本会计学中的逐步结转方法，即在成本流转的基础上计算不同步骤的在产品与产成品成本。

基于此，资源价值流会计在资源输出端划分为资源的有效利用价值（正制品）、废弃物输出（资源损失价值），以客观地揭示资源流转中的产出转化比率和损失比重，满足企业开展循环经济、环境管理等工作的需要。

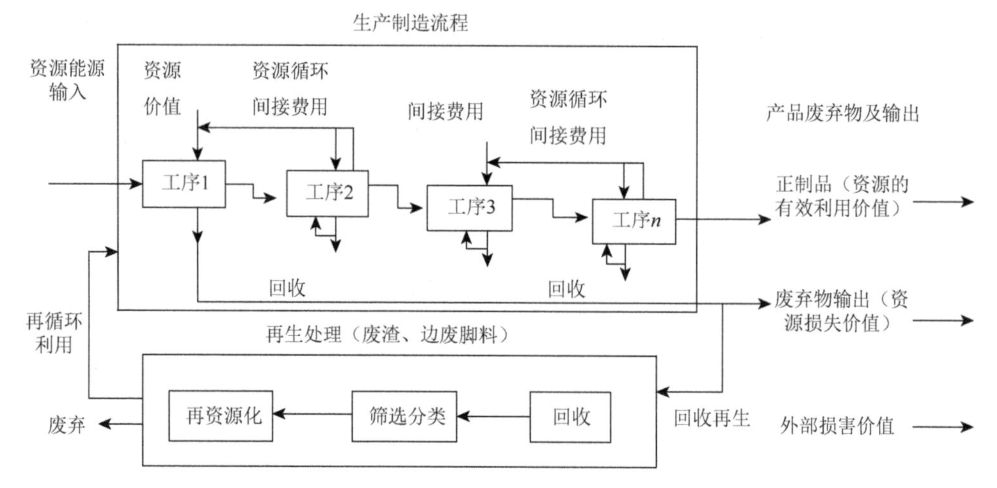

图 3.16　物质循环与价值循环互动机理

资料来源：周志方和肖序（2013）

2. 经济附加值的引入

为了能为企业内部资源优化提供信息，满足循环经济业绩的计算、控制、评价和决策要求，资源价值流会计在传统 MFCA 和资源流成本会计的基础上，进一步将资源流价值（resource flow value）[①]划分为四个维度：资源有效利用价值（流向正制品）、废弃物损失价值（流向负制品）、环境损害价值（废弃物排放引起）及经济附加值，这种划分模式涵盖了经济、环保及社会三个尺度。对此，周志方和肖序（2013）在对相关概念进行梳理的基础上，对资源价值流会计所涉及的概念体系做了详细解读，如表 3.5 所示。可以看出，不同于一般的成本会计、资源会计、资源消耗会计、环境会计或 MFCA，它不仅只核算传统意义上的正制品成本（与内部资源流转成本对应），其扩展之处在于更注重外部环境损害价值的计算和经济附加值的分析。

① 资源流价值以资源流动分析为基础，从循环经济的“资源价值”角度，描绘资源在链、环、网运动过程中的价值变化形态，为动态的价值范畴。需强调的是，这里的“资源价值”是一种“经济-环境”大系统的价值概念，包含现行会计系统中的价格、费用、成本、收入等尺度，以及物质流动或物质排放对环境（生态）系统的损害价值。

表 3.5　资源流价值概念框架

<table>
<tr><td>一般概念</td><td colspan="6">具体概念</td></tr>
<tr><td rowspan="7">资源流价值概念</td><td rowspan="5">市场体系内以交易价格计量的资源流转价值</td><td>经济及统计体系（附加值）</td><td>资源流转价值-增量值核算</td><td colspan="3">资源流转的经济附加值（人工、折旧及利税等）</td></tr>
<tr><td rowspan="4">会计体系（资源有效利用价值与废弃物损失价值）</td><td rowspan="4">资源流转成本核算（环境成本核算）</td><td rowspan="4">物质流转成本</td><td rowspan="2">物质流产出成本价值（正制品）</td><td>材料流转有效利用成本</td></tr>
<tr><td>人工、折旧等的有效成本</td></tr>
<tr><td rowspan="2">物质流废弃成本价值（负制品）</td><td>材料流转成本损失</td></tr>
<tr><td>人工、折旧等的损失分配</td></tr>
<tr><td rowspan="2">市场体系外评估计量的资源流转价值</td><td rowspan="2">生态及环境体系（环境损害价值）</td><td rowspan="2">生态损害核算</td><td colspan="3">废弃物外排引致的外部环境损害成本</td></tr>
<tr><td colspan="3">资源及能源消耗的环境影响评估</td></tr>
</table>

资源流转经济附加值的渊源要从“价值”“价值增值”等概念说起。其中，“价值”在马克思政治经济学中指的是生产资料价值（C）、劳动力价值（V）及剩余价值（M）等。对微观产品而言，商品价值的构成就是完全价格（$C+V+M$）；对宏观国民经济核算而言，如 GDP，C 为某国当年所耗生产资料，V 为工人工资，M 为利润。“价值增值”（又称增值、增加值、附加价值等）在微观经济学中的含义是生产一个产品的销售价格与其所耗材料、人工成本的“差额”；在宏观经济学中主要表现为工业增加值、总增加值（国民增加值）、经济附加值等。其中，工业增加值表示工业企业在报告期内以货币表示的工业生产活动的最终成果；总增加值（国民增加值）是依据年度内一个地区产品和服务生产所得各项收入的加总合计；经济附加值通常指一定时期的企业税后营业净利润与投入资本的资金成本的差额。对应于企业间或产业角度的资源流价值，可以与工业总产值、产业价值等概念进行对接，如图 3.17 所示。

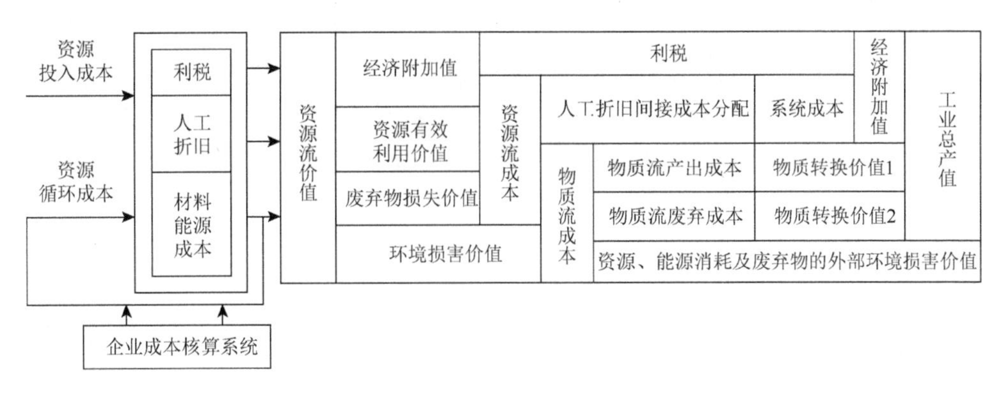

图 3.17　资源流价值与工业总产值的结构关联

经济附加值的引入使资源流成本、资源流价值与企业经济产值、增加值挂钩，为循环经济评价和分析打下坚实的理论基础。资源价值流会计相较于传统 MFCA 和资源流成本会计，其不仅从成本投入、流转的角度剖析了企业生产环节的“物质流-价值流”耦合逻辑，还从产出视角建立了产值、利润、经济附加值等概念间的价值对接体系。王达蕴等（2017）在对比分析传统 MFCA、资源流成本会计及资源价值流会计的基础上，对资源价值流会计的完整价值概念体系进行了归纳，如图 3.18 所示。

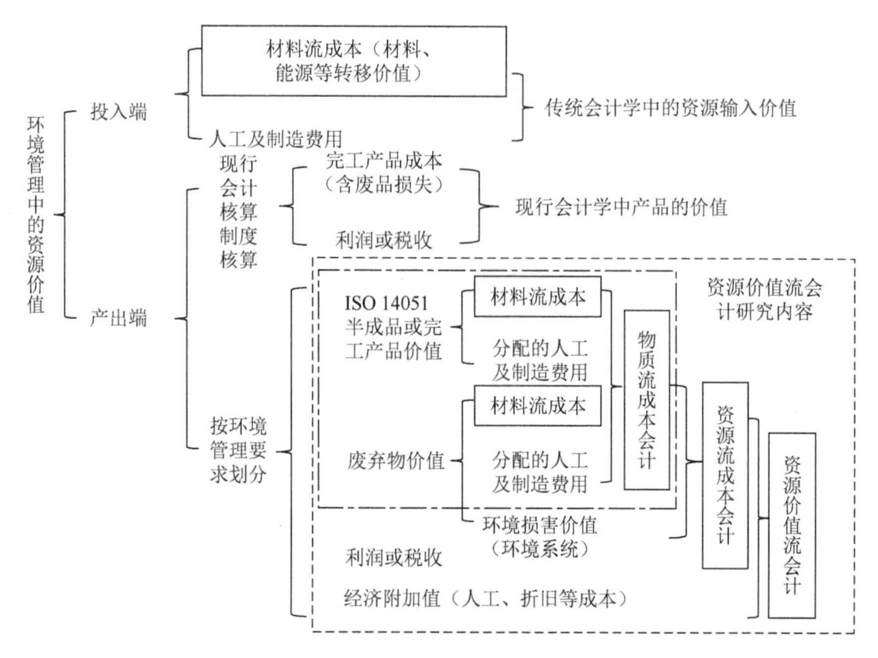

图 3.18　资源价值流会计概念体系

3. *核算方法及应用模式*

众所周知，贯穿于会计学的资金运动理论建立在物质流转的基础上，即货币信息与物质流信息之间存在互动影响的联动规律（“现金→原材料→产成品→应收账款→现金”），从而形成物质循环与价值增值（肖序和熊菲，2015；肖序等，2017a）。资源价值流会计作为环境管理会计的重要分支，也并不例外地遵循了这一客观规律，其是以组织的资源（能源）在正常消耗、减量化、再循环、再使用过程中的价值流动与循环作为研究对象，着眼于资源在组织的输入、使用、循环及输出全流程，以货币与非货币计量模式相结合，采用一系列专门的程序和方法对资源流转输入价值、资源流转有效利用价值、废弃物损失价值和附加价值进行核算、分析、评价和控制的一种经济管理活动。由此可见，循环经济资源价值流分析实现了循环经济物质流分析与价值流分析的一体化，其功能定位如图 3.19 所示。

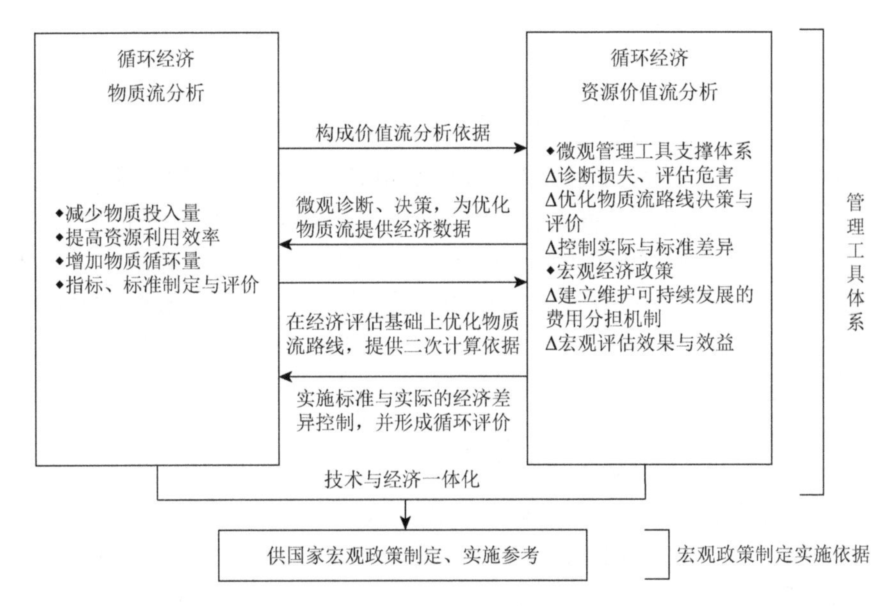

图 3.19　资源价值流分析的功能定位

资料来源：肖序和李震（2018）

1）核算及分析方法

“物质流-价值流”二维核算模型与分析方法是资源价值流分析的核心内容，由前文中关于物质流动与价值循环的耦合机理可知，资源价值流以物质循环流动为基础，因此资源价值流的核算也必须以物质流转平衡下的资源物质流动分析为基础。于是，结合企业物质流转模型（图 3.20）与成本会计核算原理，并辅以价格、成本等信息，即可构筑资源价值流转基本核算模型来计算每一过程或节点的资源流转价值。

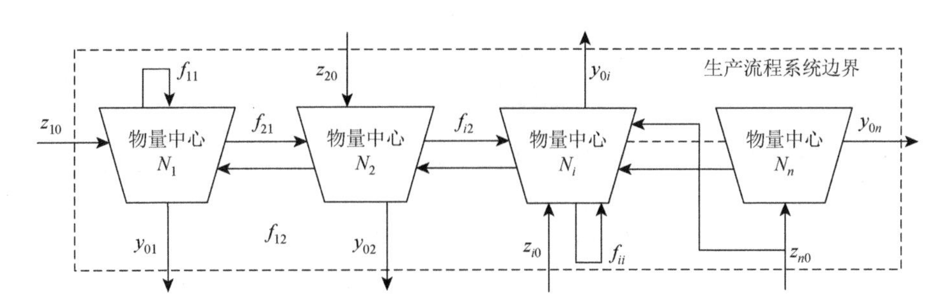

图 3.20　基于生产流程的物质流分析模式

N_i表示物量中心；f_{ij}表示各物量中心之间的物质流流动（由 N_j流向 N_i，包括正向流和逆向流）；f_{ii}表示物质流在物量中心内部的流动，即在物量中心内部循环；z_{i0}表示从物量中心的外部流入的物质流，即生产资源的投入；y_{0i}表示由物量中心流出的物质流，即产品和废弃物的排放

于是，可构建企业层面的资源价值流分析模型（肖序和金友良，2008；周志方和肖序，2013）：

$$\mathrm{RV}_i = \mathrm{RAV}_i + \mathrm{RUV}_i + \mathrm{RLV}_i + \mathrm{WEV}_i \tag{3.12}$$

其中，RV_i表示第i流程的资源流转价值；RAV_i表示第i流程的资源流转附加价值[①]；RUV_i表示第i流程的资源有效利用价值；RLV_i表示第i流程的资源损失价值；WEV_i表示第i流程的废弃物外部环境损害价值。当$\mathrm{RV}_i = \mathrm{RUV}_i$时，说明实现了经济效应、环境效应和社会效应的最大化。需要说明的是，RAV_i的核算相对独立，主要是核算和明晰企业最终产品在形成过程中的价值增值环节，了解企业资源增值的最具潜力环节，尤其是深加工或再加工过程。从企业社会责任或企业关联角度来考量企业的资源流转附加价值，则涵盖人工、折旧及利税等方面，即

$$\mathrm{RAV}_i = \mathrm{LV}_i + \mathrm{DV}_i + \mathrm{BV}_i + \mathrm{TV}_i + \mathrm{OV}_i \tag{3.13}$$

其中，LV_i表示企业或流程i的劳动力价值；DV_i表示企业或流程i的资源转移价值；BV_i表示企业或流程i的收益；TV_i表示企业或流程i的税收额；OV_i表示其他价值量。

借助会计系统的核算方法，可以将式（3.12）进一步分解，如式（3.14）、式（3.15）和式（3.16），Cm_i表示第i流程的材料输入成本，Ce_i表示第i流程能源输入成本，Cp_i表示第i流程系统成本，Cl_i表示第i流程其他费用成本，QP_i表示第i流程合格品重量或物质含量，QW_i表示第i流程废弃物重量或物质含量，WEV_{ij}表示第i流程j种环境影响废弃物，UEIV_{ij}表示第i流程j种废弃物的单位环境损害价值系数。废弃物环境损害价值系数采用日本的LIME法进行核算，详见3.4.2节，此处不再赘述。

$$\mathrm{RUV}_i = \frac{\mathrm{Cm}_i + \mathrm{Ce}_i + \mathrm{Cl}_i + \mathrm{Cp}_i}{\mathrm{QP}_i + \mathrm{QW}_i} \times \mathrm{QP}_i \tag{3.14}$$

$$\mathrm{RLV}_i = \frac{\mathrm{Cm}_i + \mathrm{Ce}_i + \mathrm{Cl}_i + \mathrm{Cp}_i}{\mathrm{QP}_i + \mathrm{QW}_i} \times \mathrm{QW}_i \tag{3.15}$$

$$\mathrm{WEV}_i = \sum_{i=1}^{m}\sum_{j=1}^{n} \mathrm{WEV}_{ij} \times \mathrm{UEIV}_{ij} \tag{3.16}$$

在上述核算方程式的基础上，可构筑“内部资源价值损失-废弃物外部损害价值”二元核算体系，从而奠定了企业循环经济应用与评估、内部管理控制与流程优化的技术基础，其基本原理与分析框架如图3.21所示。

① 该核算模型还可应用于企业集团内部各分公司或分厂间的资源流转价值核算，分析不同分厂或分公司的资源增值量，为内部流程优化、战略扩张决策服务；如进一步扩展延伸，在数据基础、核算口径等条件一致或许可的情况下，还可对两两独立企业或企业间的资源价值流转增值进行反馈，为政府的工业链延伸、产业扩张决策提供相关信息与数据支持。

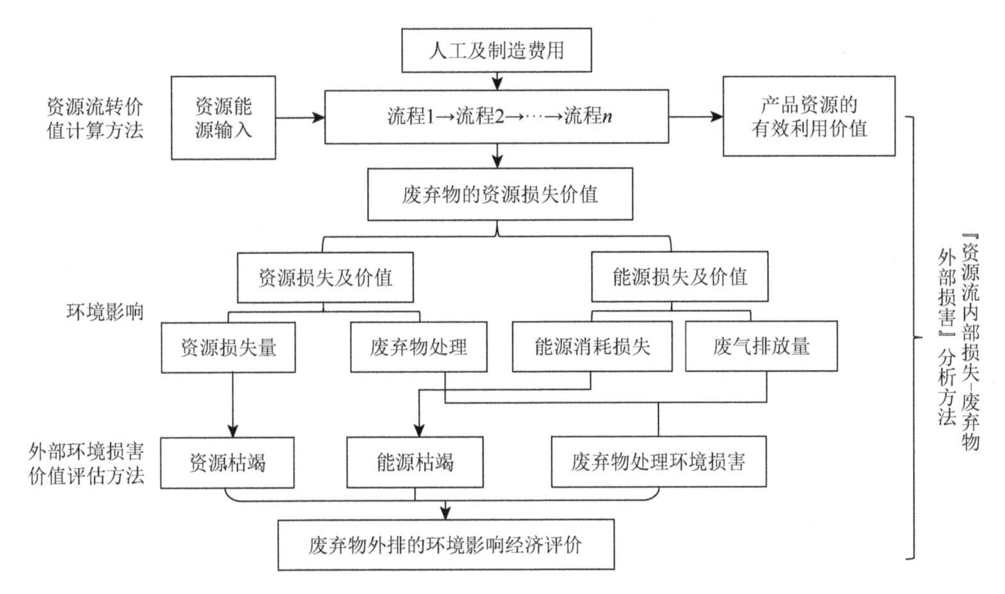

图 3.21 资源价值流转二元核算与分析模型

资料来源：周志方和肖序（2013）

2）应用模式

Deming 的 PDCA 循环是资源价值流分析遵循的管理模式，通过计划安排、核算分析、诊断决策与评价优化为应用主体提供各个阶段的财务信息和环境影响信息，实现资源节约与环境友好这一双赢目标。在实际应用中，资源价值流转计算与分析的具体应用流程如图 3.22 所示。

从当前的实践应用来看，基于循环经济资源价值流的上述分析流程，该方法体系已在企业层面和园区层面进行了研究，相对于园区层面的应用，企业层面的研究更为成熟。

在企业层面，应用主体集中在典型流程制造业行业（企业），分别以钢铁、有色冶金、化工、水泥或建材、造纸或轻工五大行业（企业）为研究对象，设计和制定了循环经济重点行业（企业）价值流分析的基本规范。五大行业（企业）在物质流层面有着不同的资源输入、输出、废弃物排放、污染物类别，以及体现各自行业特点的复杂工艺流程、循环经济改进技术等，导致其价值流计算、分析、评价、控制等的应用也存在较大差别。其中，钢铁与有色冶金企业的物质流分析对象主要是金属元素流，化工企业的物质流分析对象主要是化学元素流，而水泥或建材及造纸或轻工企业的物质流分析对象则主要是物料流。因此，企业层面的资源价值流分析研究需要依据不同的行业特性，分别研究其各自的价值流分析模式与方法。

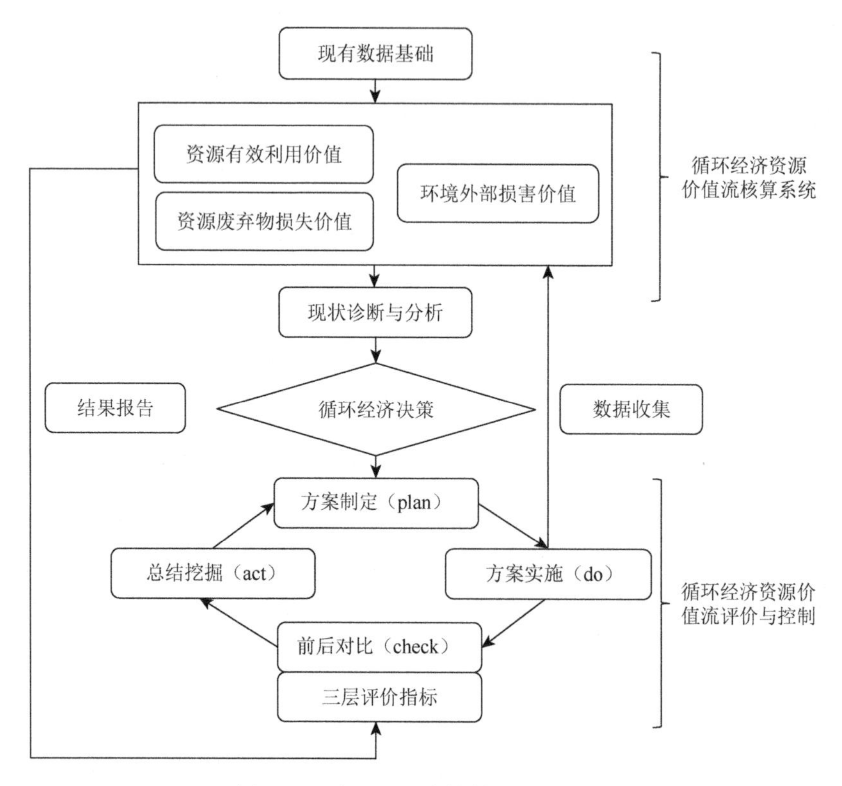

图 3.22　资源价值流核算与分析流程

在园区层面，资源价值流核算的对象是园区内的工业生产系统，包括园区系统、产业链、企业等子系统。园区资源价值流分析也秉承着“物质循环决定价值流转，价值流分析改善物质流路线”的基本原则（图 3.23）。园区层面的物质流分析能反映生态工业园内资源损失和废弃物排放的数量信息，但无法估量资源损失价值和废弃物损害价值，此时，价值流信息则能更好推动园区循环经济实践。当然，园区循环经济资源价值流分析尤其特别（刘三红，2016），具体而言：①园区的产业共生特征使其资源价值流分析关注经济效益、环境效益及社会效益的协同，关注的利益主体主要有企业、工业链及园区整体。②共生企业、生态产业链和生态工业网络会导致价值流转多样化，且园区中的产业链一般会覆盖产品的整个生命周期，废弃物成本、废弃物回收利用成本等价值流信息的计算会更为复杂。

4. 资源价值流会计的拓展潜力

由前文可知，资源价值流会计相对于传统 MFCA 和日本资源流成本会计，其不仅从循环经济视角解释了物质流分析与价值流分析的耦合点，还衍生出一个产出价值的计量指标——经济附加值。资源价值流会计以循环经济物质流和价值流为研究对象，立足于循环经济输入减量化、生产再循环、废弃物资源化三个基本特征，将研究机理建立在物质流动与价值流转相结合的互动规律之上，围绕循环经济“提高资源利用效率、降低环境污染”的目标，为循环经济开展提供科学的诊断、分析、评价、控制的管理工具，并应用于企业和生态工业园区。

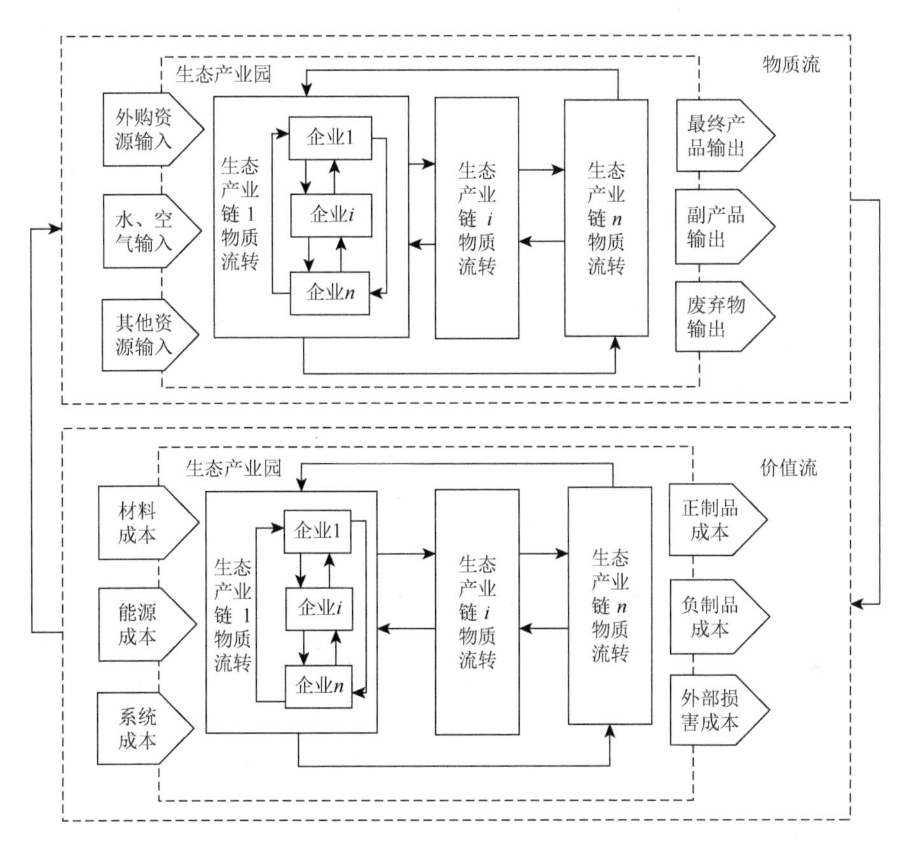

图 3.23　园区层面的物质流与价值流分析框架

伴随着组织活动带给环境的压力和影响与日俱增，迫切需要会计系统能够以精确的方式评估组织主体对环境的影响。一旦该组织最重要的环境影响和成本被确认，便可以提出改进和节约成本的建议，资源价值流会计便是一种最为典型的工具。然而，问题在于环境成本通常隐藏在物质的生命周期账户中，这意味着不准确的环境或成本消耗信息可能被决策者用于执行减少废弃物产生的决策（Fakoya and van der Poll，2013）。随着相关理论研究的不断深入，以及对资源价值流管理工具背后所隐含理论内涵的不断挖掘，现行组织边界（企业、工业园区）下的“物质流-价值流”分析仍有改进空间。经济系统中的物质流分析贯穿于物料的整个生命周期，即从物料开采、生产、制造、使用、废弃到再资源化等过程，不同阶段的物质流动和存储行为由一定时空范围内的特定组织主导，且各个阶段都会产生废弃物，涉及废弃物的环境损害。然而，当前以物质流为基础的价值流分析仅仅着眼于生产制造环节，忽略了在消费、废弃、回收及再利用等环节的价值流流转。从全生命周期的时间维度来看，价值流分析与物质流分析的时间窗口并不完全对应，这种生命周期阶段的不完全吻合可能会影响系统观视角下资源价值流功能的发挥，也与资源价值流分析“物质流决定价值流，价值流改善物质流”的理念相背离。简言之，“物质流-价值流”分析应立足于全生命周期视角并向多级组织延伸。

3.5　组织视角下资源价值流分析的拓展逻辑

实施制造强国战略第一个行动纲领——《中国制造 2025》的颁布，意味着传统制造业的转型升级已悄然开始，鉴于国家产业发展和企业生产经营活动与会计实践之间的密切联系，深入理解中国智能制造变革赋予管理会计的历史使命，探寻绿色制造背景下环境管理会计的创新路径已经箭在弦上。

3.5.1　“智能制造”背景下的标准化管理内涵

智能制造，本质上是指将物联网、大数据、云计算等新一代信息技术与设计、生产、管理、服务等制造活动的各个环节融合，具有信息深度自感知、智慧优化自决策、精准控制自执行等功能的先进制造过程、系统与模式的总称。智能制造作为《中国制造 2025》战略的主攻方向，与德国的工业 4.0 和美国的工业互联网异曲同工。工业互联网旨在在产品生命周期的整个价值链管理中，通过人机结合，重构全球产业格局，提高能效、激活生产率。对于工业 4.0，一个网络（信息物理系统）、两大主题（智能工厂、智能生产）、三大集成（纵向集成、横向集成与端到端集成）及三大转变（生产由集中向分散转变、产品由趋同向个性转变、用户由部分参与向全程参与转变）是其核心内容。智能制造是在当前我国制造业大而不强、资源利用效率低、自主创新能力弱等背景下着力打造制造强国的战略举措。

“智能制造，标准先行”，《国家智能制造标准体系建设指南（2015 年版）》从生命周期、系统层级、智能功能等三个维度建立了智能制造系统架构（图 3.24），凸显了国家利益在技术经济领域中的体现，也为智能制造系统互联互通奠定了必要条件，既是解决我国标准缺失、滞后及交叉重复问题的真实写照，也是对德国“工业 4.0”标准化路线图的强势回应。显然，智能制造也对标准化管理提出了新的要求，例如，如何实现标准化管理在系统层级（车间、企业、产业链）之间的协调；如何制定并执行成体系的技术标准、管理标准等；如何为产品的设计、生产、物流、销售、服务全生命周期实现协同互动提供一致的标准保障。

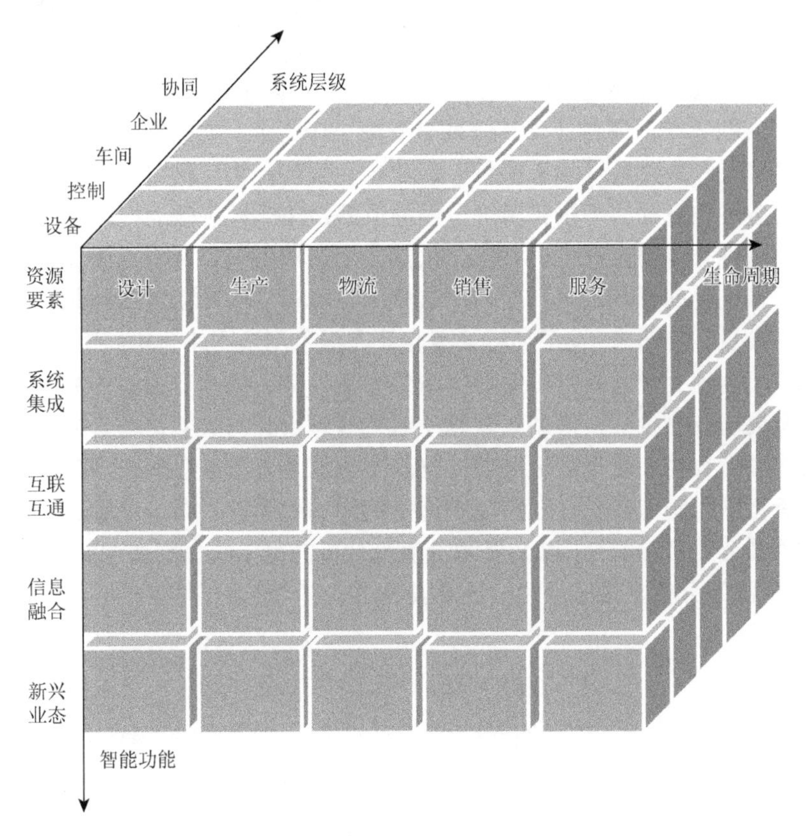

图 3.24　智能制造系统架构图

3.5.2　绿色制造理念嵌入的环境管理会计创新路径

无论是德国的工业 4.0、美国的工业互联网，还是《中国制造 2025》，都将绿色发展、循环发展及低碳发展置于至关重要的位置（肖序和曾辉祥，2017）。《中国制造 2025》将“绿色制造工程”作为重点实施工程，全面推行绿色制造，努力构建高效、清洁、低碳、循环的绿色制造体系。在互联网＋时代和工业 4.0 的背景下，新一轮制造业转型升级对会计理论与实践的冲击是多方位的。环境管理会计的受重视程度，是伴随着环境问题日益严峻和组织对环境议程的反应而不断凸显的。经济活动与组织、环境之间错综复杂的交互影响，通常需要会计的核算与监督职能为其提供信息支撑，尤其是环境管理会计是实现环境与经济相互融合的有效体系，会计信息成为一种连接二者的共同语言。

如今，尽管“绿色化”是成本还是效益的争论逐渐明朗，但在物联网、大数据、智能制造等技术浪潮风起云涌的时代，环境管理会计的理论与实践也亟须积极创新。首先，面对会计基本假设、会计要素的定义与确认标准、企业个体、货币评价及会计期间管理受到的挑战，包括 MFCA、WMA（water management accounting，水资源管理会计）及 CMA（carbon management accounting，碳管理会计）在内的环境管理会计工具体系需要进一步完善，并建立一些基础的绿色指标体系（废弃物成本、环境影响等）量化绿色发展能力，同时借助包含财务性信息与非财务性信息的财务报告客观全面地反映组织的经济活动；其次，虚拟-实体系统的物联网技术将生产中的订单、采购、制造和销售信息与机器设备串联在一起，更加精细化的直接成本归集与间接成本核算需要不断适应智能制造模式下的个性化小批量订制需求，发挥环境管理会计在绿色制造网络化协同中的决策功能；最后，环境管理会计需要打破企业组织边界的约束，站在产业链的高度审视企业的长远发展与社会责任，借助互联网＋时代管理会计与大数据融合的特征，提供企业内部经营数据、生产制造环节的物联网数据及外部互联网数据，助力环境管理会计承担绿色制造的责任。智能制造系统架构中系统层级的设置、环境管理会计与绿色制造的目标耦合，以及资源价值流分析立足于流程制造业的属性，对“物质流-价值流”分析立足于全生命周期视角并向多级组织延伸产生了重要启示。

第二篇　机理与模型

第 4 章 “物质流–价值流”二维分析的跨组织互动机理

随着我国循环经济战略实施的不断推进，组织生产和管理理念、模式方法均得到了不断更新。在物质流分析层面，循环经济开展已从微观层面走向了宏观层面，形成了包括企业小循环（清洁生产）、工业园中循环（系统集成）和社会大循环（物质新陈代谢）在内的管理体系。基于物质流全生命周期视角，以其流转路径上所途经的企业、工业园及宏观上的社会管理部门来划分管理主体，并与循环经济的“企业（小循环）”“工业园（中循环）”“社会（大循环）”的实践分类相对应，从企业、园区、国家（区域）三个组织层级来扩展“物质流-价值流”二维分析的研究边界，尚属一种新的尝试。为了进一步研究跨组织视角下资源价值流分析的拓展机理和多级组织间的物质流与价值流融合逻辑，本章首先阐述企业、园区、国家（区域）三种组织层级划分的原理，以及不同组织边界上资源价值流分析的内涵；其次，借助拓扑空间结构，从组织延伸的角度分别揭示物质循环与价值流转的数理关系，并描绘跨组织、跨时空背景下物质流与价值流一体化分析的逻辑框架；最后，本书引入“通量-路径-绩效”分析框架，分别从资源价值流通量核算、循环流转路径及生态效率等方面深入剖析资源价值流的跨组织代谢机理。通过本章的论述，期望能够充分论证资源价值流分析从企业向园区和国家（区域）等中观、宏观层面拓展的可行性。

4.1 组织层级的内涵及界定

4.1.1 循环经济的三种运行模式

循环经济根据生态学规律整体筹划社会经济活动，使各个企业之间建立资源共同分享和副产品互相交换的产业共生组合，前一生产过程产出的废弃物可作为下一生产过程的原材料，产业之间资源的最优化分配使一定范围内的物质与资源在循环经济中得到持续利用。按照循环经济活动的规模及所涉及的范围，循环经济的三个尺度，即微观的清洁生产与生态设计（小循环）、中观的产业生态园区（中循环）、宏观的合作消费与零废物社会（大循环）已被广泛接受（Geissdoerfer et al., 2017；诸大建，2017）。

循环经济的运行关键在于构建循环经济产业链，如图 4.1 所示，可以从企业、园区及国家（区域）三个层面来认识和理解循环经济产业链。“小循环”模式又叫作企业内循环，是指企业以生态效率的理念为基础，大力推行清洁生产，优先考虑“减量化”原则，高效利用所有资源，达到无害排放或零排放目标。“中循环”模式是各企业、园区之间的资源循环，按照工业生态学原理将不同的工厂和部门结合并形成资源共同分享和副产品互相交换的产业共生组合，以“废弃物循环利用”为目标，通过各个企业的工业代谢关系和共生关系实现物质集成、能量集成及信息集成。“大循环”则是让循环经济上升到社会层面，侧重于“再使用”原则，通过废弃物的循环使用，加速使用过程中期和后期的物质循环与能源循环，在循环型城市或循环型区域内通过延长产品的时间强度，提高利用效率。

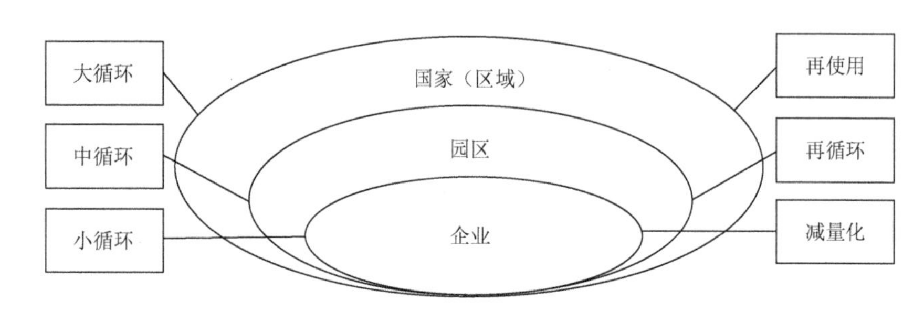

图 4.1　循环经济的实施模式

4.1.2　资源价值流分析的组织层级界定

经济活动一般包括物质流动与价值流动两个方面（诸大建，2007）。传统线性经济只突出价值流的增加而不关心物质流的循环，是一种“有经济无循环”的过程；而循环经济是在强调价值流增长的前提下强调物质循环。由此可见，物质流是循环经济运行的动力之源，这也决定了融合物质流与价值流的资源价值流分析在界定其适用边界时应以图 4.1 中循环经济的实施模式为基础。为了进一步揭示组织层级之间的差异及内在联系，图 4.2 横向勾画出了组织层级间的扩展逻辑（肖序和曾辉祥，2017）。

（1）对企业而言，车间是其生产活动的基本业务单元。伴随着中间产品在车间之间的流转，既可以根据物质品种将车间作为一个资源价值流核算主体，也可以根据企业的物质输入和输出，将企业作为一个资源价值流核算主体，围绕单个企业内部如何实现物质流、能量流、价值流的闭环流动而展开，要求企业实行清洁生产，从生产资料的开发到中间产品的制造，再到负制品及废弃物的处理，整个流程遵循循环经济的 3R 原则。

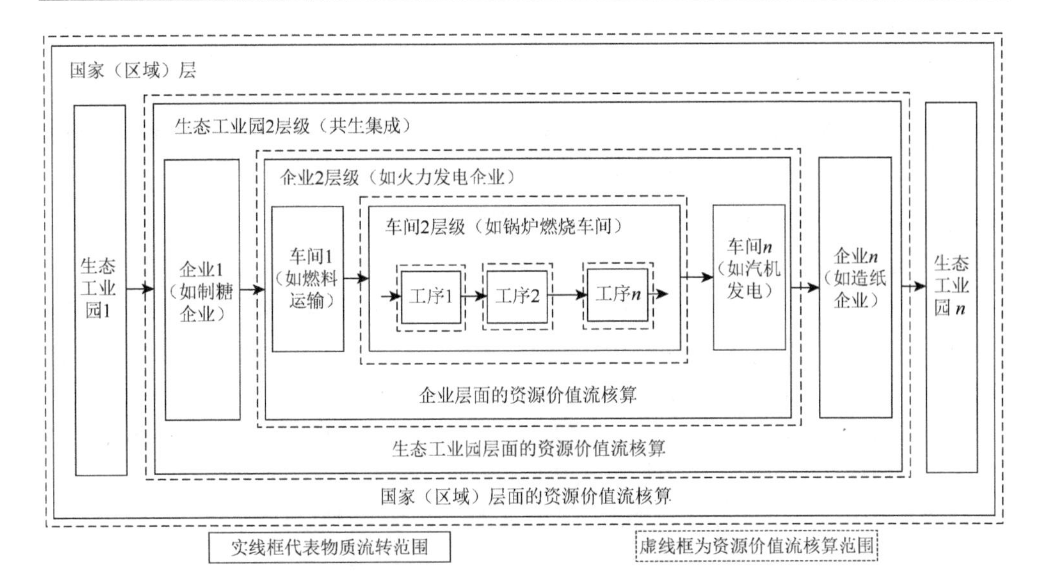

图 4.2　资源价值流分析的横向组织层级划分

资料来源：肖序和曾辉祥（2017）

（2）生态工业园则是根据产业生态学原理建立起来的一种产业组织形态，在生态工业园区内，一家企业产生的废弃物或副产品被用作另一家企业的投入或原材料，通过企业间的废弃物交换、循环利用、清洁生产等方式实现园区资源节约和污染排放最小化。同理，根据园区的物质输入、企业之间的物质交换及园区的物质输出，也可以将园区视为资源价值流核算的主体，要求企业间的物质流、能量流、信息流和价值流通过工业代谢和共生关系，实现物质流、价值流等在企业间或产业间的闭环流动，减少资源的消耗和废弃物的排放。

（3）对国家（区域）而言，是将一定地域范围内的所有组织或子系统（企业、园区）视为一个经济系统。伴随着一种物质（或元素）输入和输出经济系统，以及其在内部子系统之间的流动，也有价值的流入与流出，同时存在隐蔽的环境负荷泄漏，国家（区域）也可以作为一个资源价值流核算主体。国家（区域）层面的资源价值流分析是宏观尺度的综合考量，将经济系统的物质流分为输入、贮存与输出，也是一定地域边界内资源、环境、经济等资源要素在不同产业部门和工业群落之间的有效集成，其目的在于改善整体环境绩效，提高资源利用效率，实现区域可持续发展。

4.2　拓扑空间下物质流与价值流的融合

循环经济系统联结经济系统与生态系统的本质属性，决定了依据循环经济系统模式而划分的组织层级——企业、园区及国家（区域）都是基于物质、能量、价值的流动与转化而形成的系统。无论是园区系统还是国家（区域）系统，其结构都是依据物质流、能量流而设计的生态系统，系统内的企业或园区按照横向耦合和纵向闭合等原则，以减轻环境负荷和提高经济效益为根本目标。因此，内嵌于循环经济系统内部的子系统（组织）"物质流-价值流"二维分析，既要考虑经济结构的合理性，也要考虑物质结构的适用性。拓扑空间论是借鉴数学分析中的集合及空间理论而构建的，"距离"与"邻近"是其核心思想。若一个非空集合 X 中的每点都包含于某个子集，这些子集组成子集族，若子集族满足邻域公理，则子集族中的每个集合就称为该点的一个邻域，给出了 X 的一个拓扑结构，X 连同此拓扑结构就称为一个拓扑空间（关肇直，1958），拓扑空间是度量空间的一种推广。从空间理论来看，依据循环经济系统模式而划分的组织层级所涉及的空间都具有明显的拓扑特征，拓扑空间论能够从组织空间的角度对经济属性的价值流分析和技术属性的物质流分析进行有效解释。鉴于此，本书尝试借助系统拓扑空间论对跨组织的资源价值流分析原理进行阐述。

4.2.1 拓扑结构下的物质循环

循环经济的目的在本质上就是对物质的相互作用进行管理，除了物质随时间推移在流转过程中不断产生新物质外，还要促使已有物质最大限度地发挥功效，服务于生产活动。物质代谢是生态经济大系统的功能得以维持的保证，物质经过全生命周期的代谢过程使其熵也随之变化，物质熵的梯级结构变化形成了空间的拓扑结构。另外，物质在不同的生命周期阶段归属于不同的组织部门，企业、生态工业园及国家（区域）是最典型的组织形态，且相应组织的经济活动所涉及的物质空间可以有意识地通过拓扑结构动态逼近客观空间。为了便于描述，我们可以将物质拓扑结构中已在相应组织网络发挥作用的特定物质称为"星点"，而尚未发生效用的物质称为"潜点"，对应的集合可分别表述为 Ω_S 与 Ω_X。在物质拓扑结构空间视域下，物质代谢的一系列特征可以借助拓扑学进行直观的数学描述，本书此处以拓扑结构空间中的两种物质 A、B 为例，主要从物质之间的代谢亲缘系数和耦合位势做简要分析。

设集合 $R^n=\{A=(A_1,A_2,A_3,\cdots,A_n)\mid A_i\in R,1\leqslant i\leqslant n\}$，其中，$R^n$ 中的 $A=(A_1,A_2,A_3,\cdots,A_n)$ 叫作点，A_i 是点 A 的坐标分量。于是，A、B 两点之间的距离可以定义为

$$\rho(A,B)=\left[\sum_{i=1}^{n}(A_i-B_i)^2\right]^{\frac{1}{2}}\in R^1 \tag{4.1}$$

赋予集合 R^n 上述距离 $\rho:R^n\times R^n\to R^1$，则 (R^n,ρ) 即为欧氏空间。设 $A,B\in\{T,\Omega\}$，则拓扑结构空间的距离可以定义为 $\rho(A,B)=\text{rank}(A)+\text{rank}(B)-2\text{rank}(A\cap B)$。其中，$\text{rank}(C)$ 表示集合 C 中元素个数，也叫集合的秩。根据距离函数的性质，若记

$h_{D/C}=\mathrm{rank}(D/C)$，则 $\rho(A,B)=h_{A/B}+h_{B/A}$。因此，物质拓扑结构空间是距离空间。

此外，还可以根据物理学中的势能函数在物质拓扑结构空间中定义位势函数：$V(A)=\dfrac{\alpha}{2}\rho^2(A,\varnothing)=\dfrac{\alpha}{2}\mathrm{rank}^2(A)$，其中，$\alpha$ 表示正数，$\varnothing$ 表示空集。于是，两物质间的相对位势为

$$V(A,B)=\frac{\alpha}{2}\rho^2(A,B)=\frac{\alpha}{2}(h_{A/B}+h_{B/A})^2=V(A/B)+V(B/A)+\alpha h_{A/B}h_{B/A} \quad (4.2)$$

在物质代谢过程中，不同物质集合之间代谢的便利状况不同，通常含有共同属性的集合比较容易，使得两者之间的亲缘更“近”；反之，则亲缘较“远”。据此，反映物质拓扑结构空间中两物质之间亲近程度的亲缘系数 $\beta=\beta(A,B)$ 可定义为

$$\beta(A,B)=\frac{\mathrm{rank}(A\cap B)}{\mathrm{rank}(A)+\mathrm{rank}(B)-\mathrm{rank}(A\cap B)} \quad (4.3)$$

其中，亲缘系数 $0\leqslant\beta\leqslant1$。综合式（4.2）与式（4.3），两个物质集的耦合位势函数为 $V(A\triangle B)=\mathrm{e}^{-\beta(A,B)}h_{A/B}h_{B/A}$。亲缘系数可以刻画物质之间代谢转化的容易程度，耦合位势函数则反映了物质耦合后的可拓展空间。

与资源价值流分析的目的类似，通过拓扑结构空间分析物质代谢的目的也在于对循环经济中的物质循环进行有效管理，收集新物质（星点，类似正制品）信息，评估无效物质（潜点，类似排放的废弃物）信息的危害程度。对于星点物质的评估，可以直接用实际产生的经济效益、环保效益和社会效益进行，记为 $S(A_S)$，实际效用的测算结果一般较为客观。而对于潜点物质，需要通过专业的推断和判断，记为 $Z(A_X)$，此时对潜点物质 A_X 的客观推断可根据与其具有亲缘关系的星点物质进行。如式（4.4）所示［其中，$\Omega_S(A_X)$ 为星集中与 A_X 有共同元素的最近和次近元素集］，当某物质的效用较大，且其余其他物质尚未与该物质建立亲缘关系时，建立相应的亲缘关系可能产生比较乐观的效用，静脉产业园、废弃物循环再利用等就是典型的实例。

$$Z(A_X)=\max_{A_S\in\Omega_S(A_X)}\left[\frac{S(A_S)}{\beta(A_X,A_S)}\right] \quad (4.4)$$

综上，将循环经济中物质代谢原理与拓扑结构及拓扑结构空间原理对照，以物质及其环境影响为对象，分析物质拓扑空间中物质间的关系函数，从数理逻辑上刻画物质流循环的原理，这也有助于从组织角度揭示物质向纵深演进的过程。

4.2.2 拓扑结构下的价值循环

物质循环的拓扑结构分析从数理角度揭示了物质代谢的过程及机理，根据物质流对价值流的决定作用，本书进一步尝试借鉴拓扑结构理论对经济系统内部的

价值循环进行数理分析。为了描述经济系统内部的价值循环途径及价值传递特征，首先需要对经济系统的价值空间和物质空间进行界定，并从空间结构的特性探索多层级经济系统的特性。

假定：①经济系统的价值空间隶属于某类特殊拓扑空间；②系统内部的组织之间存在随机关联性，连通性（用拓扑数 $f(n)$ 表示）分布呈 Poisson 分布，组织主体的分布呈幂律规律关系（power-law 分布），即 $f(n) \sim n^{-a}$ （$\alpha > 0$）。为了根据工业园区（或国家、区域）内企业（或园区）之间的物质循环关系抽象建立相应的拓扑结构，本书尝试从某一时间段内两个组织间的物质交换函数与价格变化来测度两个组织之间的相关系数：

$$\rho_i = \frac{\mathrm{E}(y_i y_j) - \mathrm{E}(y_i)\mathrm{E}(y_j)}{\sqrt{[\mathrm{E}(y_i^{\ 2}) - (\mathrm{E}(y_i))^2][\mathrm{E}(y_j^{\ 2}) - (\mathrm{E}(y_j))^2]}} \tag{4.5}$$

其中，y_i、y_j 表示物质 i、j 在一定时期内的价值变化；$\mathrm{E}(y)$ 表示一段时间内的价值变化均值。显然，$\rho_i \in [-1,1]$，主要分如下两种情形。

（1）当 $\rho_i = -1$ 或 $\rho_i = 1$ 时，表明一种物质的价值变化会立即影响另一种物质。

（2）当 $\rho_i \in (-1,1)$ 时，表明两种物质的价值之间不存在完全相关关系，具体而言：①当 $\rho_i \in (-1,0)$ 时，表明一种物质的价值与另一种物质负相关；②当 $\rho_i \in (0,1)$ 时，表明一种物质的价值与另一种物质正相关；③当 $\rho_i = 0$ 时，两种物质的价值之间不相关。

在此基础上，通过计算各种物质之间的相关系数作为拓扑图边的权值，便可以得到经济系统中组织主体之间的拓扑关系图。经济系统内的 n 个组织主体构成的拓扑图有 n 个节点，则相关系数有 2^n 个。当然，在实际应用中可根据物质间的代谢关系及物质循环路线确定最小生成树，然后根据计算所得各物质间的相关函数值作为最小生产树的边（“出度”与“入度”）的权值，进而得到刻画经济系统中各组织主体间价值转换的最小生成树，并形成拓扑结构空间。在由企业组成的生态工业园网络及由园区组成的国家（区域）网络中，可将不同的网络组织层级抽象为由点集 V 和边集 E 组成的图 $G=(V,E)$，且 E 中的每一条边都有 V 中的点 (i,j) 与之对应。根据组织边界差异，将工业链网结构上的企业或工业园视为节点，各个节点之间根据物质交换关系而产生联系，边将节点两两连通得到整个系统的拓扑结构图。

4.2.3　多级组织间物质流与价值流的融合分析

前文从“经济–环境”系统中物质流与价值流动态匹配的角度明确了技术性分析（物质流分析）与经济性分析（价值流分析）的耦合机理，且当前企业层面的“物质流–价值流”二维分析理论体系已基本形成，在此基础上，本书还借助拓扑结构空间分别阐述了物质的跨组织循环与价值的跨组织传递，但将“物质流-价值流”二维分析从企业层面延伸至园区和国家（区域）层面，形成多级组织间“物质流-价值流”一体化分析的耦合机理，是本书构建跨组织资源价值流分析框架的重要前提。

循环经济认为，物质流与价值流的循环转化在微观视角下可以从产品全生命周期的角度考察物质流与价值流，在宏观视角下可以从经济运行的角度考察产品流与货币流（杨雪锋和王军，2011），这为“物质流-价值流”二维分析由微观企业层面向中观、宏观层面的延伸提供了契机。但无论在何种组织层面，物质流决定价值流、价值流反作用于物质流的规律始终不变。具体而言，物质流动始终以实物形式存在，以物量指标计量，在代谢过程中的不同节点进行流转；而价值流以物质流为载体，以不变资本价值、可变资本价值及价值增值形式流转。这意味着资源价值流分析在组织层面的拓展始终以物质流分析为前提，图 4.3 反映了物质流分析从微观向宏观递进的过程。单就物质流分析而言，随着所涉及的组织层级由微观向宏观演进，物质流分析的主体截然不同，企业层面的物质流分析是以产品生产技术或生产工艺为对象的物质流清单；在工业园区层面，企业成为整个生产链条上的节点，链条上各个企业的物质输入、输出反映了园区内部的物质循环过程，以水集成、能源集成和物质集成为代表；随着组织层级的进一步向上延伸，核算的系统边界也更加宽泛，某一地区或行政区域的物质流分析需要考虑不同部门的资源投入及环境负荷发生源的细目，国家（区域）层面不仅要考虑物质的消费问题，还应考虑因进出口而涉及隐蔽物质流及环境负荷的泄露问题。

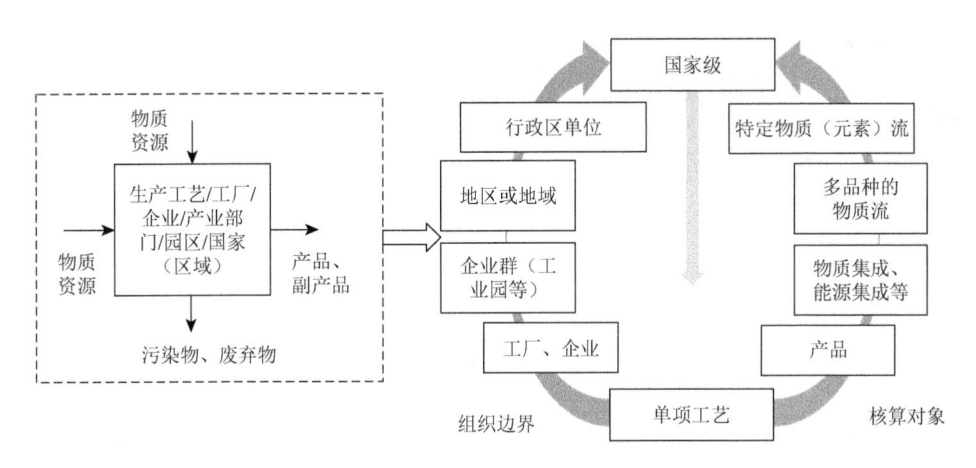

图 4.3 物质流分析由微观向宏观实施的过程

物质作为价值的载体，伴随物质的循环流动，也存在价值的循环流动（毛建素和陆钟武，2003）。尽管物质在不同生命周期阶段归属不同部门，但组织边界由企业内部的生产车间上升到国家（区域）层面的进出口及生产消费，基本涵盖了物质的整个生命周期，同时也包括了物质废弃、循环利用等问题。结合图 4.3 中物质流分析由微观向宏观实施的路径，本书将物质流与价值流纳入到同一分析框架，构建了多种组织规模下的资源价值流分析框架，如图 4.4 所示。从中可以看出，MFCA、资源价值流分析、环境会计及不同层级的投入产出分析是构筑物质流分析与价值流分析一体化框架的桥梁和工具。将资源价值流分析扩展到国家（区

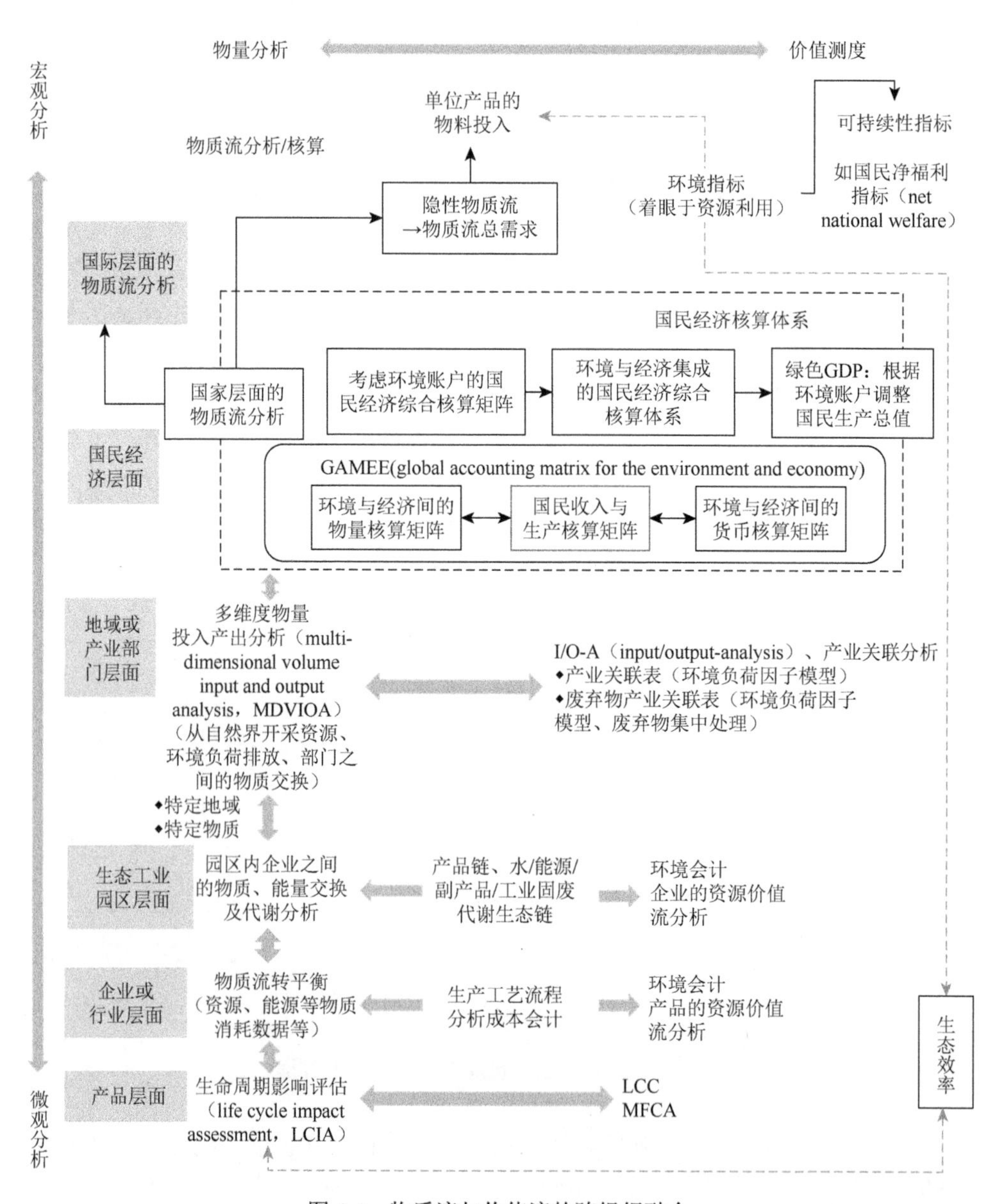

图 4.4　物质流与价值流的跨组织融合

域）这一宏观层面，不仅建立了微观环境会计与宏观绿色 GDP 之间的联系，同时为有效财富观和生态资源观下的 GDP 核算提供了改进思路。这也印证了刘尚希（2016）关于会计计量功能定位的重要论断，即会计就是从最微观的视角影响并反映整个宏观经济，会计计量属性的改变同样会极大地影响我们对经济整体状况的认识。此外，根据物质流分析得到的物量信息，以及借助资源价值流分析得到的价值信息，使将“生态效率”这一可持续性指标引入资源价值流分析的跨组织融合框架顺理成章，同时为资源价值流分析在多级组织间实施效果的评估提供了统一的量化指标。

综上，伴随着人类对客观世界认识的变迁、组织形式的发展和技术手段的进步，会计主体、对象、流程及方法也应做出相应改变。不可否认，会计在服务于微观企业组织时发挥了巨大作用，但并不能据此将会计主体定格于微观企业，企业追逐利润最大化的属性决定了其“以资为本”的本质，而资源环境往往需要非价值核算且具有地理区域属性，这也决定了环境会计主体不能局限于企业。跨组织“物质流-价值流”分析的基础是核算，而微观资源价值流核算是宏观资源价值流核算的基础。

4.3 基于“通量-路径-绩效”的资源价值流跨组织代谢机理

代谢（metabolism）在生物学理论中是指维持细胞稳定和成长的所有物质的生物化学反应，生态学家将其理解为生态系统能量的转化和营养物的循环。考虑到经济系统的运行依赖于与周遭环境之间的交换关系，本书将代谢理念引入循环经济，使循环经济具有更加丰富的内涵。资源价值流分析是综合经济因素与物质流转的二维分析方法，是在遵循物质流生态特性的基础上对经济规律和结构变化的分析，本书借鉴王军锋（2008）提出的“通量-路径-绩效”物质代谢分析框架，对“物质流-价值流”二维分析方法跨组织实施的逻辑做进一步剖析。

4.3.1 资源价值流的跨组织代谢通量分析

所谓“通量”，即资源流的规模，是指物质及能量从生态系统进入经济系统，经过循环后又返回到生态域的物质能量规模（Boulding，1966）。通量作为一个流量概念，是相对于存量概念而言的，通常流量为一定时间跨度内的变量，而存量则是某一时点的量值。在资源价值流分析中，物质流与价值流既涉及流动规模也涉及流动过程，且由于进入经济系统的物质能量流是由低熵资源到高熵废弃物的线性演变过程，因此，以物质流和能源流为基础的通量分析也具有线性特征。

前文从组织层级拓展的角度阐述了物质流与价值流的融合机理，而从物质代谢的角度来揭示不同生命周期阶段的代谢通量将有助于进一步明确其变化规律。

通量分析以通量核算所提供的数据信息为基础，物质流分析是代谢通量核算的重要方法工具，为了给区域经济系统的代谢规模提供分析理论基础和分析框架，可以从系统投入与产出的观点出发，构建其代谢通量模型：

$$M_S = M_O + W_F + W_A + M_C + M_T \tag{4.6}$$

其中，M_S 表示物质供给量；M_O 表示物质输出量；W_F、W_A 分别表示固体与液体、气体废弃物；M_C 表示经济生产活动中转化掉的物质；M_T 表示区域内的物质存量变化。由此可以看出，上述等式实际上就是将既定系统边界内的物质投入总量表示为输出物质总量与系统内存量之和，遵循物质平衡原理。

跨组织的物质经济代谢通量分析隐含着投入产出系统的物质流分析方法和生命周期分析方法。其中，无论是侧重单一流的元素流分析，还是基于工艺流程的物料流分析，其主体的设定均取决于系统边界范围、系统内的活动过程及空间等因素；生命周期分析从时间维度将产品的整个生命周期划分为原材料获取、产品生产、消费、废弃、处置等过程，使物质经济代谢通量核算形成了符合跨组织资源价值流分析需求的完整物质流分析的时空体系。然而，价值流与物质流作为对经济系统不同侧面的描述，立足于经济系统物质基础的代谢通量分析不能忽视价值的同步运动规律，价值流是物质进入经济系统所产生的价值量，二者之间的融合以其互相转化为前提。

对此，Duchin（1992）主张应用经济投入产出分析将物质流模型进行经济学扩展的理念，对构建物质流与价值流的融合分析模型产生了重要启示。物质平衡原理[①]仍是融合模型的起点，可以用矩阵的形式表示如下：

$$X_{\text{mass}}^{(r)} = (I - A_{\text{mass}}^{(r)})^{-1} \times Y_{\text{mass}}^{(r)} \tag{4.7}$$

其中，$X_{\text{mass}}^{(r)}$、$Y_{\text{mass}}^{(r)}$ 分别表示物质流 r 的总投入和总产出，均为物量单位；I 表示单位矩阵；$A_{\text{mass}}^{(r)}$ 表示物质流的转移系数矩阵，反映系统边界内各个过程间物质流的投入产出系数。投入产出矩阵反映了特定时期内不同部门之间的物品流，其流向构成了投入产出的物理结构，基本模型可以表示为

$$X_{\text{mon}} = (I - A_{\text{mon}})^{-1} \times Y_{\text{mon}} \tag{4.8}$$

$$E_{\text{phys}} = u_{\text{phys}} \times (I - A_{\text{mon}})^{-1} \times Y_{\text{mon}} \tag{4.9}$$

其中，X_{mon}、Y_{mon} 分别表示总投入和总产出，均为货币单位；A_{mon} 表示技术系数矩阵，反映系统边界内的投入产出比率；E_{phys} 表示污染物或资源投入矩阵；u_{phys} 表示污染产出系数矩阵或资源利用系数矩阵。

在此基础上，物质流与价值流的融合分析模型既需包含物量信息，也应包含价值信息。对此，Duchin（1992）认为可以借鉴里昂惕夫静态投入产出模型框架

① 此处的物质平衡原理是指单一物质的静态平衡。

中的价格模型，则价值流与物质流之间的关系可以表示为（用 $A_{\text{mass}}^{(r)}$ 替代 A_{mon}）

$$wp_w = (I - A_{\text{mass}}^{(r)\text{T}}) \times p \tag{4.10}$$

其中，p 表示单位物量产出的价格；w 表示单位物量产出所对应的基本投入；p_w 表示基本物量投入的价格矩阵。于是，结合式（4.9）与式（4.10），物质流与价值流的融合模型可以设定如下（各个字母的含义同前，r 表示物质流种类）：

$$E_{\text{phys}}^{(r)} = u_{\text{phys}}^{(r)} \times (I - A_{\text{mass}}^{(r)})^{-1} \times Y_{\text{mass}}^{(r)} \tag{4.11}$$ [①]

于是，通过以上方程，物质流与价值流被纳入到同一核算框架，经济系统的生产过程被视为一项技术性工程，可借助投入产出参数描述生产函数。基于通量核算的融合分析模型克服了可能由于单独关注价值流或物质流而存在的偏差，从数理角度揭示了资源价值流分析在多级组织中实施的原理。

4.3.2 资源价值流的跨组织代谢路径分析

代谢路径分析源自代谢工程在研究方法上由单个反应转向系统整体的代谢网络，是结合体内代谢过程与经济系统运行规律而开展的。基于前文中对“经济-生态”系统代谢过程的分析，相对于生态系统的物质代谢，物质经济的代谢过程本质上是一种体外代谢，由二者共同组成生态经济大系统的代谢过程，但代谢的系统分析方法仍然适用于资源价值流的代谢过程。

根据资源降流理论（cascading theory）[②]，物质经济代谢分析的重要意义在于挖掘现有物质经济代谢路径具有的潜在技术改善空间，最终达到改善整个物质经济代谢网络的目的。影响物质经济代谢路径选择的因素是多方面的，如经济因素（相对价格）、技术因素（技术水平）、制度因素、组织结构及信息因素等。对此，Patten（1978）提出应用网络分析来全面把握系统各部分之间的直接和间接联系，在引入子系统概念的基础上将一个子系统视为从系统分离出来的研究对象，并从投入产出视角分析其对应的两个不同环境——投入环境与产出环境。

于是，资源价值流的代谢路径可以看作是子系统（代理主体）选择行为的决策过程，并可以从投入环境和产出环境两方面来揭示：

$$Q_i = f_i(g_{\text{input}_i}, h_{\text{output}_i}) \tag{4.12}$$

其中，g_{input_i} 表示投入环境；h_{output_i} 表示产出环境。

根据物质经济代谢的本质，即“物质在经济系统的代谢过程通过生产者和消费者实现”，每个经济子系统都可以界定为物质经济代谢的代理主体，显然，资源

① 本模型的潜在假设是投入物质流（或价值流）与产出物质流（或价值流）具有线性相关性；此外，此处仅使用静态线性投入产出模型，与实际中的经济行为可能存在偏差。

② 随着对资源的利用，资源的品质逐渐下降，这是达到资源可持续利用目标的重要思想。

价值流分析中的每个子系统也都具有代理主体的性质。经典的生产者理论认为，经济活动需要资本(K)和劳动力(L)的投入，生产函数可以表示为$Q_i = f_i(L_i, K_i)$。在此基础上，考虑到经济系统的物质平衡原理，自然资源（R）的投入也应纳入其内，于是生产函数可进一步表示为$Q_i = f_i(L_i, K_i, R_i)$。在此基础上，式（4.12）可以进一步表示为

$$g_{\text{input}_i} = g_i[L_{i1}, K_{i1}, R_{i1}(T_{i1}, P_{i1})] \tag{4.13}$$

$$h_{\text{output}_i} = h_i[L_{i2}, K_{i2}, M_i(R_{i2}, P_{i2}, T_{i2}, I_{i2})] \tag{4.14}$$

考虑到多个代理主体之间的物质代谢关系，式（4.12）可以表示为

$$Q_i = f_i(g_{\text{input}_i}, h_{\text{output}_i}, Q_1, Q_2, \cdots, Q_{i-1}, Q_{i+1}, \cdots, Q_n) \tag{4.15}$$

在此基础上，将式（4.13）与式（4.14）代入式（4.15），可以得到

$$Q_i = f_i[g_i[L_{i1}, K_{i1}, R_{i1}(T_{i1}, P_{i1})], h_i(L_{i2}, K_{i2}, M_i(R_{i2}, P_{i2}, T_{i2}, I_{i2})), Q_1, Q_2, \cdots, Q_{i-1}, Q_{i+1}, \cdots, Q_n] \tag{4.16}$$

其中，M_i表示废弃物流；T_{i1}表示投入环境的技术水平；P_{i1}表示投入环境的资源控制政策水平；T_{i2}表示产出环境的技术水平；P_{i2}表示产出环境的废弃物控制政策水平；I_{i2}表示产出环境的信息供给水平。

按照上述原理，根据资源价值流分析的需要将企业（或园区）从物质经济大系统——园区（或国家、区域）中剥离出来，若干个子系统之间因物质代谢关系而形成代谢网络，且子系统的物质经济代谢路径取决于代理主体的代谢决策，如图 4.5 所示。

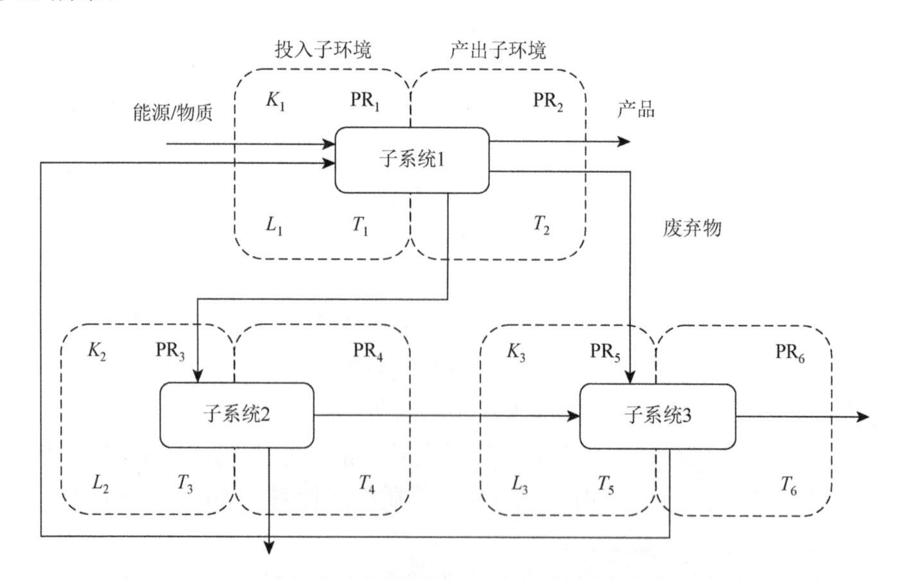

图 4.5　资源价值流代谢路径选择

K表示资本；L表示劳动；T表示技术；PR 表示产品

资源价值流代谢路径反映了物质经济代谢的过程，进入系统的多种物质使物质经济代谢路径形成了一个错综复杂的网络。从本质上而言，子系统之间的路径选择是由物质流转的客观规律决定的，如生态工业园中各个企业的资源价值流转路径是由企业之间的食物链关系所决定的，但经济因素、技术水平、制度供给及信息供给能对已有物质经济代谢网络进行完善［如式（4.16）中提到的］，这也正是循环经济在尊重生态规律的基础上通过适当人为干预使物质出现循环变化的内涵。具体而言，经济因素以资源的相对价格和废弃物征税最为常见，资源或废弃物在生产组织与消费组织之间的交换以供求双方形成的均衡价格为基础，对排放物征税的直接后果是使得代谢路径中止或趋于消失；技术层面的影响主要体现在经济系统所具有的低消耗生产技术能力，只有通过较低资源依赖的新技术取代自然资源密集型的陈旧技术才能实现经济结构的转换；相关政策的约束迫使各个组织主体有动力通过选择行为来改变已有的代谢路径，表现为资源价值流代谢的路径替代；而信息供给的影响主要体现在将孤立的组织个体置于由多个主体组成的物质经济代谢网络中，组织个体产生的物质经济代谢过程会随着信息禀赋的增加而发生路径替代。

4.3.3 资源价值流的跨组织代谢绩效分析

在管理学中，“绩效”中的“绩”即“业绩”，“效”即“效率”，指组织为实现既定目标所展现在不同组织层面的有效输出，也即组织希望的绩效。众所周知，循环经济的目的是达成经济发展和资源利用与废弃物排放的分离，前文构筑的“经济-环境”系统中各个组织层级的资源价值流分析都立足于循环经济，且DMI、DPO是描述物质循环的恰当指标，但物质流分析缺乏对价值流的关注，与循环经济强调经济与环境共赢，强调既要发展经济又要减少环境影响的思想不一致，只有将其与经济指标结合才能判断出一个组织经济发展的资源效率高低，这也证实了以物质流为基础的资源价值流分析的现实合理性。经济系统的物质代谢绩效与资源价值流分析的目标一致，在于引导经济系统物质流的流动，或者分析影响物质经济系统中物质流、价值流的各种因素的作用机理，完善环境资源物质流流转途径与模式，提高资源高效利用的效率和价值产出。循环经济与生态效率的理念本质上一致，诸大建（2006）指出，生态效率才是循环经济的合适测度，本书对资源价值流的跨组织代谢绩效分析也引入了生态效率指标。

生态效率（eco-efficiency）的概念要追溯到20世纪90年代初期，直到1992年世界可持续发展工商理事会首次将其纳入讨论议题后才得到广泛关注。生态效率的定义随着使用对象的不同也存在差异，但很大程度上取决于对“产出”和“输入”的界定，以及所要研究的主体。当前，在众多的定义中，WBCSD（1996）定义的“生态效率——通过提供能满足人类需要和提高生活质量的有竞争力的商品与服务，同时使整个生命周期的生态影响和资源强度逐渐降低到与生态承载力一致的水平”被广泛接受。

本书在进行跨组织的资源价值流代谢分析时，选定“生态效率”作为度量指标主要出于以下三个方面的考虑。首先，就循环经济与生态效率之间的关系而言，生态效率能够有效测度循环经济（诸大建和邱寿丰，2006）。大力倡导普及循环经济实践后，纯粹的经济增长不再作为循环经济的目的，循环经济的目的变为生态效率的有效改善（Witjes and Lozano，2016），它揭示了经济增长与环境压力的分离关系，有助于深入剖析循环经济的内在本质。其次，从循环经济定量分析常用的三种方法的演进来看，物质流分析尽管可以掌握经济系统中的物质流动状况，但缺乏与物质流相伴随的价值流分析，与循环经济强调经济与环境两个维度的本质相背离；生态足迹的优点是可以明确经济体生态方面的可持续状况，但缺点是不仅缺乏价值流分析，而且最终分析结果多为概念化数据，不利于循环经济政策的制定；显然，生态效率与物质流分析和生态足迹具有本质上的一致性，但在方法论、指导思想、实践层次等方面更具优越性（Geissdoerfer et al.，2017）。最后，就生态效率的目标而言，即解耦或者脱钩经济活动与其相关负面环境影响的联系，也就是降低单位经济产出的废弃排放物或资源利用，与经济合作与发展组织（Organization for Economic Co-operation and Development，OECD）的倍数（倍数 4 及倍数 10）目标相符，且生态效率的目标适用于全球、国家（区域）、产业、企业等各个层次（Passetti and Tenucci，2016；Müller et al.，2015）。物质循环代谢的实现模式有微观企业、中观园区与宏观社会三个层次，生态效率也有三个层次的指标与之对应。

4.4 本章小结

企业、园区及国家（区域）组织层级划分的本质就是物质流全生命周期理论的应用；与此相对应，针对单一品种的物质流转，本书将价值流分析也扩展到生命周期的物质流中，便形成了三级组织层级的科学划分。该分类比较符合一个国家的物质流动与价值流转规律。在界定组织边界的基础上，本章结合拓扑空间论分析物质流与价值流的融合，再从空间范畴阐述资源价值流分析的横向一体化，由竞争经济走向共生经济。各个工艺环节、生产流程、生产部门及组织间进行横向耦合、废弃物交易及资源共享，实现污染负效益变为资源正效益。引入“通量-路径-绩效”分析框架揭示了资源价值流的跨组织代谢机理重在从时间维度实现资源流转的纵向闭合，从链式经济走向循环经济，对原材料、产品、废弃物从摇篮到坟墓的全生命周期过程实施系统的管理。

第 5 章 “物质流-价值流-组织”三维模型构建

在全面践行绿色可持续发展的背景下，内嵌于产品全生命周期的环境指标考量离不开环境管理会计对产品成本、废弃物成本及外部环境损害的量化、监控和评价。“物质流-价值流”二维分析作为一种优化物质流转路线和提高资源利用效率的可靠方法体系，目前已得到了企业层面的广泛认可，如何将该方法延伸至园区乃至国家（区域）层面是本研究领域亟须解决的问题。基于此，本章在前文的基础上，融合生命周期理论、价值链理论、循环经济理论、组织理论等，从物质流、价值流和组织三个维度构建环境管理会计的“物质流-价值流-组织”三维模型及其理论体系。进一步地，吸收循环经济投入产出分析的原理，从投入与产出的角度构建多级组织（企业、园区、国家、区域）“物质流-价值流”核算模型，并借助生态效率指标为跨组织的资源价值流分析提供一种评价方法。本书建立对应的三维管理模式框架，在满足不同流转层级的管理需求的同时，从企业清洁生产、园区系统集成优化、社会经济新陈代谢视角构建对应的分析模式与方法体系，拓宽了本领域的研究边界。

5.1 目标与原则

5.1.1 基本目标

会计目标是指在一定的环境或条件下，人们从事会计活动所要达到的目的和结果(美国会计学会，1991)。本书拟构建的环境管理会计“物质流-价值流-组织”三维模型属于环境会计的一个重要工具，因此也应符合环境会计的总体目标，即对自然资源的价值与耗费、环境保护的支出、改善资源环境所带来的收益等进行确认、计量、记录和报告，为政府部门、投资者、债权人及社会公众等提供企业的环境方针、环境政策、环境资产和环境成本效益等环境会计信息，满足国家宏观管理的需要，满足各方进行决策的需要，满足企业加强自身环境管理的需要，促进企业合理开发和利用自然资源，减少对环境的破坏和污染，实现经济效益和社会效益的协调统一（王立彦和蒋洪强，2014)。

由前述内容可知，“物质流-价值流”二维分析建立在物质流循环和价值流循环耦合的基础上，实现了物质流、能源流、资本流及劳动力等要素有机整合的可视化。“物质流-价值流-组织”三维模型除了遵循环境会计的总体目标之外，其特定目标在于，通过会计学、工业生态学、资源科学等思想的系统集成，揭示组织内部及组织间的物质循环流动规律，包含物质循环流动中货币资金在组织内部及组织间所发生的相应价值循环流动，构建一套组织尺度下的资源价值流分析理论和方法体系。具体如下。

（1）在界定组织边界的前提下，分别计算、诊断、分析和评价不同层面的物质流、价值流状态，进而从全生命周期的物料损失结构和非效率环节在物量和价值两个方面实现“可视化”，为资源循环的高效利用提供科学的管理方法。

（2）微观企业层面比较传统和单一，因此，本书基于环境会计的价值计算与分析视角，利用生命周期规律，将物质流分析拓展到园区和国家（区域）层面，有效地将以货币计量为基础的价值流经济分析融合到物质流技术分析中，进一步扩展环境管理会计应用的视角和范围。

（3）使用这个模型方法能够高效地制定和实施环境和经济政策，并能够使资源在国家（区域）层面得到高效的使用。在全生命周期的物质流中，不同节点位置的企业进行环境管理改造所需的成本和收益也有所差别，在忽视亏损企业的改造效益问题的情况下，国家（区域）层面的物质流路线难以进行优化。因此，国家应在财政、金融、税收政策方面做出有效调整，以保障资源物质流转在宏观层面的顺畅。

5.1.2 特有原则

众所周知，环境管理会计与传统管理会计的关系并不是一种否定而是一种完善和补充。环境管理会计对传统企业成本会计进行了完善，将环境因素加入管理会计范畴的实践性工具，这样可以在组织面临环境挑战时为实现可持续发展提供决策基础。显然，构建环境管理会计三维模型在满足传统会计及环境会计的基本原则的同时，也应遵循相关的特有原则。

（1）系统性原则。全生命周期视角下的物质流转超越了单一组织的界限，需将“原材料—产品—再资源化”过程视为一个经济系统内的代谢过程；此外，三维模型体现了会计学、工业生态学及资源科学等系统融合的特点，且三维模型的数据集成也需要系统内的各个模块相互衔接、互联互通。

（2）循环经济 3R 原则。无论是在广义层面还是狭义层面，循环经济均以资源的高效利用和循环利用为目标。以 3R 为原则，是对“大量开采、大量消耗和大量废弃物”的根本变革。因此，构建三维模型也应充分考虑生产和再生产环节通过“物质代谢”与“共生”关系使组织形态由单一企业向产业链、产业网络延伸，并根据 3R 原则实现经济循环到循环经济的转变。

（3）扩大生产者责任原则。全生命周期视角下的资源价值流核算，不能只考虑企业生产过程导致的外部损害价值，需要将核算范围延伸至消费、清理、回收及再资源化的组织环境责任，同时考虑组织内部资金运动与组织生产过程的环境损害，评估生产过程废弃物带来的外部损害价值，以此作为组织环境管理与循环经济方案决策的重要参考。

5.2 理论背景

本书拟构建的三维模型是“物质流-价值流”二维分析工具向多级组织延伸的尝试，这一研究命题涉及多学科领域相关内容的交叉融合，为进一步识别和明确该工具未来的发展潜力，本章主要从生命周期理论、价值链理论、循环经济理论及组织理论等方面进行理论回顾。

5.2.1 生命周期理论与价值链理论

1. 生命周期理论、LCC及LCA

“生命周期”的概念源自生物学，本质上是指一个生命体从诞生、成长、成熟、衰退到衰亡所经历的各个阶段和整个过程，即“从摇篮到坟墓”，泛指自然界各种客观事物的变化规律。生命周期理论最初由Karman于1968年提出，随着这一理论的内涵逐渐被引申和扩展，生命周期理论也被广泛应用于产业经济学、管理学及信息科学，相继出现了产品生命周期理论、企业生命周期理论、行业生命周期理论等（Velte et al.，2017）。将生命周期理论运用于工业生态学领域则衍生为工业生态系统的代谢过程，所谓的产品生命周期是指，一个产品的全生命周期包括原材料、加工、制造、物流、消费、废弃、回收及再利用等流程（Gundes，2016）。有学者从过程网络的视角进行了剖析（Tomiyama，1997；Trappey et al.，1997），即产品生命周期是由过程网络组成的，每个过程在产品生命周期内都有一项具体的功能，如制造、运行、回收和再制造，如图5.1所示。于是，对产品生命周期的管理则需要了解这些过程的行为及其相关性，且产品生命周期的某个过程的行为取决于部件、模块和产品与其他过程之间的输入与输出流。

如今，对定位于长期业务方向的企业而言，不能只局限于追求经济效益，也必须考虑自己的经营活动带来的生态影响与社会影响。换言之，与产品的开发、制造、使用和回收处置相关的过程即使不是最佳的增值过程，其目标也应当是追求最优。LCC和LCA是可持续发展决策中评估产品和生产系统全生命周期经济和生态影响的常用方法（Lim and Park，2007；van Boxtel et al.，2015）。其中，LCC侧重于评估经济后果（如成本、收入、现金流等），是核算发生在一个主体生命周期内的货币交易的成本管理方法（Brown and Yanuck，1985），它有助于涉及多个生命周期阶

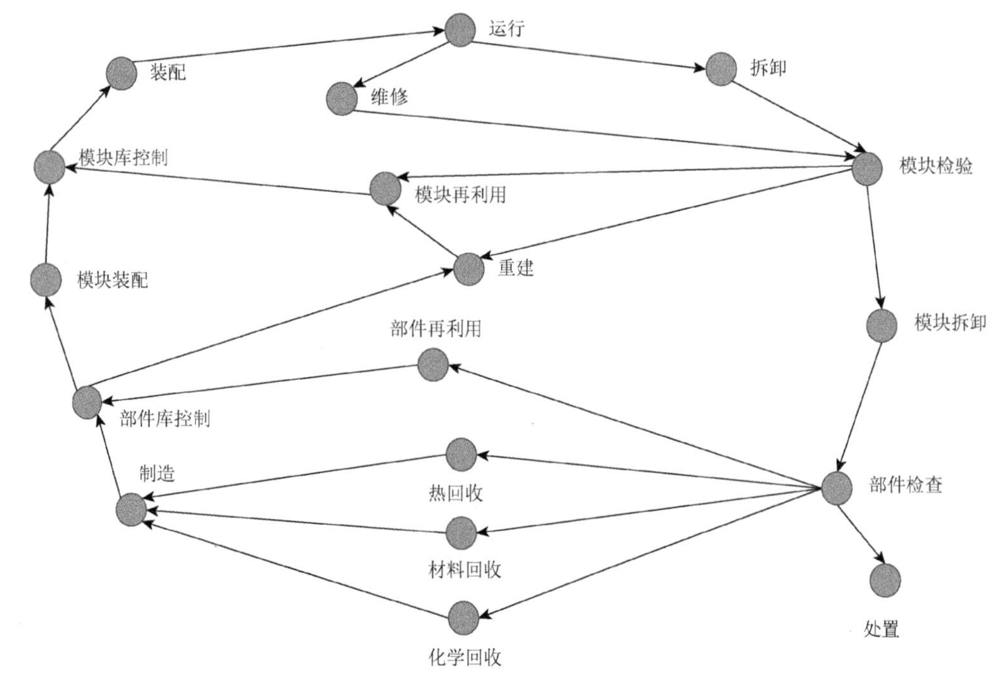

图 5.1　产品生命周期中的过程网络

资料来源：由 Tomiyama（1997）、Trappey 等（1997）的研究改进得到

段时的成本导向决策，被广泛运用于成本动因确认、盈利能力评估、产品及生产工艺的设计策略比较等，目的是让生命周期的成本与收益（按最终利润来评估）之间的差距最大化。随着人们对产品使用、废弃和回收时所产生费用的关注程度日益提高，企业也将致力于将包含产品销售后的费用在内的产品生命周期全过程的费用最小化。传统的生命周期成本可分为三个部分：开发成本、公共设施/服务成本及再加工成本，考虑环境影响后还应包括废弃之后的环境损害成本。与此相反，LCA 着重于通过系统识别和量化生态影响来揭示与一个产品系统生命周期相关的环境负荷（包括相关的过程和资源），被用作评估一个产品系统给环境带来负担和收益的重要手段，是一种获悉并评估产品、过程和不同服务在整个产品生命周期（从原材料采购和产品使用一直到产品处置）中对环境影响的方法。它有助于为开发改善生态的技术提供支持，最终推动环保产品和生产流程的优化设计（肖序等，2016a）。经济效益与生态效益的综合考量逐渐成为经济活动决策的重要趋势，LCA 和 LCC 是测算和评估环境负荷的有效工具。

2. 价值链理论

价值链理论由 Poter（1985）率先提出，他从企业竞争优势的视角指出，每个企业都是一个集合，包括设计、生产、营销、交付和支持产品的一系列活动，以上的活动都是应用价值链方式的代表，而价值链差异代表了企业的潜在优势。显然，在以制造业为中心的时代背景下，Poter提出了价值链理论，而传统的价值链流程是以制造业的单个企业作为研究主体，即将企业从原材料投入到形成产品的一系列价值活动作为价值链分析的研究主体。传统价值链的应用大致可分为两个层面：一方面是在企业内部成本管理中的应用，强调贯穿于企业经营活动全环节的成本管理。价值链理论与战略成本管理相结合，形成了独树一帜的作业成本法（activities-based cost method），该方法将企业消耗的资源成本与消耗资源的作业流程相匹配，能够反映新技术投资和新组织形式相伴而生的新成本结构。另一方面是将其应用到企业边界的成本管理，将价值链理论拓展到企业上下游的供应商和消费者（傅元略，2004；朱爱萍和傅元略，2016）。

通过引入模块化理论，价值模块替代了原有企业内的组织部门，并成为价值链的基本模块，使初始的纵向线性职能部门演变成模块化的网络状架构。基于此，越来越多的企业将模块化从产品生产延伸到设计阶段，孙莹丽（2009）在研究了模块化产业链的形态、整合的方式及价值增值方式的改变后，认为模块化的产业价值链将有助于我国产业，特别是制造业的发展。除此之外，价值链理论还被应用于基于互联网的虚拟价值链和全球价值链。价值链理论也推动了会计模式的变革，从空间维度上来看，价值链会计将初始传统单一的会计核算主体延伸到以价值联盟形式存在的会计主体，将财务信息与非财务信息融合成价值信息；从时间维度上来看，以会计实时控制为核心，形成了事前、事中和事后全方位、全过程的会计管理（阎达五，2004；诸波和李余，2017），特别是将模块化理论融合到价值链之后，价值模块成为价值链的基本单位，并且更加模糊化了会计层面的企业核算边界，价值链联盟中的各个节点企业也将成为会计核算主体（王雅松和王红心，2010）。由此可见，随着跨越组织边界的价值链成本管理的需要，研究微观、中观和宏观三个层面的价值链理论的内在逻辑关系，构建对应的理论框架使三个层面的价值链理论融合起来，并利用价值链分析企业在全球价值链及产业中的地位，以及仔细分析企业价值链的价值创造活动将成为未来的研究趋势。

生命周期理论与价值链理论为本书构建的“物质流-价值流-组织”三维模型提供了理论支撑，但实施全生命周期和跨组织的资源价值流核算不仅要着眼于企业、园区活动的经济属性，也需要从环境属性的角度评估其非经济影响。对此，环境价值理论为其提供了科学依据，即企业进行会计核算时，要充分考虑环境资源的稀缺性和不可再生性，不仅要将环境因素纳入企业生产成本，也要重视生产活动对外部环境产生的负面影响。

5.2.2　循环经济理论

“循环经济”是物质闭环型流动经济的简称，是一种以“资源—产品—再生资源”为增长模式、区别于传统单向流动线性经济（资源—产品—废弃物）的生态经济（Boulding，1966；王青云和李金华，2004）。与传统经济模式相比，循环经济的效益目标从原来单单的经济效益，过渡到三个方面的整体考核：经济效益、社会效益和生态效益，不仅考虑短期效益与长期效益的协调，还取决于成本与收益的比较，即生态成本不能超出生态阈值。传统经济模式与循环经济模式的差别通过如下公式表示。

（1）传统经济模式追求经济效益最大化，即

$$W = \max F(r,c) \tag{5.1}$$

其中，W 表示经济效益；r 表示经济收益；c 表示经济成本。

（2）循环经济模式追求综合效益最大化，即

$$W = \max H(w_0, w_1, \cdots, w_t, w_{t+1}, \cdots)\text{，且}\frac{\partial H}{\partial W_i} > 0 \tag{5.2}$$

$$W_t = \max G(w_{xt}, w_{yt}, w_{zt})\text{，且}\frac{\partial H}{\partial W_{it}} > 0 \tag{5.3}$$

$$W_{xt} = \max F_x(r_{xt}, c_{xt}) \tag{5.4}$$

$$W_{yt} = \max F_y(r_{yt}, c_{yt})\text{，且} c_{yt} \leqslant c_y \tag{5.5}$$

$$W_{zt} = \max F_z(r_{zt}, c_{zt})\text{，且} c_{zt} \leqslant c_z \tag{5.6}$$

其中，W 表示长期综合效益；W_t 表示某一时期的综合收益；W_{xt}，W_{yt}，W_{zt} 分别表示某一特定时期的经济、社会和生态效益；r_{xt}，r_{yt}，r_{zt} 分别表示某一时期的经济、社会、生态收益；c_{xt}，c_{yt}，c_{zt} 分别表示某一时期的经济、社会、生态成本；c_y，c_z 分别表示社会成本、生态成本阈值。

从以上的公式得出，循环经济中的经济、社会、生态效益分别是其收益与成本的函数，且社会成本和生态成本都受阈值的约束。

由减量化（reduce）、再使用（reuse）及再循环（recycle）组成的 3R 原则是循环经济的中心内容，其目标是使经济活动在遵循生态规律的基础上进行，包括产品生产、分配、消耗及废弃物的回收处理，力求达到资源使用最小化、生产效率最大化和环境影响最小化的要求，完全从传统的开放型经济增长模式转变成“资源—产品—再生资源”的闭环模式（Anderson，2007；Boulding，1966）。与此对应，将实施 3R 原则所应具备的能力称作“循环经济能力”（circular economy capability），包括减量化能力、再利用能力、再循环能力（Yong，2007；Zeng et al.，

2017)。循环经济作为一种经济发展模式的表现形式，认为自然资源和生态环境都是具有经济价值的，并提倡在实践中将资源和环境的价值以货币形式表现出来，充分体现了循环经济与传统经济模式的差异。

依据经济社会活动的规模和所涉及的范围，循环经济的发展模式可以分为三种（王军，2007；Feng and Yan，2007）：①“小循环”，也就是企业内部的循环。将企业作为基本单位，在依照生态效率理念的情况下，实施清洁生产，最终提升企业内部资源、能源的利用效率，实现污染无害化排放的追求。②“中循环”，即企业之间的物质循环。将不同工厂或企业按照工业生态学原理联结形成共享资源、互换副产品的产业共生组合，企业之间因物质集成、能源集成和信息集成而形成工业代谢关系和共生关系，以生态工业园最为典型。③“大循环”，即表现在社会领域的循环经济。社会领域的循环通过工业、农业、城市、农村的废旧物资循环再生利用，实现消费过程中，以及与之后物质和能量的循环，其实践方式通常以一定的地域为边界，以经济、社会、环境的协调、可持续发展为目标，高效利用资源和能源，减少全社会的废弃物排放。循环经济立足于建设循环型企业、生态工业园和循环型区域（国家）的三种模式，为资源价值流分析在组织维度的扩展应用提供了维度划分依据（肖序等，2017a）。

循环经济是一种物质代谢良性循环的新型经济形态，物质流分析是其基本研究方法，通过揭示特定系统物质资源输送、转换、存储等新陈代谢来定量评价循环经济发展（Brunner and Rechberger，2004）。一方面，循环经济角度下的物质流分析是“资源—产品—废弃物—再生资源”的闭环模式，贯穿于物质的整个生命周期，只是不同阶段的物质代谢在不同的经济子分系统（组织）内完成。然而，物质流分析的逻辑起点可以概括为三方面：①经济系统被视为能够进行新陈代谢的有机体；②经济系统的物质输入输出遵循质量守恒定律；③资源获取和废弃物排放产生环境扰动（Eurostat，1997）。因此，为了明确“物质流-价值流”分析的尺度，还需要根据物质所处的生命周期阶段准确界定经济系统（组织）的边界。另一方面，结合循环经济实践的三种模式与生命周期理论，企业层面的小循环是“资源—产品”的代谢过程，在工业共生链及产业共生网络中则是上游企业的副产品（或废弃物）到下游企业的原料的过程。这进一步表明，“物质流-价值流”分析的边界应该向中观（共生企业间循环）和宏观层面（生产与消费间循环）延伸。

5.2.3 组织理论

在会计学中，会计主体是单独进行生产经营或业务活动，并且具有经济独立性或是相对独立的企业、机关、团体等组织，会计主体也就是会计工作的一种空间范围。将会计主体应用于环境会计，需要赋予其新的含义：会计主体所控制的经济资源除了传统的人造资源，还需扩展至生态环境；环境会计核算范围与传统会计核算范围有所区别，是在原基础上进行了拓展，即拓展到产品售后的使用、回收、清理及再资源化等流程（肖序，2010）。因此，作为会计核算服务的对象或组织（也称算账者的立场），会计主体是环境会计核算需要解决的首要问题（杨世忠和曹梅梅，2010；杨世忠，2016），资源价值流会计核算也不例外。虽然组织（会计主体）的形态各异且规模大小不一，但根据会计学的理论初衷，不管组织内有多少可支配、可使用的资源，企业都要进行核算。

对于“组织”，从狭义的角度来看，是指人们为实现一定的目标，互相合作而成的集体或团体；从广义的角度来看，是指由诸多要素按照一定方式相互联系起来的系统，不同的定义代表不同的出发点。组织是社会实体，它与外部环境具有紧密的联系，两个或两个以上组织间的关系以资源输送和物质流动而得到维系（Daft，2011），分属于不同业务领域和地域的组织都在价值链或价值网络中扮演着重要角色。越来越多的学者认为，组织与环境之间的因果关系是双向的，即环境影响组织，组织也会影响环境，从生态层面可以将组织分为组织集、组织群和组织域三个维度（Scott and Davis，2007）。组织集是由影响组织的产出与行为的组织基构成的集合，强调从焦点组织的角度看环境；组织群即一组在某些方面具有相似属性的组织，本身拥有自身的结构和演变机制；组织域指同一区域内由于功能上的联系或地理位置的原因而形成相互依赖关系的一群组织，DiMaggio 和 Powell（1983）认为组织域是关键的供应者、资源和产品消费者、监管机构，以及其他提供类似服务或产品的组织在同样的规则、准则和意义系统下运行的组织。组织理论从生态层面对组织层面的划分，为本书从组织维度扩展资源价值流分析方法体系的应用提供了借鉴。当前组织活动给生态环境带来的压力和影响与日俱增，如何控制和降低组织的环境损害成本，使准确的环境成本信息服务于组织的废弃物减量化决策，并最终降低整个价值网络的环境影响，迫切需要借助环境管理会计工具进行更加精确的评估。生态理论在组织集、组织群、组织域或组织社区层面的应用，也为本书重新确认环境会计主体提供了参考。

5.3 三维模型构建

3.5.2 节中提到的“智能制造系统架构图”对本书研究“物质流-价值流-组织”具有重要借鉴价值，也给本书构建三维模型框架带来了灵感，尤其是“智能制造系统架构”中“系统层级”的设置，对本书在模型中引入“组织”维度产生了重要启发。本书认为，“物质流-价值流”分析应立足于全生命周期视角并向多级组织延伸。

也正是基于此，本书构建的环境管理会计“物质流-价值流-组织”三维模型旨在揭示组织视角下物质流与价值流的联动规律。

5.3.1 维度设计

资源价值流会计是以流量管理理论为基础，吸收工业生态学中的原料与能源流动分析、物质流分析及生态效率等理论，借助成本会计中的逐步结转法，通过跟踪资源实物量变化为组织提供资源全流程物量信息和价值信息的分析工具。构建“物质流-价值流-组织”三维模型旨在揭示组织内部、组织间的物质循环流动规律，以及该循环过程中货币资金在组织内部及组织间所发生的相应价值循环流动，构建一套组织尺度下的资源价值流分析理论和方法体系。为了使模型既能实现企业、园区、国家（区域）等不同层面的纵向集成，以及跨组织价值网络的横向集成，也能实现物质全生命周期的端到端集成，本书结合资源价值流分析的流程体系和应用模式，尝试从物质流、价值流、组织三个维度构建“物质流-价值流-组织”三维模型。

（1）物质流（material flow）。物质流是生态系统中物质运动和转化的动态过程，循环经济视角下的物质流不仅包含自然物质流，也包含经济物质流，自然物质流是以物质的物理、化学和生物变化为过程的功能体现，经济物质流是由社会再生产的生产、交换、分配和交换等各个环节推动，并以产品、商品和消费品的物质形态出现，二者相互依存、紧密融合并部分地相互转化。需要说明的是，“物质”所包括的范围大于“物料”（生产流转中的材料、零部件、半成品及废料等），泛指宇宙间的一切实物，通常用“物量”来计量特定物质的流转数量。

（2）价值流（value flow）。价值流是伴随着增值或非增值活动，物质从原材料转换为产品，并赋予相应价值的过程。传统意义上的价值流是指通过生产和交换流程，实现价值的转化、形成、增值和分配的过程。循环经济视角下的价值流更倾向于生态价值观，不仅涵盖自然物质流转化为经济物质流的价值转移及人类活劳动的价值创造，还表现为自然物质流自身资源价值和环境价值的再发现，以及这种再发现和再恢复所需要的活劳动。

（3）组织（organization）。本书综合管理学对“组织”的界定，即具有明确的目标导向和精心设计的结构与有意识协调的活动系统（Stephen and Mary，2012），以及群体生态学从生态层面对组织的细分——组织集、组织群和组织域（Scott and Davis，2007），将组织维度界定为物质在全生命周期流转过程中所处不同阶段的组织表现形式。组织维度自下而上分为车间、企业、园区和国家（区域）四个层级，资源价值流分析体系中对组织层级的界定体现了工业共生的理念，工业系统的输入与输出过程就如同有机体的新陈代谢过程，组织间以工业共生链（物质传递和能量流动）为纽带，资源价值流分析边界由企业向园区、国家（区域）层面演进。

5.3.2 模型设定

基于前文选定的三个维度——物质流、价值流、组织，尤其是对组织维度的细分和界定为“物质流-价值流”二维分析在多级组织层面的应用确定了明确的系统边界。“物质流-价值流-组织”三维模型是会计学、工业生态学、资源科学等学科的系统集成，本书根据系统性原则、循环经济 3R 原则和扩大生产者责任原则，结合资源价值流分析的流程体系和应用模式，构建了环境管理会计“物质流-价值流-组织”三维模型，如图 5.2 所示。

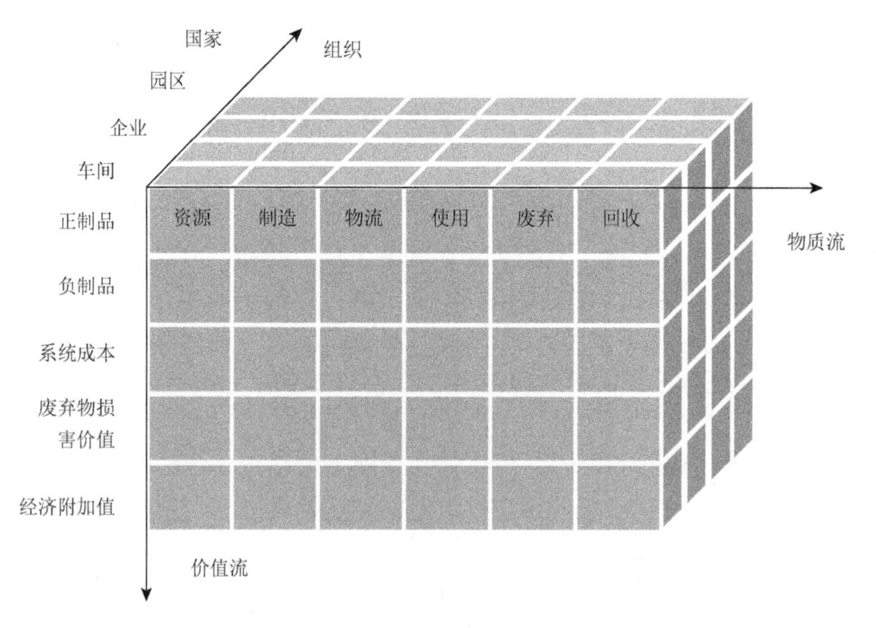

图 5.2　环境管理会计“物质流-价值流-组织”三维模型

资料来源：肖序等（2017a）

在上述立体模型中，物质流转是价值流转的载体，资源价值流分析以物质流为基础。物质流分析是研究特定系统物质资源输送、转换和存储的工具，主要以经济活动中物质资源的新陈代谢来定量评价循环经济实践。

物质流维度是由资源、制造、物流、使用、废弃、回收等一系列价值创造活动形成的链式集合，物质流维度各个节点的划分体现了全生命周期原则和循环经济“资源—产品—再生资源”反馈式闭路循环原则，生命周期中物质流的各项活动相互关联、相互影响，与“从地球来、到地球去”的物质循环原理相吻合。图5.3描述了物质的完整生命周期模型框架，物质的生命周期通常包含复杂的活动流和信息流。不同产业的生命周期构成不尽相同，且不同组织集中于生命周期的不同阶段。这里的“物质”有两层含义：一方面是指混合物和大宗物质，对其进行的分析称为物料流分析，主要研究经济系统的物质输入与输出，分析其物质的吞吐量；另一方面是指元素和化合物，对其进行的分析则称为元素流分析，常用于研究某种对国民经济有着战略意义的物质流，如铝、锌、铜等有色金属元素等。

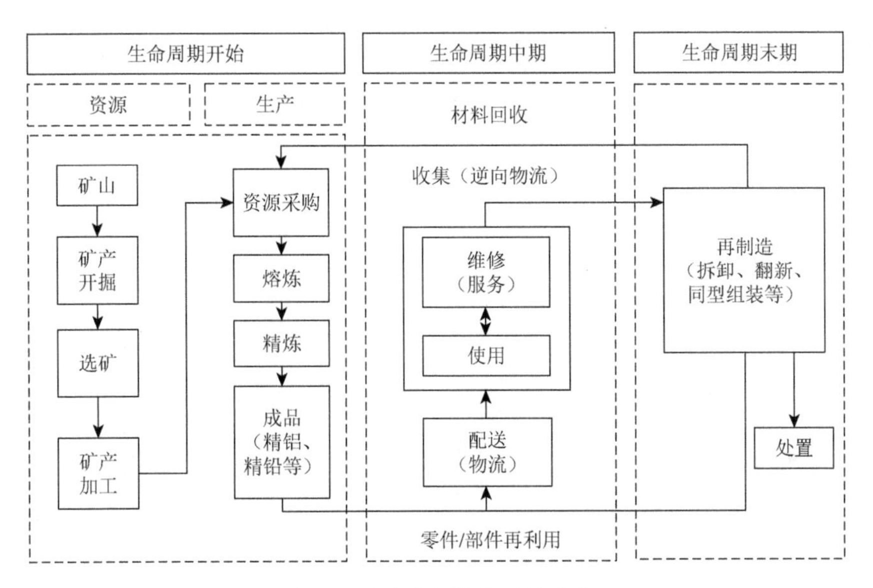

图5.3 全生命周期物质流路线

价值流维度依托于输入组织的原材料、能源等实体物质，反映了资源在时空流转中的价值转移，如正制品、负制品、系统成本、废弃物损害价值、经济附加值等。此处正制品和负制品的概念与MFCA（ISO，2011）的界定一致，正制品是指那些可以直接销售或者是能够进入下一环节继续加工的产品或半成品，对应的正制品成本可以表示为可销售产品的成本或者流向下一工序的物质流成本及承担的间接费用，反映了物质流产出成本价值，包括材料流转有效利用成本、人工、折旧等有效成本。与正制品相反，负制品是指废弃物，这种负制品非但不可以给企业带来价值，还会给环境带来负面效应，企业一直想在生产过程中产生较少的负制品。负制品成本是指该环节的废弃物成本及其承担的间接费用，代表物质流废弃成本价值，包括材料流转成本损失、人工、折旧及折旧的损失分配。相对于正（负）

制品成本按照产出类别对成本进行分类，系统成本则是对成本类别分类核算，包含企业内部用来维持和支持生产的所有成本，主要包括人工费、折旧费和其他相关制造费用，与系统成本平行的成本项目还包括材料成本、能源成本及运输与废弃物处理成本。此外，价值流维度的废弃物损害价值是废弃物外排引致的外部环境损害成本，经济附加值为一定时期的税后营业净利润与投入资本的差额，由系统成本与利税组成。这里的价值流概念超越了传统会计系统中的价格、成本、收入等要素，不仅核算传统意义上的企业内部资源流转成本，更注重外部环境损害价值的计算和资源附加价值的分析。图 5.4 结合现有会计系统，对资源价值流会计中价值流维度各项目之间的关系做了进一步说明，此种划分的目的在于将资源流转成本、资源流转价值与企业（组织）经济产值、增加值挂钩，明确三者间的相关关系，为循环经济评价与分析奠定理论基础（周志方和肖序，2013）。

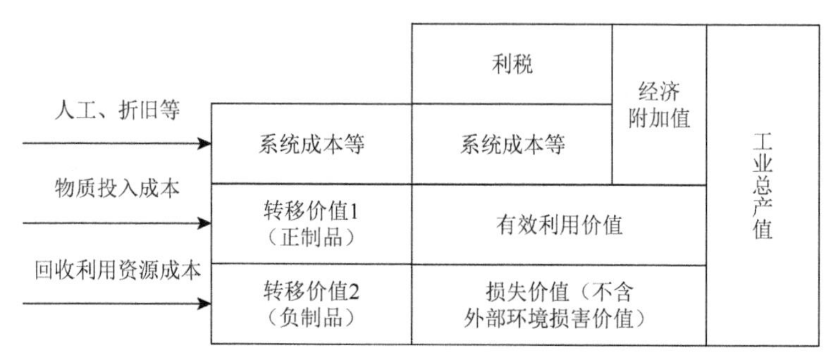

图 5.4　价值流维度各项目关系构成

资料来源：周志方和肖序（2013）

除此之外，组织维度自下而上分为车间、企业、园区和国家（区域）四个层级，资源价值流分析体系中对组织层级的界定体现了工业共生的理念，工业系统的输入与输出过程就如同有机体的新陈代谢过程，组织间以工业共生链（物质传递和能量流动）为纽带，资源价值流分析边界由企业向园区、国家（区域）层面演进。三维模型中物质流、价值流和组织三个维度之间存在复杂的对应关系，通过模型中的任何一个“模块”即可剖析特定组织层级因物质流转活动而产生的相应价值流形态。物质流是价值流的核算依据，相对于成熟的“物质流-价值流”二维分析方法，“物质流-价值流-组织”三维模型的主要突破在于组织维度的拓展和物质流维度“制造”环节的前后延伸。

组织维、物质流维与价值流维是跨组织资源价值流分析的三要素，三者间相互依存又相互影响。物质流需要经过组织活动来完成，物质流动的同时引起价值的流转，价值流分析的结果服务于物质流转路径的优化，但这种优化需要相应的组织主体参与实施。三维模型中的任何一个点即表示相应的资源价值流分析活动项，由物质流、价值流及组织三元素组成。本书以图 5.5 中的 *A* 点（实心圆点）和 *B* 点（空心圆点）为例说明三者之间的关系，分别从三个方向表示其投影，如图 5.6 所示。

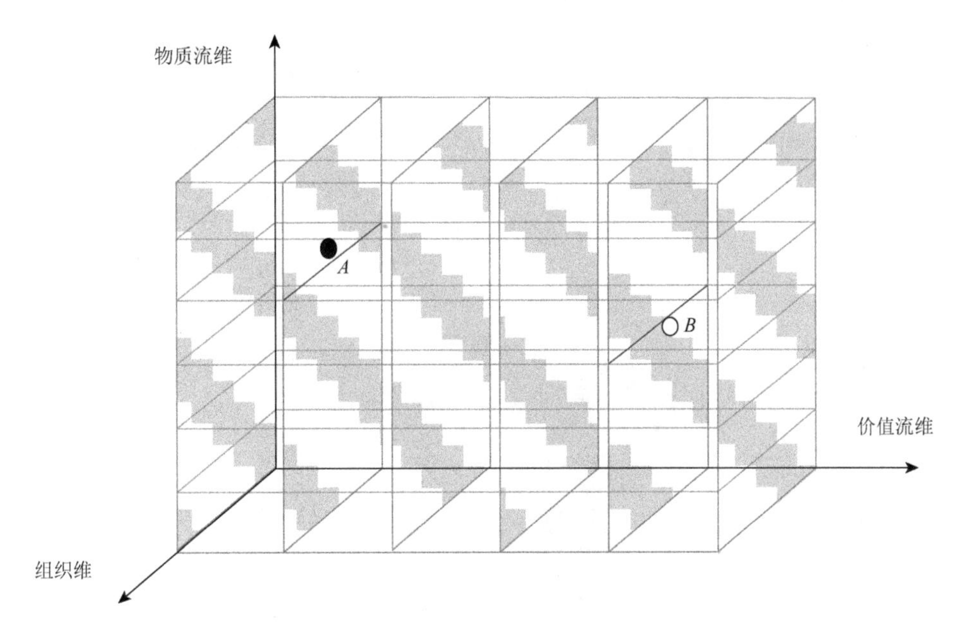

图 5.5 资源价值流分析的三维空间模型

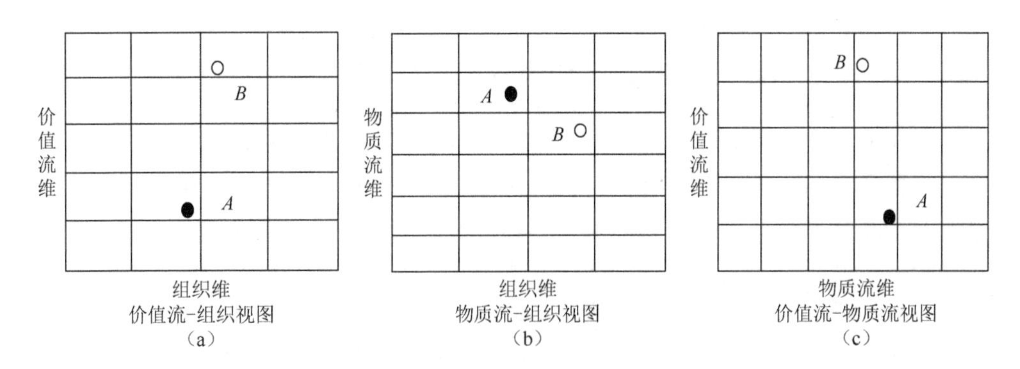

图 5.6 资源价值流分析的三维平面视图

结合前文对组织层级划分与三维模型框架的详细阐述，按组织边界划分，企业、园区和国家（区域）层面的资源价值流核算在"物质流-价值流-组织"三维模型中所处的位置如图 5.7 所示。可以看出，随着组织边界的延伸，企业、园区和国家（区域）三者的资源价值流分析呈逐渐叠加的趋势。对于流程制造业企业而言，企业层面资源价值流分析的基本业务单元是车间，园区层面资源价值流分

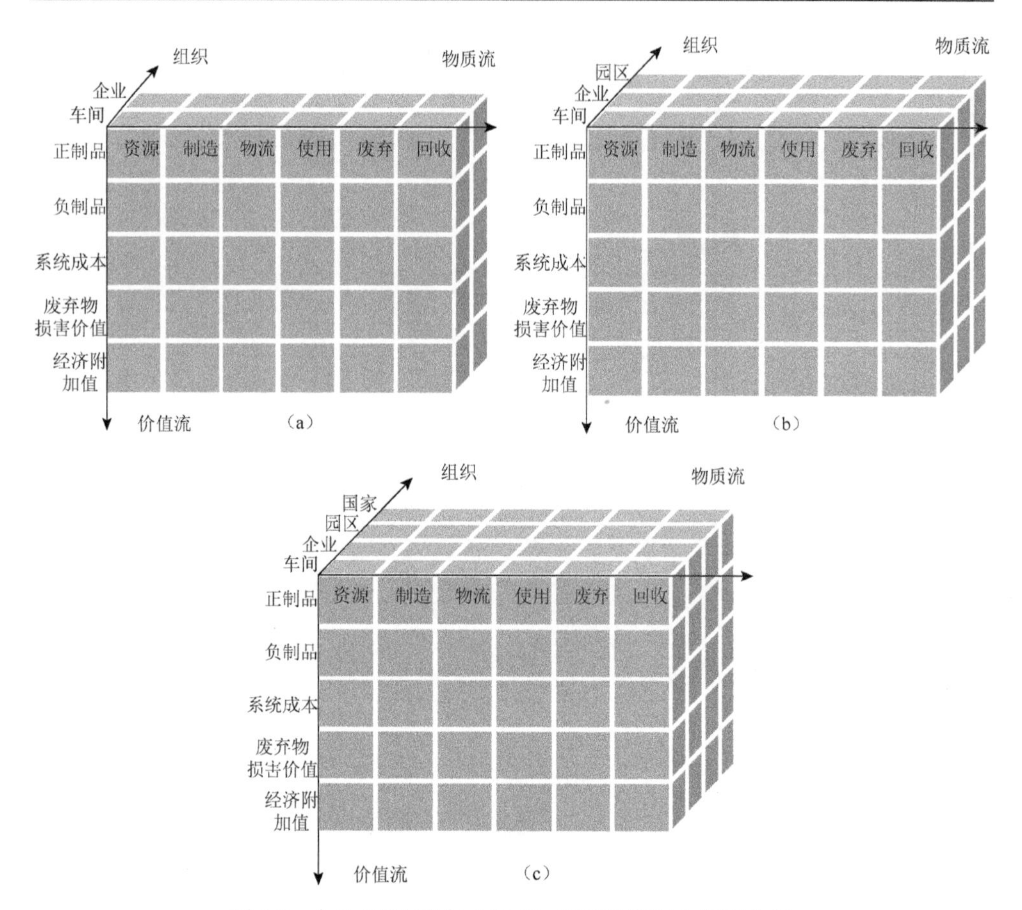

图 5.7　企业/园区/国家（区域）层面的资源价值流分析

析的基本业务单元是企业，而国家（区域）层面资源价值流分析则是将一定地域范围内的所有组织或子系统（企业、园区）视为一个经济系统。资源的流动过程既是物质变化过程，也是价值转移与创造的过程。从另外一个角度，即物质流的视角出发，物质的全生命周期包含资源开采、原材料加工、产品制造、物流运输、产品消费、产品废弃、产品再资源化等阶段，且各阶段都会产生资源损失，涉及废弃物资源的循环再利用，只是物质的不同生命周期阶段归属于不同的组织部门。根据物质流与价值流的互动影响规律，伴随着物质流动，也相应实现了价值形成、价值转化、价值增值和价值分配的过程。对任何组织而言，全生命周期视角下内部资源流转的每一个环节都会产生正制品（最终消费品或进入下一流程的半成品）、负制品（废弃物）、系统成本、废弃物损害价值及经济附加值等，只因组织层级划分不同而导致其核算边界存在差异。

总体而言，“物质流-价值流-组织”三维模型的本质是实现三项集成——纵向集成、横向集成和端到端集成。其中，纵向集成是基于多级组织间物质流和价值流的一体化核算、分析及评价，实现企业、园区和国家（区域）三个层面从物量和价值两方面使全生命周期的物料损失结构和非效率环节“可视化”；横向集成是企业、园区和国家（区域）之间通过价值链及信息网络实现资源整合，从国家整体层面提高资源利用效率和实现国家层面的物质流路线优化；端到端集成是贯穿于物质全生命周期价值链的工程化集成，根据企业之间或园区之间的“食物链”关系，通过工业共生和逆向物流实现物质资源的重复利用和高效集成。

5.3.3 体系框架与模型机理分析

1. 体系框架

三维模型是面向物质流、价值流及组织三个维度，对企业、园区、国家（区域）三个层面的产业链或节点进行资源价值流核算、分析、控制和优化的一项系统工程。系统工程理论通常将复杂的系统定义为由一定数量相互联系的要素所组成的具有特定功能的有机整体（钱学森等，2007）。因此，作为一项复杂的系统工程，“物质流-价值流-组织”三维模型的应用和实施必须具备必要的成分，即理论要素，并形成完整的体系框架。三维模型在实际应用过程中因对象不同导致其理论基础、物质流载体、系统边界有明显差异，本书尝试从基础共性、方法体系和应用模式三个模块构建体系框架（肖序等，2017a），如图 5.8 所示。

在“物质流-价值流-组织”三维模型的体系框架中，三个模块之间并不是独立发挥作用，而是相互依存、层层递进、协同上升。

（1）基础共性层面包括“PDCA 循环”与“全生命周期物质流”两部分。“PDCA 循环”管理模式概括了资源价值流分析的所有环节，即通过计划安排、计算分析、诊断决策与评价改进为组织主体提供各个阶段的财务信息和环境影响，实现资源节约和环境友好这两个目标的共赢，“物质流-价值流-组织”三维分析在操作流程中也应当遵循“双赢目标”的理念。基础共性层面的“全生命周期物质流”仍然彰显了生命周期评价思想在资源价值流分析中的重要价值，“物质流-价值流-组织”三维分析追求从产品系统（不仅包括产品生产、产品使用，还应包括原材料生产和废弃物处理）的角度进行“从摇篮到坟墓”的全过程评价，重视每个环节的环境影响。

（2）方法体系模块系统地介绍了“资源流内部损失-废弃物外部损害”分析方法的分析框架，其核心原理是资源流转成本的核算，主要包括两方面：①通过费用归集，在输出端划分成两种成本，即正制品成本（资源有效利用成本）和负制品成本（废弃物成本），使组织的内部损失从数量和价值两方面得到反映；②以废弃物为主线，通过外部环境损害价值核算模型评估废弃物对环境产生的损害，进

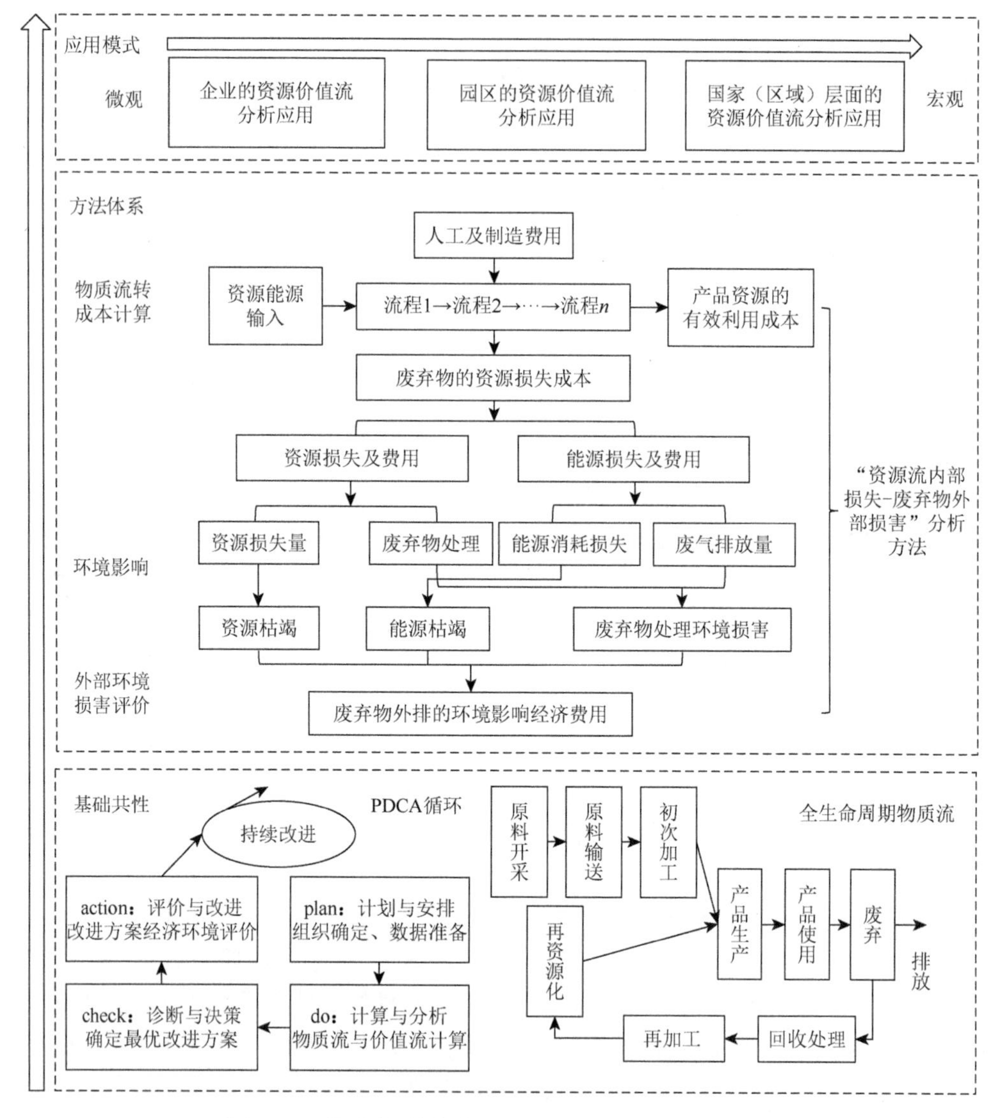

图 5.8　“物质流-价值流-组织”三维模型的体系框架

一步计算资源流转的外部损害成本。借助该方法将计算资源消耗与废弃物排放的企业外部环境损害价值与组织内部资源废弃物的损失价值相结合，便形成了适用于各级组织层面的资源价值流二元核算与分析模型。

（3）应用模式层面分别从企业、园区和国家（区域）三个层面界定资源价值流分析的应用范畴，资源价值流分析在园区、国家（区域）层面的应用是对现行实践主体（企业、行业）的延伸。从物质流转的角度来看，位于物质流不同节点的企业形成行业，即行业由多个企业组成，企业边界下的资源价值流分析在行业内的其他企业也具有普适性。园区依据产业链的原理设计而成，需要考虑园区内企业间在资源共享和副产品互换方面的产业共生关系。因此，园区层面的应用主要依托于物质流集成、能量流集成、水集成及废弃物集成等板块分别进行“经济-环境”核算，通过物质流与价值流的耦合实现循环经济价值流的一体化分析。国家（区域）层面的应用以一定地域范围内所有经济系统的物质输入、物质输出、存储及消费、环境影响为分析框架（肖序等，2017a）。

2. 模型机理分析

上文从整体上构建了三维模型的架构及理论体系框架，为了深入揭示“物质流-价值流-组织”三维模型的内在机理和强大功能，本书将进一步阐述三维分析的基本原理，并从企业、园区和国家（区域）三个层面诠释不同组织边界下资源价值流分析的思路。

1）“物质流-价值流-组织”三维分析基本原理

在跨组织的资源价值流分析中，组织间因资源输送和物质流动而产生联系，而且分布在不同业务领域和地域的组织都在价值链或价值网络中扮演着重要角色。当前组织活动给生态环境带来的压力和影响与日俱增，如何控制和降低组织的环境损害成本，使准确的环境成本信息服务于组织的废弃物减量化决策，并最终降低整个价值网络的环境影响，迫切需要借助环境管理会计工具进行更加精确的评估。

资源价值流会计作为环境管理会计的一个重要分支，以流量管理理论为基础，借助成本会计中的逐步结转法，利用追踪获得的资源实物量变化进行资源全流程物量信息和价值信息的计算，为组织提供信息。资源价值流会计继承并拓展了德国的物质流成本会计（核算正制品和负制品成本）和日本的资源流成本会计（在 MFCA 的基础上增加了环境损害价值核算），即在资源流成本会计的基础上增加了经济附加值核算（肖序和金友良，2008）。显然，资源价值流分析也是“物质流-价值流-组织”三维分析的重要工具，是进行组织循环经济活动核算、评价和控制的重要方法，其最终目的在于改进循环经济物质流路线，提高资源利用效率、环境效率和经济效率。随着当前循环经济实践的不断推进，组织生产、管理理念、模式方法均得到不断更新，在物质流层面，循环经济实践已从微观层面转向宏观层面，形成包括企业小循环（清洁生产）、工业园中循环（系统集成）、社会大循环（物质新陈代谢）在内的完整体系。通过抽象其分类依据，其本质就是物质流转的生命周期理论的应用扩展。与此相对应，针对某一品种的物质流转，本书将价值流分析也扩展至全生命周期的物质流，并形成了三级组织层级的科学划分，这种分类也比较符合一个国家物质流转与价值流转的客观规律。正是基于此，这不仅是建立三维分析框架的逻辑起点，也是基于不同流转层级的管理要求形成相应的分析模式和方法体系的依据，如企业的清洁生产、园区的集成优化及社会的新陈代谢。由此可见，随着工业生态学“共生集成”思想的导入，资源价值流分析不是仅仅停留于企业经营层面，而是逐渐向组织经济绩效与环境绩效的核算、评价等层面延伸。

为了进一步挖掘三维模型在资源价值流分析中的巨大潜力，本书根据“点”“线”“面”“体”的思路对三维模型进行了结构分解，如图 5.9 所示。三维立方体中一共包含 120（5×6×4）个模块，每一个模块都有特定的含义，且任何一个模块都有其唯一的坐标 $A(X,Y,Z)$，分别对应物质流维度上的生命周期阶段（X）、价值流维度上的价值项目（Y）和组织维度上所处的组织层级（Z）。图 5.9（a）中的“点”可以用坐标表示为（制造，负制品，车间），意指某一车间在制造环节的负制品成本；（b）中的“线”则由多个模块 [（制造，正制品，车间）、（制造，负制品，车间）、（制造，系统成本，车间）、（制造，废弃物损害价值，车间）、（制造，经济附加值，车间）] 构成，代表某一车间在制造环节完整的资源价值流核算；同理，（c）中的“面”代表国家层面的外部环境损害价值，（d）中的“体”则代指一个工业园的完整资源价值流核算。

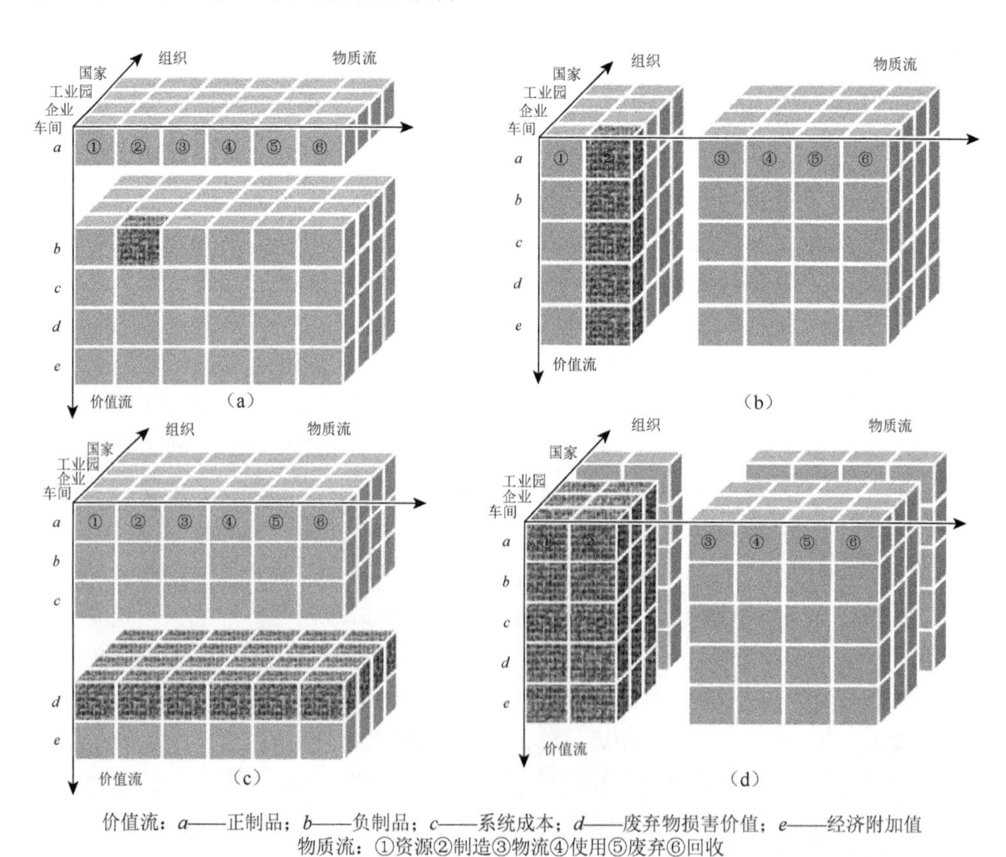

价值流：a——正制品；b——负制品；c——系统成本；d——废弃物损害价值；e——经济附加值
物质流：①资源②制造③物流④使用⑤废弃⑥回收

图 5.9　“物质流-价值流-组织”三维模型的结构分解

2）组织层面的资源价值流分析

从生命周期的视角剖析物质流的断面分布，以及物质流与价值流的互动影响规律可以发现，我国正处于以大量生产、大量消耗及大量废弃为特征的物质流和价值流前端，表现为资源利用率低、附加值低且环境污染大。实现我国经济的转轨升级，即由低附加值向高附加值升级，由高能耗、高污染向低能耗、低污染升级，以及由粗放型向集约型升级，需要发挥资源价值流分析在转型升级过程中的核算支撑作用。资源价值流分析不仅为组织提供真实有效的价值流转数据和信息，还能辅助组织选择有助于可持续发展的战略路径。“物质流-价值流-组织”三维模型提倡从组织视角进行资源价值流分析，将资源价值流分析的组织边界从企业层面向园区和国家（区域）层面延伸。当前，资源价值流分析在企业层面的应用已基本成熟，如何将该范式由微观企业环境管理扩展至中观生态工业园区乃至宏观国家层面的环境管理，仍是一个值得研究的课题。物质是价值的载体，伴随物质的循环流动也存在价值的循环流动，物质流分析是资源价值流分析的起点。因此，组织层面的资源价值流分析依托于物质流分析，本书构建的组织层级间物质流分析的共性逻辑关系如图5.10所示。

由图5.10可以看出，企业层面的资源价值流分析以微观企业为边界，企业内部的各个物量中心或车间是主要的核算对象，围绕单个企业内部如何实现物质流、能量流、价值流的闭环流动而展开，秉承清洁生产的原则，从生产资料的开发到中间产品的制造，再到负制品及废弃物的处理，整个流程遵循循环经济的3R原则。生态工业园是建立在一定地域上的、由生态产业链系统内相互连接的制造企业和服务企业共同形成的企业社区，多个企业之间的共生关系增加了物质流、能量流、信息流和价值流代谢分析的复杂性。从物质闭环流动的角度来看，减少资源消耗和废弃物排放，首要的问题是关注两个产生污染概率比较大的潜在环节：企业在开发利用原材料及加工成为产品或半成品的过程中会产生许多污染物或废料；消费者使用产品后会生成大量的废旧产品。国家（区域）层面的资源价值流分析涵盖国民经济的各行各业，同时是一定地域边界内资源、环境、经济等资源要素在不同产业部门和工业群落之间的有效集成，关系生产商、运输商、消费者、回收处理商、再制造厂商、再生产利用厂商等利益相关者。国家（区域）层面的物质流分析可以定义为三个方面：①国家（区域）内部经济系统与环境之间的互动；②国家（区域）内经济系统之间的输出与输入关系；③国家（区域）内经济系统与国家（区域）外经济系统的输出与输入关系。总之，不论是企业内部各个车间、园区内部各个企业，还是国家（区域）内部各子系统，物质流与价值流动态匹配是改善整体环境绩效、提高资源利用效率和实现区域可持续发展的保障。

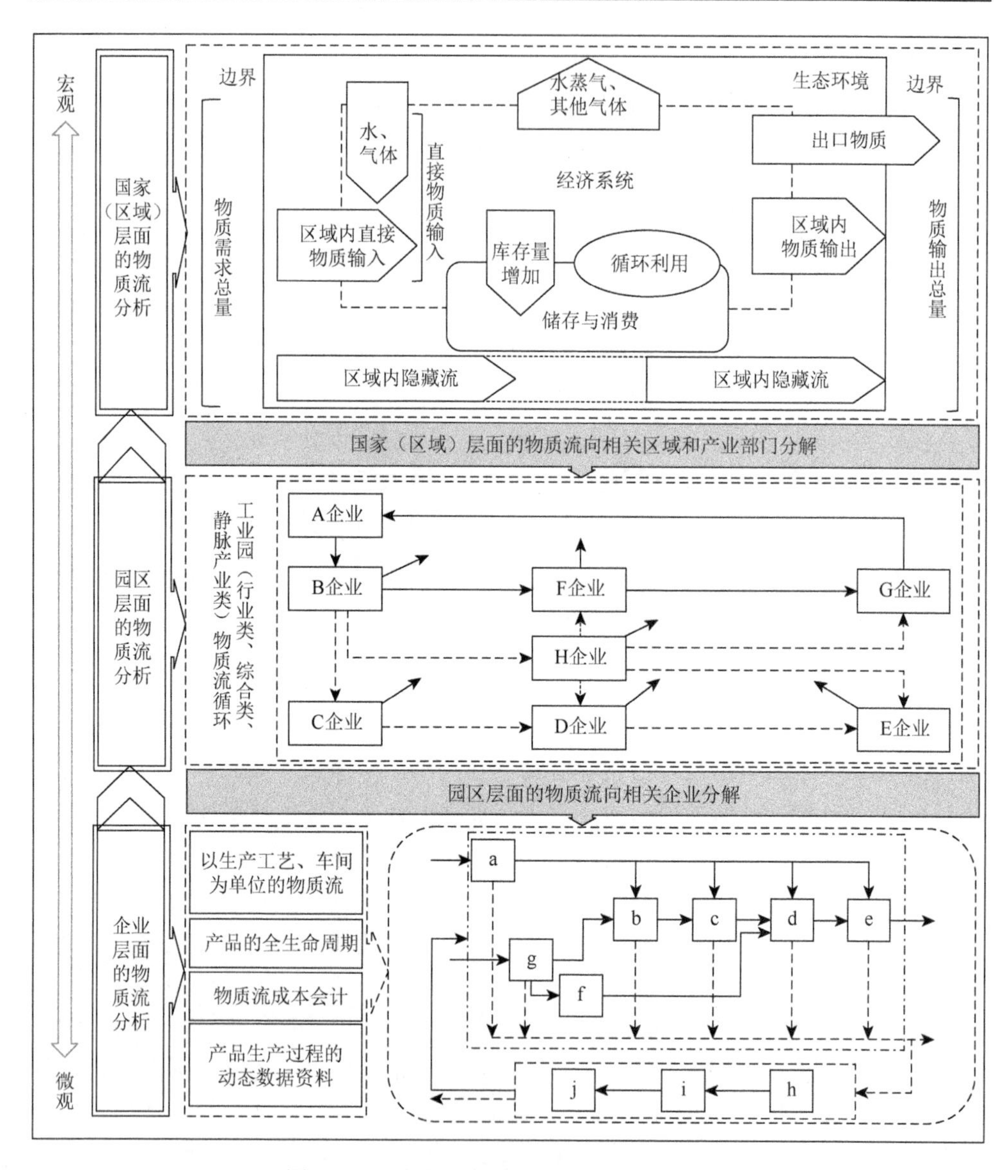

图 5.10　组织层级间物质流分析的逻辑关系

图 5.10 从物质循环的共性层面抽象出了物质在多层级组织间的流转过程，为了能揭示具体物质从企业、园区到国家（区域）层面的循环路线，图 5.11 以铝为例阐明了铝生产企业、铝工业园及国家（区域）铝元素的循环过程。

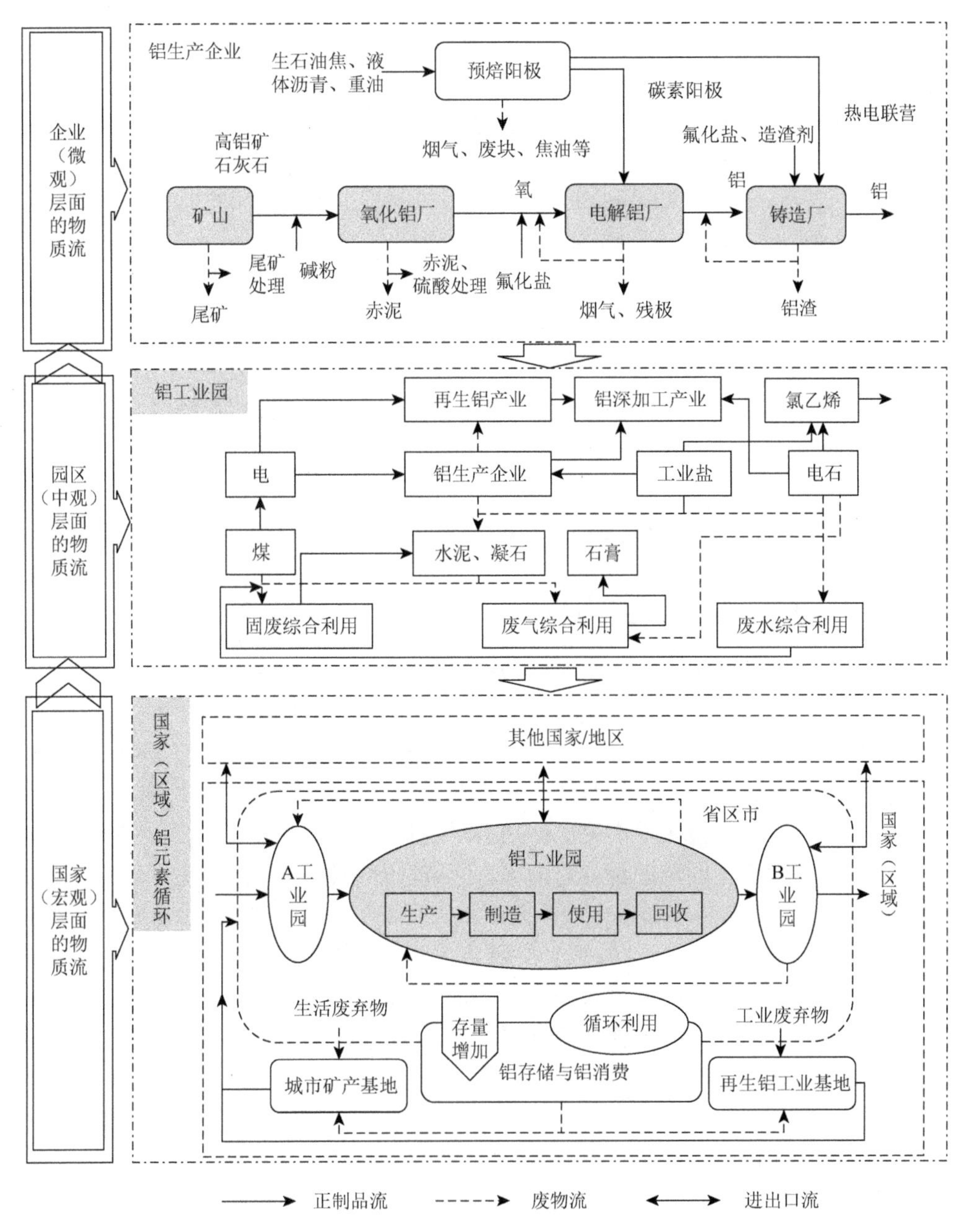

图 5.11 组织层级间物质流分析的逻辑关系：以铝为例

5.4 核算框架与分析方法

资源价值流分析的主体是输入企业生产过程全部的“流动”和“存储”物质，

并以物量单位和货币单位表示。流程制造业企业的生产制造流程的特征是：资源（矿物质、生物质、水、空气等）作为输入起点，经过具有不同功能的工序的串联作业，再进行协同（集成）运行，生产出大量的产品、副产品；而在生产过程中由于自然资源的大量耗费，也会产生许许多多不同形式的废弃物，并引起严重的环境污染（肖序和金友良，2008；Zhou et al.，2017）。资源价值流分析本质就是不同系统边界下的“投入-产出”分析，投入即为上述资源输入，产出可以分为目标产品（正制品）与非目标产品（负制品），在此基础上进一步分析负制品导致的外部环境损害。鉴于资源价值流分析是建立在循环经济基础之上的“物质流-价值流”分析，本书将在构建循环经济“投入-产出”模型的基础上建立适用于企业、园区和国家（区域）层面的“物质流-价值流-组织”三维核算模型和分析方法体系。

5.4.1　基于投入产出的多级资源价值流核算模型

1. 循环经济“投入-产出”模型

投入产出分析方法，又称部门间关系平衡分析方法，最早由美国经济学家Leontief于1936年在论文《美国经济制度中投入产出的数量关系》中提出，投入产出分析方法是一种结构方法，主要研究分析某一经济体系内各部门间投入与产出的平衡关系及依存关系。按照分类的标准，将其分成四种模型：①按照分析时间划分为静态与动态投入产出模型；②按照编制时期分为报告期与计划期投入产出模型；③按照编制的范围划分为国家、区域及部门投入产出模型；④按照计量主体分为价值型、实物型与混合型投入产出模型（夏明和张红霞，2013）。近年来，随着研究的持续深入，这一方法被广泛应用于能源与环境领域，基于Leontief（1970）提出的环境保护经济投入产出（economic input-output，EIO）模型，Nakamura和Kondo（2002）围绕循环经济的废弃物治理目标，提出了废弃物投入产出（waste input-output，WIO）模型。基于此，大量日本学者对企业、区域的垃圾治理情况进行了实证研究。Kagawa等（2004）通过构建一个多区域间的输入输出模型，分析了区域最终消费对工业园区内与区域之间废弃物的影响；Takase等（2005）在扩展WIO模型的基础上，构建了家庭可持续消费直接和间接效应分析模式。EIO模型与WIO模型为循环经济投入产出模型的构建提供了借鉴，同时为构建资源价值流投入产出分析模型提供了参考。

废弃物的回收、处理及再次使用是循环经济的核心问题，而且在循环经济发展过程中，废弃物的主要来源是生产和消费过程（Takase et al.，2005）。鉴于EIO模型和WIO模型只是解决循环经济的局部问题，且侧重于末端治理，而缺乏对物质循环流动过程的描述，佟仁城等（2008）首次提出了循环经济投入产出分析的思路，在抽象循环经济发展模式的基础上，分析并总结出了循环经济中的资源循环路线，并架构了关于其定量的分析方法及模型。其中，架构的循环经济投入产出表的结构由循环经济的 7 个关键环节决定，而 7 个关键环节则由循环经济的发展模式提炼得到。其中，循环经济中的 8 条典型循环路线可以表示为图 5.12；循环经济投入产出表（实物型）如表 5.1 所示，表 5.1 主要按照循环经济的 7 个重要流程建立了生产部门、居民消费部门、再利用部门、再生部门、排放部门、回收部门及垃圾处理部门这 7 个部门，而由于垃圾处理部门没有进入物质循环流程，因此单独放在第三象限。可以看出，循环经济投入产出表通过清晰描述各种物质的使用、产品生产、废弃物排放、回收等情况，描述了整个循环经济的循环过程。与传统的投入产出模型相比，循环经济投入产出表不仅考虑到了居民消费部门的废弃物排放，能详细了解到循环资源的种类和数量，还能具体分析废弃物的处理过程，增设了排放部门及回收部门。

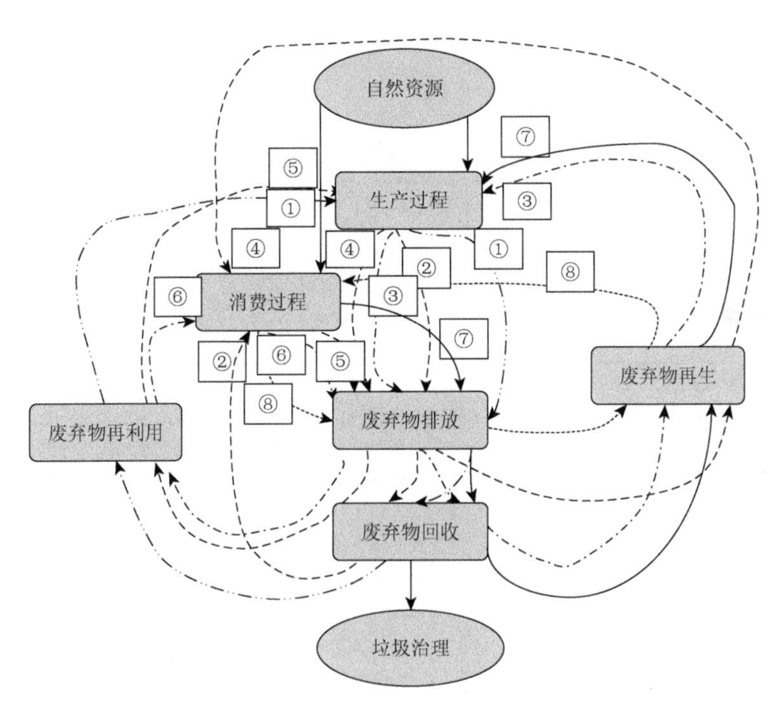

图 5.12 循环经济中的循环路径

资料来源：改进佟仁城等（2008）的研究成果得到

表 5.1　循环经济投入产出表（实物型）

投入			产出								
			中间需求							最终需求	总产出
			生产部门	居民消费部门	再利用部门	再生部门	排放部门	回收部门			
								再利用部门	再生部门		
			$1,2,\cdots,n$	1	$1,2,\cdots,k$	$1,2,\cdots,l$	$1,2,\cdots,m$	$1,2,\cdots,k$	$k+1,\cdots,m$		
中间投入	生产部门	$1,2,\cdots,n$	x_{ij}^{pp}	x_{ij}^{pc}	x_{i}^{pu}	x_{ij}^{pl}	x_{ij}^{pd}	$x_{ij}^{pr_u}$	$x_{ij}^{pr_l}$	Y_i^p	X_i^p
	居民消费部门	1	x_{j}^{cp}	x^{cc}	x_{j}^{cu}	x_{j}^{cl}	x_{j}^{cd}	$x_{j}^{cr_u}$	$x_{j}^{cr_l}$	Y^c	X^c
	再利用部门	$1,2,\cdots,k$	x_{ij}^{up}	x_{i}^{uc}	x_{ij}^{uu}	x_{ij}^{ul}	x_{ij}^{ud}	$x_{ij}^{ur_u}$	$x_{ij}^{ur_l}$	Y_i^u	X_i^u
	再生部门	$1,2,\cdots,l$	x_{ij}^{lp}	x_{i}^{lc}	x_{ij}^{lu}	x_{ij}^{ll}	x_{ij}^{ld}	$x_{ij}^{lr_u}$	$x_{ij}^{lr_l}$	Y_i^l	X_i^l
	排放部门	$1,2,\cdots,m$	S_{ij}^{p}	S_{i}^{c}	S_{ij}^{u}	S_{ij}^{l}	S_{ij}^{d}	$S_{ij}^{r_u}$	$S_{ij}^{r_l}$	Y_i^s	S_i
	回收部门 再利用部门	$1,2,\cdots,k$	0	0	x_{ij}^{ru}	0	0	0	0	$Y_i^{r_u}$	$X_u^{r_u}$
	回收部门 再生部门	k	0	0	0	x_{ij}^{rl}	0	0	0	$Y_i^{r_l}$	$X_l^{r_l}$
初始投入			V_j^p	V^c	V_j^u	V_j^l	V_j^d	$V_j^{r_u}$	$V_j^{r_l}$		
总投入			X_j^p	X^c	X_j^u	X_j^l	X_j^d	$X_j^{r_u}$	$X_j^{r_l}$		
垃圾处理部门		$1,2,\cdots,m$	w_{ij}^{p}	w_{i}^{c}	w_{ij}^{u}	w_{ij}^{l}	w_{ij}^{d}	$w_{ij}^{r_u}$	$w_{ij}^{r_l}$	Y_i^w	W_i

资料来源：参照刘轶芳（2008）的研究成果

注：循环经济投入产出表除了遵循投入产出模型的基本假设外，还有其针对性的假设。基本假设包括两个：第一个是同质性假设，是指从实物模型角度分析，依据模型分类的大类产品，不同产品采用相同的生产技术进行生产，具有相同的消耗结构；第二个是比例性假设，主要是指国民经济各产品投入与产出呈正比例关系，产品生产中的各投入要素之间有着固定的比例关系。针对性假设如下。①同质性假设的扩展，循环经济的每个环节具有同样的消耗结构；②比例性假设扩展到循环经济所涉及的所有环节；③循环经济中消费环节不再作为末端环节处理；④与实际情况中废弃物排放伴随生产过程不同，本书将废弃物排放环节独立出来；⑤为了详尽描述循环经济过程，本书研究中将再循环过程独立划分

表 5.1 中各象限内元素的含义与传统投入产出表中各元素的含义类似，可参见夏明和张红霞（2013）的著作，本书不再赘述。循环经济投入产出表中部分环节很难进行价值评估，难以用价值量进行核算衡量，只能用实物量代表，这也是本书只介绍实物型循环经济投入产出表的缘故。此外，各物质资源的单位也不一

致，本书只对实物型投入产出表中的“行”平衡关系加以介绍：

$$\sum_{j=1}^{n} x_{ij}^{pp} + x_{ij}^{pc} + \sum_{j=1}^{k} x_{i}^{pu} + \sum_{j=1}^{l} x_{ij}^{pl} + \sum_{j=1}^{m} x_{ij}^{pd} + \sum_{j=1}^{k} x_{ij}^{pr_u} + \sum_{j=k+1}^{m} x_{ij}^{pr_l} + Y_i^p = X_i^p \quad i=1,2,\cdots,n \tag{5.7}$$

$$\sum_{j=1}^{n} x_{j}^{cp} + x^{cc} + \sum_{j=1}^{k} x_{j}^{cu} + \sum_{j=1}^{l} x_{j}^{cl} + \sum_{j=1}^{m} x_{j}^{cd} + \sum_{j=1}^{k} x_{j}^{cr_u} + \sum_{j=k+1}^{m} x_{j}^{cr_l} + Y^c = X^c \tag{5.8}$$

$$\sum_{j=1}^{n} x_{ij}^{up} + x_{i}^{uc} + \sum_{j=1}^{k} x_{ij}^{uu} + \sum_{j=1}^{l} x_{ij}^{ul} + \sum_{j=1}^{m} x_{ij}^{ud} + \sum_{j=1}^{k} x_{ij}^{ur_u} + \sum_{j=k+1}^{m} x_{ij}^{ur_l} + Y_i^u = X_i^u \quad i=1,2,\cdots,k \tag{5.9}$$

$$\sum_{j=1}^{n} x_{ij}^{lp} + x_{i}^{lc} + \sum_{j=1}^{k} x_{ij}^{lu} + \sum_{j=1}^{l} x_{ij}^{ll} + \sum_{j=1}^{m} x_{ij}^{ld} + \sum_{j=1}^{k} x_{ij}^{lr_u} + \sum_{j=k+1}^{m} x_{ij}^{lr_l} + Y_i^l = X_i^l \quad i=1,2,\cdots,l \tag{5.10}$$

$$\sum_{j=1}^{n} S_{ij}^{p} + S_{i}^{c} + \sum_{j=1}^{k} S_{ij}^{u} + \sum_{j=1}^{l} S_{ij}^{l} + \sum_{j=1}^{m} S_{ij}^{d} + \sum_{j=1}^{k} S_{ij}^{r_u} + \sum_{j=k+1}^{m} S_{ij}^{r_l} + Y_i^S = S_i \quad i=1,2,\cdots,m \tag{5.11}$$

$$\sum_{j=1}^{k} x_{ij}^{ru} + Y_i^{r_u} = X_u^{r_u} \quad i=1,2,\cdots,k \tag{5.12}$$

$$\sum_{j=1}^{l} x_{ij}^{rl} + Y_i^{r_l} = X_l^{r_l} \quad i=k+1,k+2,\cdots,m \tag{5.13}$$

根据循环经济投入产出表的行向量关系可知，式（5.7）～式（5.13）分别代表生产部门、居民消费部门、再利用部门、再生部门、排放部门、回收部门的行向量平衡关系。

对于循环经济资源价值流分析而言，构建循环经济投入产出模型可以将循环经济的所有循环过程利用投入产出关系刻画出来，这对本书有以下几个方面的启示：①循环经济投入产出表从宏观经济产业链的角度，通过投入与产出的数理关系揭示了循环经济模式下各个产业链之间的循环闭合状态及其相互之间的共生关系，这对借助投入产出思想数理描述企业、园区和国家（区域）的物质循环与资源价值流核算提供了理论依据；②循环经济投入产出模型仅从实物型和能值型两个方面构建了循环经济投入产出表，由于缺乏统一的价值度量而无法构建价值型循环经济投入产出表，资源价值流转会计则侧重于根据物质循环流动进行货币价值计量，尤其是外部环境损害等价值计量模型的引入，将对价值型循环经济投入产出模型的构建提供技术可能性；③尽管当前的“物质流-价值流”分析深入经济系统（目前主要是企业小循环）内部揭示其物质流变化引起的价值流变化，但并未遵循物质的全生命周期流转规律建立经济系统（园区层面的中循环与国家或区域层面的大循环）内部关于成本项及经济效益的表达式，然而循环经济投入产出分析却从一个特别的视角切入来进行分析。由此可见，循环经济投入产出分析与资源价值流分析在视角与方法上的互补性，不仅为构建多级组织下的资源价值流核算模型创造了条件，也为本书选取一个统一指标去揭示企业、园区和国家（区域）边界下物质流与价值流之间的变化规律提供了思路。

2. 基于投入产出的多级“物质流-价值流”核算模型

资源价值流核算与循环经济密切相关，一方面，循环经济利用会计方法去合理计算各生产流程的资源有效利用成本与废弃物损失成本，以便满足决策与评价；另一方面，资源价值流核算是建立在物质循环流动基础上的资金流动分析，各个流程的资源物质的不同去向将引起资源价值流的变化，形成物质、能源、资金、成本等要素在时间与空间上流动的一体化。由此可见，资源价值流核算与循环经济具有同样的目的，即促进资源的高效利用和循环利用。基于此，本书尝试借鉴循环经济投入产出分析的思想，建立产品生产全过程的多级资源价值流投入产出分析模型，用于剖析多级经济系统内物质循环引起的价值流变化规律。

本书拟构建的多级“物质流-价值流”核算模型具有如下功能定位：从物量角度具备实物型投入产出模型的所有分析功能，能通过数量等式揭示所有物质输出流之间的技术经济联系；从价值角度具备价值型投入产出模型所具有的功能，以及能够按消耗水平核算经济系统中从原材料投入到产品产出形成的真实价值。在构建多级“物质流-价值流”核算模型的过程中，本书吸收循环经济投入产出表（刘铁芳，2008；刘铁芳和佟仁城，2011）对物质循环路径的分类，根据生产系统的输入输出物质流类别与相互关系（图 5.13 和表 5.2），将经济系统的物质

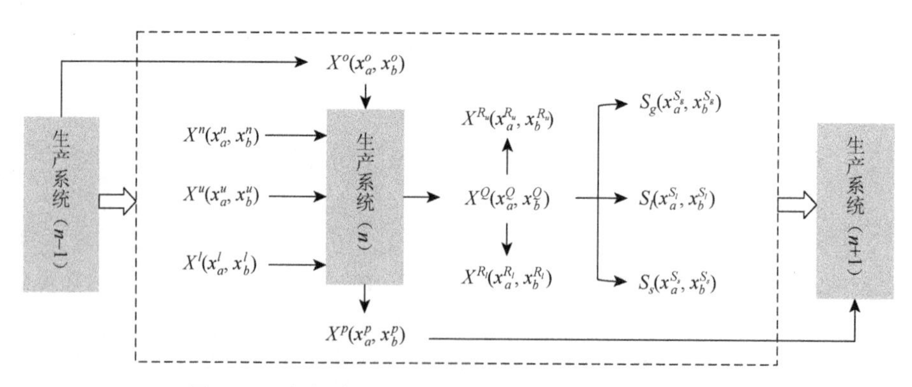

图 5.13　生产系统 n 的输入与输出物质流分类示意图

①本书所讨论的生产系统仅限于物理过程，不考虑化学反应过程；②为了简化模型，本书在构建模型的过程中，仅以一定时期内第 j 种物质的 x_a^j, x_b^j 两种组分[①]进行说明；③该图以生产系统 n 为核心对象做详细说明，生产系统 $n-1$、$n+1$ 的情形以此类推

① 组分，是指混合物（包括溶液）中的各个成分，组分的数目称为组分数，在相律中通常用 C 表示，且 $C=S-R-R'$，其中 S 表示系统中存在的物种数，R 表示物种之间实际存在的独立的化学平衡关系数目，R' 表示某一相中的浓度限制的数目。

表 5.2 物质流符号定义及说明

类别	符号	说明
输入物质流	X^n	本环节新输入生产系统 n 的物质质量
	X^u	通过再利用而输入生产系统 n 的物质质量
	X^l	通过再生而输入生产系统 n 的物质质量
	X^o	由生产系统 $n-1$ 输入生产系统 n 的物质质量，如中间物料或产品
正制品输出	X^p	进入生产系统 $n+1$ 的正制品质量，主要包括产成品、半成品、副产品、中间产品等
负制品输出	X^Q	生产系统 n 所产生的残余物质质量
	X^{R_u}	生产系统 n 所产生的工艺残余物质中进行再利用的残余物质质量
	X^{R_l}	生产系统 n 所产生的工艺残余物质中可进行再生加工的残余物质质量
	S_s	生产系统 n 所产生的工艺残余物质中直接外排的固态残余物质量
	S_l	生产系统 n 所产生的工艺残余物质中直接外排的液态残余物质量
	S_g	生产系统 n 所产生的工艺残余物质中直接外排的气态残余物质量

注：为了简化模型结构，本书不再对正制品输出做进一步细分，后文提到的正制品是表中包括的正制品

输出分为正制品输出（目标产出）与负制品输出（非目标产出）（ISO，2011），其中正制品通常包括主产品、副产品、半成品等（雷明，1999；徐玖平和蒋洪强，2003），负制品分为再利用的残余物、再生的残余物、剩余的残余物；将输入端划分为物质输入和价值输入，其中物质输入包括新投入物料、上一生产系统结转物料、再利用物料及再生物料，价值输入的细分项目在概念方面与肖序和熊菲（2010）、Zhou 等（2017）的研究一致，在项目设置上与本书构建的三维模型中对“价值流”维度的设置基本吻合。

通过图 5.14 对生产系统 n 的物质输入与输出的详细介绍，以及表 5.2 关于各个元素的界定，本书旨在构建一个适用于企业、园区及国家（区域）的多级“物质流-价值流”投入与产出分析框架。需要指出的是，本书中提到的“多级”概念参照了 Du 等（2013）、田玉前等（2015）简化投入产出表结构的做法，按前文对组织维度的界定，将经济系统分为企业级、园区级和国家（区域）级，可分别建立投入产出表，进行资源价值流分析，其结构如图 5.14 所示。在此基础上，本书构建了基于投入产出分析的多级“物质流-价值流”核算模型（表 5.3）。

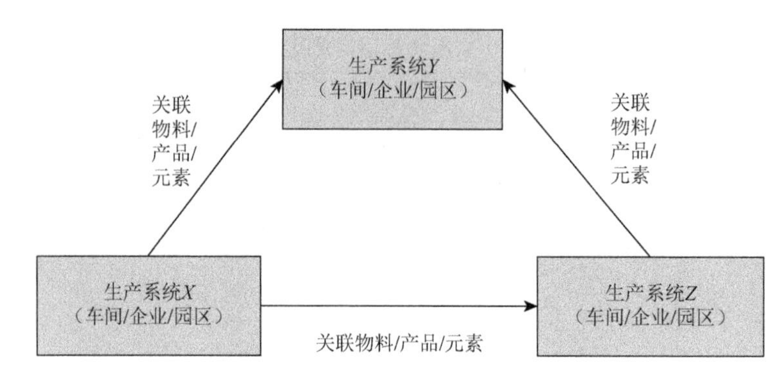

图 5.14　资源价值流分析的多级模型结构

多级资源价值流分析分为企业级、园区级和国家（区域）级，其中企业级对应的生产系统是车间，物质流对象是关联物料；园区级对应的生产系统是企业，物质流对象是关联产品；国家（区域）级对应的生产系统是园区，物质流对象是关联元素

表 5.3　基于投入产出分析的多级“物质流-价值流”核算模型

投入				产出						
				正制品	负制品					输出合计
					再利用的残余物	再生的残余物	剩余的残余物			
							液态	气态	固态	
物质流输入	新投入物料	组分 a（x_a^n）	实物	x_a^{np}	x_a^{nu}	x_a^{nl}	S_{la}^n	S_{ga}^n	S_{sa}^n	X_a^n
		组分 b（x_b^n）	实物	x_b^{np}	x_b^{nu}	x_b^{nl}	S_{lb}^n	S_{gb}^n	S_{sb}^n	X_b^n
	上一生产系统结转物料	组分 a（x_a^o）	实物	x_a^{op}	x_a^{ou}	x_a^{ol}	S_{la}^o	S_{ga}^o	S_{sa}^o	X_a^o
		组分 b（x_b^o）	实物	x_b^{op}	x_b^{ou}	x_b^{ol}	S_{lb}^o	S_{gb}^o	S_{sb}^o	X_b^o
	再利用物物料	组分 a（x_a^u）	实物	x_a^{up}	x_a^{uu}	x_a^{ul}	S_{la}^u	S_{ga}^u	S_{sa}^u	X_a^u
		组分 b（x_b^u）	实物	x_b^{up}	x_b^{uu}	x_b^{ul}	S_{lb}^u	S_{gb}^u	S_{sb}^u	X_b^u
	再生物料	组分 a（x_a^l）	实物	x_a^{lp}	x_a^{lu}	x_a^{ll}	S_{la}^l	S_{ga}^l	S_{sa}^l	X_a^l
		组分 b（x_b^l）	实物	x_b^{lp}	x_b^{lu}	x_b^{ll}	S_{lb}^l	S_{gb}^l	S_{sb}^l	X_b^l
	输入物料合计		实物	X^p	X^{R_u}	X^{R_l}	S_l	S_g	S_s	TX
价值流输入	原材料成本		货币	M^p	M^{R_u}	M^{R_l}				M
	燃料、动力成本		货币	PC^p	PC^{R_u}	PC^{R_l}				PC
	系统成本		货币	S^p	S^{R_u}	S^{R_l}				S
	经济附加值（利税）		货币	PT^p	PT^{R_u}	PT^{R_l}				PT
	外部环境损害成本		货币	ED^p	ED^{R_u}	ED^{R_l}	ED_l	ED_g	ED_s	ED
输入价值流合计			货币	V^p	V^{R_u}	V^{R_l}	ED_l	ED_g	ED_s	TV

注：以上各元素的值指 ΔT 内物质的质量及货币价值

表 5.3 中，纵向的为物质产出，横向的为物质及价值投入。以新投入物料中的组分 a 为例，从列的角度来看，第二行中各个元素依次表示正制品、再利用的残余物、再生的残余物、剩余的残余物对 a 物质的消耗。从行的角度来看，各个元素表示新投入物质 a 在各个环节的分布情况；X_a^n 表示新投入组分 a 的总量。由于表 5.3 为实物-价值综合投入产出模型，其中的流量元素计算单位不统一，因此会有以下两个互不对应的行、列数学模型。

1）按行向量建立的物质流质量平衡方程

遵循质量守恒定律的前提下，新投入物料、上一生产系统结转物料、再利用物料及再生物料，存在如下质量平衡关系[①]：

$$x_a^{np}+x_a^{nu}+x_a^{nl}+S_{la}^n+S_{ga}^n+S_{sa}^n=X_a^n \tag{5.14}$$

$$x_a^{op}+x_a^{ou}+x_a^{ol}+S_{la}^o+S_{ga}^o+S_{sa}^o=X_a^o \tag{5.15}$$

$$x_a^{up}+x_a^{uu}+x_a^{ul}+S_{la}^u+S_{ga}^u+S_{sa}^u=X_a^u \tag{5.16}$$

$$x_a^{lp}+x_a^{lu}+x_a^{ll}+S_{la}^l+S_{ga}^l+S_{sa}^l=X_a^l \tag{5.17}$$

分别将式（5.14）、式（5.15）、式（5.16）、式（5.17）的两边同时除以 X^p，可以得到

$$\frac{x_a^{np}}{X^p}+\frac{x_a^{nu}}{X^p}+\frac{x_a^{nl}}{X^p}+\frac{S_{la}^n}{X^p}+\frac{S_{ga}^n}{X^p}+\frac{S_{sa}^n}{X^p}=\frac{X_a^n}{X^p} \tag{5.18}$$

$$\frac{x_a^{op}}{X^p}+\frac{x_a^{ou}}{X^p}+\frac{x_a^{ol}}{X^p}+\frac{S_{la}^o}{X^p}+\frac{S_{ga}^o}{X^p}+\frac{S_{sa}^o}{X^p}=\frac{X_a^o}{X^p} \tag{5.19}$$

$$\frac{x_a^{up}}{X^p}+\frac{x_a^{uu}}{X^p}+\frac{x_a^{ul}}{X^p}+\frac{S_{la}^u}{X^p}+\frac{S_{ga}^u}{X^p}+\frac{S_{sa}^u}{X^p}=\frac{X_a^u}{X^p} \tag{5.20}$$

$$\frac{x_a^{lp}}{X^p}+\frac{x_a^{lu}}{X^p}+\frac{x_a^{ll}}{X^p}+\frac{S_{la}^l}{X^p}+\frac{S_{ga}^l}{X^p}+\frac{S_{sa}^l}{X^p}=\frac{X_a^l}{X^p} \tag{5.21}$$

在以上等式右边，令 $r_a^n=X_a^n/X^p$，$r_a^o=X_a^o/X^p$，$r_a^u=X_a^u/X^p$，$r_a^l=X_a^l/X^p$，分别定义为生产系统 n 单位正制品对新投入物料、上一生产系统结转物料、再利用物料及再生物料中组分 a 的消耗系数，表示生产系统 n 单位正制品消耗各个环节物料中组分 a 的质量。同理，令以上等式中左边的 $r_a^{ip}=x_a^{ip}/X^p$，$r_a^{iu}=x_a^{iu}/X^p$，$r_a^{il}=x_a^{il}/X^p$，$r_a^{is}=(S_{la}^i+S_{ga}^i+S_{sa}^i)/X^p$，其中 $i=n,o,u,l$。于是，r_a^{ip} 表示生产系统 n 单位正制品对新投入物料［或上一生产系统结转物料、再利用物

① 此处以物料中的组分 a 为例，组分 b 类似。

料、再生物料］中组分 a 的直接消耗系数，即生产系统 n 单位正制品所消耗的进入到目标物流中的新投入物料［或上一生产系统结转物料、再利用物料、再生物料］组分 a 的质量。同理，r_a^{iu} 表示残余物再利用系数；r_a^{il} 表示残余物再生系数；r_a^{is} 表示剩余残余物产生系数。在此基础上，对于物料中的组分 a 存在如下关于消耗系数之间的关系：

$$\begin{cases} r_a^{np} + r_a^{nu} + r_a^{nl} + r_a^{ns} = r_a^n \\ r_a^{op} + r_a^{ou} + r_a^{ol} + r_a^{os} = r_a^o \\ r_a^{up} + r_a^{uu} + r_a^{ul} + r_a^{us} = r_a^u \\ r_a^{lp} + r_a^{lu} + r_a^{ll} + r_a^{ls} = r_a^l \end{cases} \tag{5.22}$$

对于物料中的组分 b，同理可得消耗系数之间的关系：

$$\begin{cases} r_b^{np} + r_b^{nu} + r_b^{nl} + r_b^{ns} = r_b^n \\ r_b^{op} + r_b^{ou} + r_b^{ol} + r_b^{os} = r_b^o \\ r_b^{up} + r_b^{uu} + r_b^{ul} + r_b^{us} = r_b^u \\ r_b^{lp} + r_b^{lu} + r_b^{ll} + r_b^{ls} = r_b^l \end{cases} \tag{5.23}$$

综合式（5.22）和式（5.23）可得产出与消耗系数之间的关系式：

$$\begin{cases} r_a^n \cdot X^p + r_b^n \cdot X^p = X_a^n + X_b^n = X^n \\ r_a^o \cdot X^p + r_b^o \cdot X^p = X_a^o + X_b^o = X^o \\ r_a^u \cdot X^p + r_b^u \cdot X^p = X_a^u + X_b^u = X^u \\ r_a^l \cdot X^p + r_b^l \cdot X^p = X_a^l + X_b^l = X^l \end{cases} \tag{5.24}$$

除了推导出上述消耗系数的表达式之外，从多级“物质流-价值流”核算模型中还可以进一步挖掘各个环节之间的输入与输出关系。根据物质质量平衡原理，在各个环节的输入与输出物料流中，各组分的输入质量等于各组分的输出质量，即

$$\begin{cases} X_a^n + X_a^o + X_a^u + X_a^l = X_a^p + X_a^{R_u} + X_a^{R_l} + S_{la} + S_{ga} + S_{sa} \\ X_b^n + X_b^o + X_b^u + X_b^l = X_b^p + X_b^{R_u} + X_b^{R_l} + S_{lb} + S_{gb} + S_{sb} \end{cases} \tag{5.25}$$

进一步地，若用 X_a^Q、X_b^Q 分别表示本生产系统产生的非目标输出物中组分 a 和组分 b 的质量，则：

$$\begin{cases} X_a^Q = X_a^{R_u} + X_a^{R_l} + S_{la} + S_{ga} + S_{sa} \\ X_b^Q = X_b^{R_u} + X_b^{R_l} + S_{lb} + S_{gb} + S_{sb} \end{cases} \tag{5.26}$$

在此基础上，将式（5.25）中两个方程的两边分别除以 $X_a^n + X_a^o + X_a^u + X_a^l$ 和

$X_b^n + X_b^o + X_b^u + X_b^l$，得到

$$\begin{cases} 1 = \dfrac{X_a^p}{X_a^n + X_a^o + X_a^u + X_a^l} + \dfrac{X_a^{R_u}}{X_a^n + X_a^o + X_a^u + X_a^l} + \dfrac{X_a^{R_l}}{X_a^n + X_a^o + X_a^u + X_a^l} + \dfrac{S_{la} + S_{ga} + S_{sa}}{X_a^n + X_a^o + X_a^u + X_a^l} \\ 1 = \dfrac{X_b^p}{X_b^n + X_b^o + X_b^u + X_b^l} + \dfrac{X_b^{R_u}}{X_b^n + X_b^o + X_b^u + X_b^l} + \dfrac{X_b^{R_l}}{X_b^n + X_b^o + X_b^u + X_b^l} + \dfrac{S_{lb} + S_{gb} + S_{sb}}{X_b^n + X_b^o + X_b^u + X_b^l} \end{cases} \tag{5.27}$$

令 $\alpha_a^p = \dfrac{X_a^p}{X_a^n + X_a^o + X_a^u + X_a^l}$、$\alpha_b^p = \dfrac{X_b^p}{X_b^n + X_b^o + X_b^o + X_b^l}$，则 α_a^p、α_b^p 分别表示生产过程的总输入物质中组分 a 或 b 的总体利用效率，即总输入物质中组分 a 或 b 的正制品形成率。

令 $\alpha_a^u = \dfrac{X_a^{R_u}}{X_a^n + X_a^o + X_a^u + X_a^l}$、$\alpha_b^u = \dfrac{X_b^{R_u}}{X_b^n + X_b^o + X_b^u + X_b^l}$，则 α_a^u、α_b^u 分别表示生产过程输出的负制品中组分 a 或 b 的残余物再利用率。

令 $\alpha_a^l = \dfrac{X_a^{R_l}}{X_a^n + X_a^o + X_a^u + X_a^l}$、$\alpha_b^l = \dfrac{X_b^{R_l}}{X_b^n + X_b^o + X_b^u + X_b^l}$，则 α_a^l、α_b^l 分别表示生产过程输出的负制品中组分 a 或 b 的残余物再生率。

令 $\alpha_a^s = \dfrac{S_{la} + S_{ga} + S_{sa}}{X_a^n + X_a^o + X_a^u + X_a^l}$、$\alpha_b^s = \dfrac{S_{lb} + S_{gb} + S_{sb}}{X_b^n + X_b^o + X_b^u + X_b^l}$，则 α_a^s、α_b^s 分别表示生产过程输出的负制品中组分 a 或 b 的剩余残余物再生率。

于是，结合式（5.26），令 $\alpha_a^Q = \dfrac{X_a^Q}{X_a^n + X_a^o + X_a^u + X_a^l}$、$\alpha_b^Q = \dfrac{X_b^Q}{X_b^n + X_b^o + X_b^u + X_b^l}$，则 α_a^Q、α_b^Q 分别表示生产过程总输出物质中组分 a 或 b 的负制品形成率。

2）按列向量建立的价值流质量平衡方程

多级“物质流-价值流”核算模型与传统的成本会计在对产品价值的核算方面存在较大差异，“物质流-价值流”核算模型并不能完全满足产品成本计算的需要。具体而言，传统成本会计的产品成本核算过程中多采用“逐步结转分步法”“平行结转分步法”，更突出生产过程环节中成本的核算，而资源价值流核算更侧重于物质循环过程的价值流转跟踪。不可否认，传统成本会计的产品成本核算方法也为“物质流-价值流”核算提供了重要的方法依据；然而，二者在成本核算项目方面却有较大差异，制造企业一般设置的成本项目主要有直接材料、燃料和动力、直接人工和制造费用等，并没有考虑制造过程造成的外部环境损害成本，这与当前我国正在努力推行的“生态环境损害赔偿制度改革”试点不符，生态环境损害的价值测度是确定生态环境损害补偿的依据。正是基于上述考虑，本书尝试在多级“物质流-价值流”核算模型中，将投入维度分为物质投入与价值投入，构

建一个实物-价值综合投入产出模型，以满足资源价值流分析过程中对价值流的核算过程。

从表5.3可以看出，与价值投入纵列的成本核算不同，实物投入全部是以物质质量单位为计量单位，如果要在物质流的基础上对纵列设立成本核算方程，必须将非货币单位进行货币化处理。对于输入生产系统的组分 a 和组分 b，它们分别来自不同的物质流环节——新投入物料、上一生产系统结转物料、再利用物料及再生物料。因此，首先需要引入来自各个环节组分 a 与 b 的单位成本。

令 p_a^n、p_b^n 为新投入物料流中组分 a 与组分 b 的单位折合价格，令 p_a^o、p_b^o 为上一生产系统结转物料流中组分 a 与组分 b 的单位折合成本，令 p_a^u、p_b^u 为再利用物料流中组分 a 与组分 b 的单位折合再利用成本，令 p_a^l、p_b^l 为再生物料流中组分 a 与组分 b 的单位残余物再生成本。于是，组分 a［式（5.28）］与组分 b［式（5.29）］的单位折合价格可以表示如下：

$$p_a = \frac{p_a^n X_a^n + p_a^o X_a^o + p_a^u X_a^u + p_a^l X_a^l}{X_a^n + X_a^o + X_a^u + X_a^l} \tag{5.28}$$

$$p_b = \frac{p_b^n X_b^n + p_b^o X_b^o + p_b^u X_b^u + p_b^l X_b^l}{X_b^n + X_b^o + X_b^u + X_b^l} \tag{5.29}$$

（1）对于生产系统 n 的正制品而言，其成本可以表示为（P^p 表示正制品的单位材料消耗成本，由组分 a 与组分 b 的单位成本构成）

$$\begin{aligned} P^p \cdot X^p &= p_a(x_a^{np} + x_a^{op} + x_a^{up} + x_a^{lp}) + p_b(x_b^{np} + x_b^{op} + x_b^{up} + x_b^{lp}) \\ &= p_a(X_a^n + X_a^o + X_a^u + X_a^l)\cdot \alpha_a^p + p_b(X_b^n + X_b^o + X_b^u + X_b^l)\cdot \alpha_b^p \\ &= p_a \cdot X_a^p + p_b \cdot X_b^p \end{aligned} \tag{5.30}$$

在式（5.30）的基础上，两边同时除以 X^p，并结合式（5.23）与式（5.24）引入消耗系数，则正制品的单位材料消耗成本可表示为

$$P^p = p_a(r_a^{np} + r_a^{op} + r_a^{up} + r_a^{lp}) + p_b(r_b^{np} + r_b^{op} + r_b^{up} + r_b^{lp}) = p_a \cdot r_a^p + p_b \cdot r_b^p \tag{5.31}$$

由式（5.31）可知，生产系统单位正制品的成本是两个部分的加和，即单位正制品耗用输入物质流中各组分的单位折合成本与其进入正制品中物量的乘积之和。

（2）对于生产系统 n 的负制品而言，其成本由单位残余物再利用成本（C^u）①、单位残余物再生成本（C^l）及单位剩余残余物的物质成本（C^{nm}）组成：

① 再利用的残余物的物质已经过多次重复利用，该部分物料的物质成本已在第一次进入生成系统时作为新投入物料核算过成本，因此忽略物料本身的物质成本，主要核算再利用过程中投入的劳动力等资源恢复成本。

$$\begin{aligned} C^u \cdot X^p &= p_a^u(x_a^{nu} + x_a^{ou} + x_a^{uu} + x_a^{lu}) + p_b^u(x_b^{nu} + x_b^{ou} + x_b^{uu} + x_b^{lu}) \\ &= p_a^u(X_a^n + X_a^o + X_a^u + X_a^l) \cdot \alpha_a^u + p_b^u(X_b^n + X_b^o + X_b^u + X_b^l)\alpha_b^u \end{aligned} \quad (5.32)$$

$$\begin{aligned} C^l \cdot X^p &= p_a^l(x_a^{nl} + x_a^{ol} + x_a^{ul} + x_a^{ll}) + p_b^l(x_b^{nl} + x_b^{ol} + x_b^{ul} + x_b^{ll}) \\ &= p_a^u(X_a^n + X_a^o + X_a^u + X_a^l) \cdot \alpha_a^l + p_b^u(X_b^n + X_b^o + X_b^u + X_b^l)\alpha_b^l \end{aligned} \quad (5.33)$$

$$\begin{aligned} C^{\mathrm{nm}} \cdot X^p &= p_a(S_a^n + S_a^o + S_a^u + S_a^l) + p_b(S_b^n + S_b^o + S_b^u + S_b^l) \\ &= p_a(X_a^n + X_a^o + X_a^u + X_a^l) \cdot \alpha_a^S + p_b(X_b^n + X_b^o + X_b^u + X_b^l)\alpha_b^S \end{aligned} \quad (5.34)$$

在式（5.32）、式（5.33）、式（5.34）的基础上，两边同时除以 X^p，并结合式（5.23）与式（5.24）引入消耗系数，负制品的单位残余物再利用成本、单位残余物再生成本、单位剩余残余物的物质成本可表示为

$$\begin{aligned} C^u &= p_a^u(r_a^{nu} + r_a^{ou} + r_a^{uu} + r_a^{lu}) + p_b^u(r_b^{nu} + r_b^{ou} + r_b^{uu} + r_b^{lu}) \\ &= p_a^u \cdot r_a \cdot \alpha_a^u + p_b^u \cdot r_b \cdot \alpha_b^u \end{aligned} \quad (5.35)$$

$$\begin{aligned} C^l &= p_a^l(r_a^{nl} + r_a^{ol} + r_a^{ul} + r_a^{ll}) + p_b^l(r_b^{nu} + r_b^{ou} + r_b^{uu} + r_b^{lu}) \\ &= p_a^u \cdot r_a \cdot \alpha_a^l + p_b^u \cdot r_b \cdot \alpha_b^l \end{aligned} \quad (5.36)$$

$$\begin{aligned} C^{\mathrm{nm}} &= p_a(r_a^{ns} + r_a^{os} + r_a^{us} + r_a^{ls}) + p_b(r_b^{ns} + r_b^{os} + r_b^{us} + r_b^{ls}) \\ &= \alpha_a^S(p_a^n r_a^n + p_a^o r_a^o + p_a^u r_a^u + p_a^l r_a^l) + \alpha_b^S(p_b^n r_b^n + p_b^o r_b^o + p_b^u r_b^u + p_b^l r_b^l) \end{aligned} \quad (5.37)$$

由式（5.35）～式（5.37）可以看出，单位负制品的残余物再利用成本（C^u）可以表示为各组分的单位残余物再利用成本及单位负制品耗用输入物质流中各部分的物量及各组分的残余物再利用率的乘积之和；输入物料流中各组分的单位残余物再生成本、单位负制品耗用输入物质流中各组分的物量及各部分的残余物再生率的乘积相加也就是单位负制品的残余物再生成本（C^l）；而单位负制品的剩余残余物的物质成本（C^{nm}）即单位负制品耗用输入物质流中各部分的物质成本与剩余部分残余物形成率的乘积相加。

资源价值流分析与传统会计学的连接点与差异点都在于资源价值的架构与分类。现行会计学以产品定价的要求为起点，不单独将损失成本分配至废弃物，也不确认废弃物的生态环境损害价值，而是将这些包含在产品的制造成本中。资源价值流分析的目的是让循环经济对物质循环优化决策、控制与评价的信息需要得到满足，通过对废弃物经济价值损失及外部环境损害的核算，以更加客观地反映循环经济业绩。正是基于以上考虑，同时兼顾“物质流-价值流-组织”三维模型对价值流核算的数据需求，本书在价值投入维度设置了“原材料成本”、“燃料、动力成本”、“系统成本”、“经济附加值（利税）”及“外部环境损害成本”等项

目。基于价值投入纵列的价值核算相对更为简洁，可以对表 5.3 按列建立如下成本项目分摊数学模型：

$$\begin{cases} M^{p}+\mathrm{PC}^{p}+S^{p}+\mathrm{PT}^{p}+\mathrm{ED}^{p}=V^{p} \\ M^{R_u}+\mathrm{PC}^{R_u}+S^{R_u}+\mathrm{PT}^{R_u}+\mathrm{ED}^{R_u}=V^{R_u} \\ M^{R_l}+\mathrm{PC}^{R_l}+S^{R_l}+\mathrm{PT}^{R_l}+\mathrm{ED}^{R_l}=V^{R_l} \end{cases} \tag{5.38}$$

其中，原材料成本的核算直接与物质流输入相关，存在如下关系：

$$\begin{cases} M^{p}=P^{p}\cdot X^{p} \\ M^{R_u}=C^{u}\cdot X^{R_u} \\ M^{R_l}=C^{l}\cdot X^{R_l} \end{cases} \tag{5.39}$$

此外，外部环境损害成本主要由三种类型的剩余残余物排放引起，且由正制品、再利用的残余物及再生的残余物三类产出分摊，可表示为

$$\mathrm{ED}^{p}+\mathrm{ED}^{R_u}+\mathrm{ED}^{R_l}=\mathrm{ED}_l+\mathrm{ED}_g+\mathrm{ED}_s=\mathrm{ED} \tag{5.40}$$

5.4.2　跨组织的生态效率分析

1. 生态效率核算

“效率”度量的是一个过程“产出”与“输入”的关系，输入包括自然资源的消耗、费用支出、环境损害等，是指企业、行业或者经济体资源和能源利用及其造成的环境压力；产出则包括产品输出、福利的增加、生活质量及商业利润的增加等，是指企业、行业或者经济体提供产品和服务的价值。价值-影响比值法与前沿分析法是用于生态效率测度的两种主流方法，价值-影响比值法又分为 LCC 与成本效益分析（cost and benefit analysis，CBA）；包括能源利用效率、资源消耗强度、节能减排效率及循环经济效率等在内的数据包络分析（data envelopment analysis，DEA）是前沿分析法在生态效率评价中的主要应用。生态效率是经济社会发展的价值量和资源环境消耗的实物量（包括能量和物质资源与生态环境资源）的比值，见式（5.41），是量化物质减量化和反映环境压力的关键工具，显示出可持续发展的重要性（Ferrández- García et al.，2016；孔海宁，2016）。

$$生态效率=经济指标/环境指标 \tag{5.41}$$

根据式（5.41），生态效率追求的是价值最大化的同时，最小化资源消耗、污染与废弃物，这一指标充分体现了经济发展与环境压力的脱钩，显示出特定主体

绿色竞争力的重要性，简言之即"以少产多"。目前，产品或服务的经济价值和环境影响的确定仍然没有统一的办法。所研究企业或行业甚至区域的产品或者服务的经济价值常常用合适的经济指标替代，如世界可持续发展工商理事会（World Business Council for Sustainable Development，WBCSD）将产品或服务的生产总量或销售总量和净销售额作为一般性的经济指标，将增加值作为备选指标。对于环境影响，ISO 14031 标准中的环境表现评级参数通过仔细思考材料、能源和服务的投入，设施、设备的运行状态，所产生的产品、服务、废弃物和排放物等来量化生态效率。前文在三维模型中对价值流维度的界定，以及基于投入产出的多级"物质流-价值流"分析模型，为本书所需经济指标和环境影响等数据的获取奠定了基础。

OECD 将生态效率的概念扩大到工业企业、行业、地区及其他组织，广泛应用于企业、工业园区、区域等层面。企业的生态效率基于环境保护的生产者责任延伸原则，其评价对象包括原材料消耗、能源消耗、土地使用、空气污染、水和固体废弃物的排放等；生态效率在工业园区层面的运用是伴随产品的生态效率逐渐从企业的生态效率中分离，并延伸到与产品生产相关的上下游环节而实现的，将工业园区视为存在代谢关系的产业链，用工业园区经济社会发展（价值量）与园区资源环境消耗的比值表示；区域或国家层面的生态效率测度争议较大，经济指标通常是 GDP、增加值及主要部门的产出，环境指标使用生命周期分析，包括压力指标、影响类型指标及总影响指标（袁增军和毕军，2010）。为了将宏观尺度上的可持续发展目标有效地融入微观（企业）和中观（园区）的发展规划和管理中，本书引入生态效率指标用于测度多级组织的循环经济实践水平，显然，针对不同的使用对象，由于"产出"与"输入"的界定不同，生态效率的度量自然也存在差异。单个企业生态效率的度量与包括生产和消费的地区、整个国家经济的生态效率的度量方法有很大区别（邱寿丰，2009）。计算生态效率的生态和经济维度的方法众多（WBCSD，2000），这些方法的运用将取决于企业及其利益相关者的具体需求，微观层面的生态效率度量框架可表示为式（5.42），中观层面的生态效率度量框架表示为式（5.43），而宏观层面的生态效率测度框架为式（5.44）。

$$\text{生态效率} = \text{产品或服务的价值} / \text{环境影响} \tag{5.42}$$

$$\text{生态效率} = \text{产品和服务的价值} / \text{环境影响} \tag{5.43}$$

$$\text{生态效率} = \text{经济社会发展（价值量）} / \text{资源环境消耗（实物量）} \tag{5.44}$$

对于宏观层面的生态效率指标，可进一步分解出资源生产率和环境生产率指标（诸大建，2009）。资源生产率相关指标可分为单位 GDP 的能耗（能源生产率）、单位 GDP 的土地消耗（土地生产率）、单位 GDP 的水消耗（水生产率）和单位 GDP 的物质消耗（物质生产率）；环境生产率相关指标可分为单位 GDP 的废水（废水产生生产率）、单位 GDP 的废气（废气产生生产率）和单位 GDP 的固体废物（固体废弃物产生生产率）。

2. 三维空间的生态效率分析

“物质流-价值流-组织”三维模型（图 5.2）为跨组织的资源价值流分析搭建了一个集成平台，借助循环经济的大、中、小循环和产业代谢特征将企业层面、园区层面及国家（区域）层面的资源价值流分析纳入到了一个综合的分析框架内。虽然三维模型能实现从全生命周期的角度分别对不同组织层级的物质流和价值流进行核算，但是难以将物量信息和价值信息有效结合，也无法实现同级组织间、跨级组织间的横向比较和纵向比较。如前文所述，生态效率指标作为价值信息与环境信息的比值，有效填补了这一空白。在此基础上，本书尝试构建一个跨组织的生态效率分析框架，如图 5.15 所示。

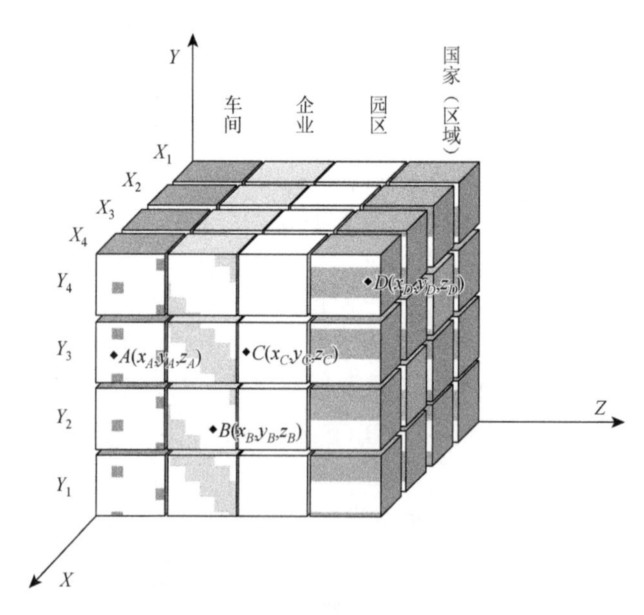

图 5.15 跨组织的生态效率示意图

将生态效率视为关于经济指标（X）、环境影响（Y）和组织层级（Z）的函数，可以记作 $f(X,Y,Z)$，经济指标、环境影响及组织层级三个项目的任意组合即可满足出于不同需求的生态效率分析。在图 5.15 中的三维空间中，任意一点 P 的坐标可表示为 (x,y,z)，x 坐标对应某一组织的经济指标，y 坐标对应某一组织的环境影响指标，z 坐标则表示相应的组织层级。图中的 A、B、C、D 四个点分别代表某一车间、企业、园区及国家（区域）在三维坐标中所处的位置。

从前文框架出发，针对各种物质对象、生命周期过程及组织主体进一步进行生态效率分析。具体来讲，组织主体与本书在三维模型中的组织层级划分相一致，主要包括车间、企业、园区及国家或社会。针对特定主体的分析，主要是明确相应组织的责任，当然在进行某一组织主体的分析时也需要同时考虑排放者责任和拓展生成者责任的原则，加速废弃排放物等的合理循环利用和处理，使得资源利用效率上升、废弃物排放缩减。在物质对象方面，主要根据所要分析的某种特定物质而定，如铝元素的流动、水资源的循环及某种能源的消耗等。用水资源的生态效率举例分析，目的在于通过分析使得从供给环节上开始就尽量减少不必要的用水损失，并通过初步利用和循环使用以提高水的初步利用率和循环利用程度；在水的排放环节上，提高污水处理能力，降低对外界的污染，从而形成高效的水资源运转模式。过程维度与三维模型中物质流生命周期所处的阶段相一致，如聚焦于生产阶段的输入、循环与输出，废弃阶段的输入、循环与输出等。在生产流程中，最大限度地高效利用资源、降低资源损耗和减少废弃物产生；在循环再利用过程中，最大限度地将废弃物转化为资源，变废为宝，减少自然资源的消耗，减少污染物排放。对一般意义上的三维空间生态效率分析而言，可将图 5.15 进行拓展，如图 5.16 所示。作为图 5.15 的一般化抽象，空间 $OABC$ 内的任意一个点便能表示特定组织关于某种物质在既定环节的生态效率（X/Y）。

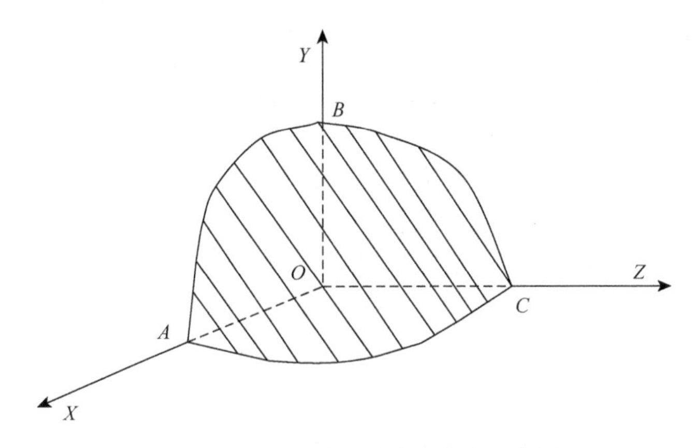

图 5.16 跨组织生态效率的空间示意图

基于上述分析，为了使生态效率指标的测度更加直观，本书进一步借助三角函数的形式刻画该指标的含义。以图 5.15 中的 A、B、C、D 四个点为例，假定四个点在 XOY 平面的投影分别为 A'、B'、C'、D'，与 X 轴的夹角依次为 θ_A、θ_B、θ_C、

θ_D，则根据生态效率的定义，相应的生态效率可表示为相应夹角的余切，即分别为 OA 的斜率（$\cot\theta_A$）、OB 的斜率（$\cot\theta_B$）、OC 的斜率（$\cot\theta_C$）及 OD 的斜率（$\cot\theta_D$），如图 5.17 所示。

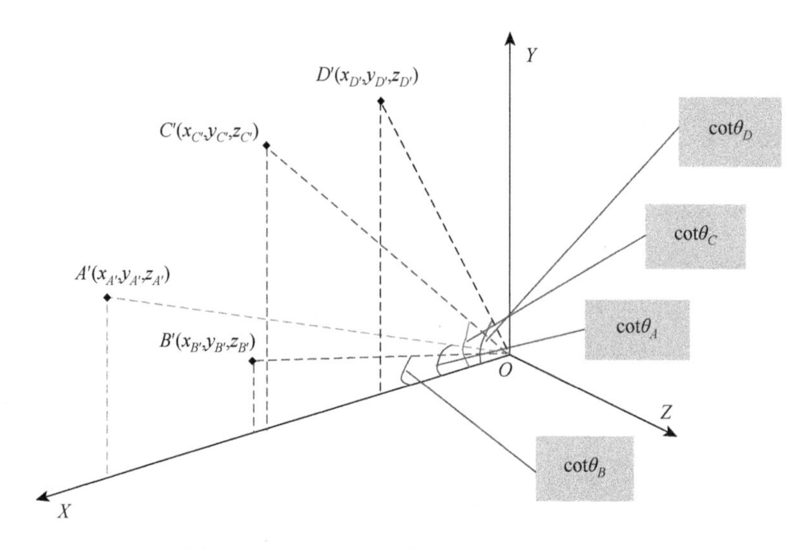

图 5.17　不同组织主体“生态效率”的反映

明确生态效率的内在含义与具体量化方法后，可通过该指标进行情景分析①。无论处于何种组织层级，理想状态下提高生态效率可以通过“双增（加速经济增长、增加人类福利）”、“双减（降低资源消耗、减少污染排放）”来实现，只有环境压力增加的速度小于经济增长的速度时，才会出现二者之间的分离情景。于是，根据二者之间的组合关系，可以归纳出 4 种情景：①经济产出与环境压力同步增长；②经济增长与环境压力出现了步调不一致的增长趋势；③经济仍在增长而环境压力呈零增长状态；④经济增长而环境压力出现拐点并呈下降趋势。将生态效率指标应用到循环经济资源价值流分析，其主要功能表现在两个方面：通过生态效率的横向比较，发现物质流动过程中的潜在改善点，明确改进责任所对应的组织；通过物质循环路线改善前后的纵向对比，直观反映改进前后的效果，挖掘持续改善空间。如图 5.18 所示，$B(x_B,y_B,z_B)$ 点和 $B^*(x_{B^*},y_{B^*},z_B)$ 点分别表示某企业循环经济改进前与改进后的生态效率情况；同理，$C(x_C,y_C,z_C)$ 点和 $C^*(x_{C^*},y_{C^*},z_C)$ 点分别表示某工业园区循环经济改进前与改

① 诸大建（2009）在《循环经济 2.0：从环境治理到绿色增长》一书中指出，生态效率与环境影响分析方法、情景分析方法共同构成了循环经济的基本方法。

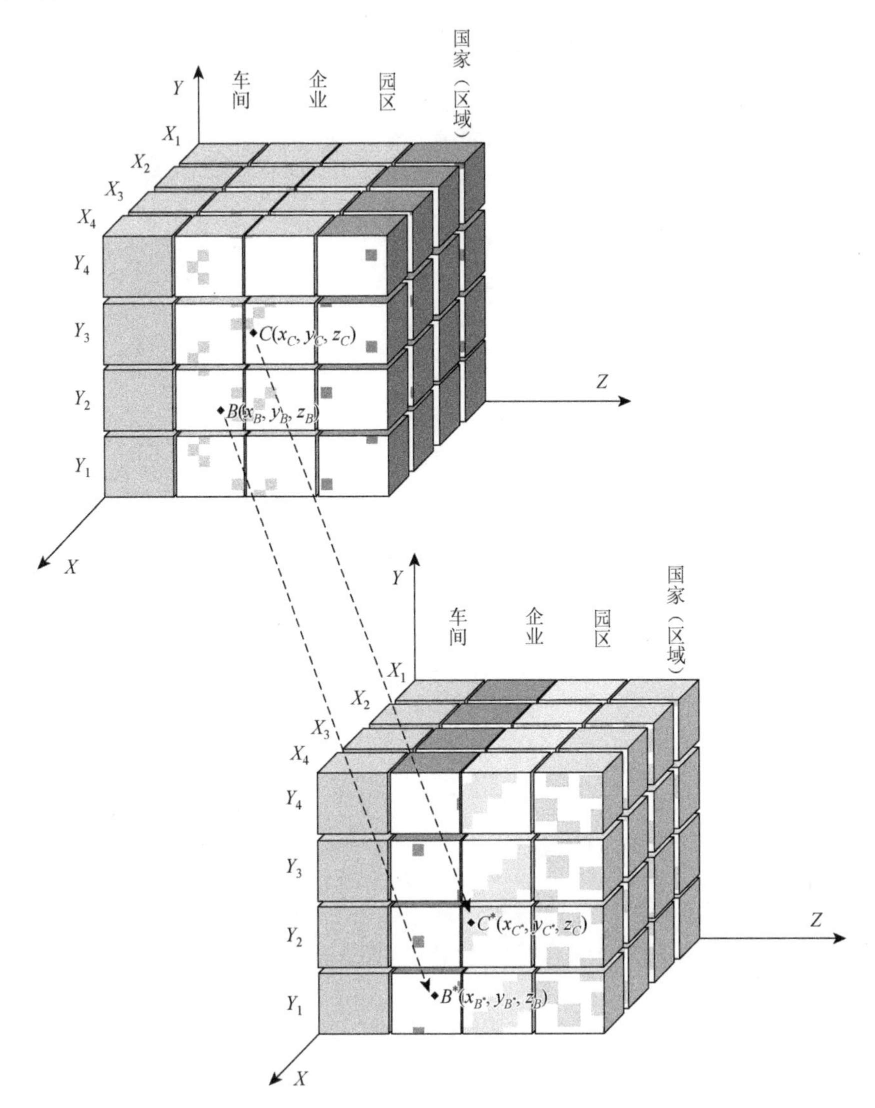

图 5.18 物质循环路线改进前后的生态效率对比模型

进后的生态效率情况。由图可知，当 $x_{B^*} > x_B$ 且 $y_{B^*} > y_B$ 时，表明该企业的生态效率得到了显著改善；C 点所代表的园区以此类推。

5.4.3 数据需求及获取途径

基础数据采集和加工是进行组织层面资源价值流分析的先决条件。由前文可知，价值流核算以物质流动跟踪为基础，多级组织维度的资源价值流分析也是如此。图 5.19 简要归纳了资源价值流分析过程中的数据要求与获取方法及程序。具体而言，在数据采集和加工的过程中，当确定研究对象后，首先需要绘制它的工艺流程图，因为在工艺流程中不仅包括某个对象的资源投入和产出，还涉及资源的中间输入、资源相邻工序间的转移及资源的生产逆流与内部循环，绘制工艺流程图便于划分物量中心和界定成本。

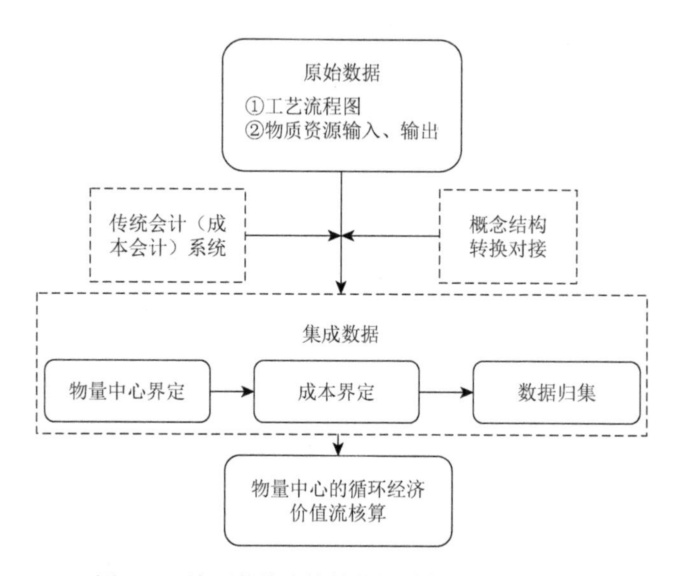

图 5.19　资源价值流核算数据采集和加工思路图

为了阐述在循环经济价值流核算过程中数据采集和加工的具体步骤，本书以某氧化铝生产企业为例，说明其数据采集和加工的流程。

1. 背景资料及工艺流程

氧化铝生产是一种资源密集型产业，其发展是建立在铝土矿、能源和水等资源大量开发利用的基础上。同时，铝工业也是重污染产业，其生产过程会产生大量的污染物，如温室气体、氟化物、二氧化硫和赤泥等，尤其是赤泥，因其产量大、危害大和难以处理而造成严重的环境污染问题。在氧化铝生产过程中，铝土矿的品位直接影响氧化铝生产工艺的选择。目前，氧化铝的生产工艺有三种：拜耳法、烧结法和联合法。高品位的矿宜采用拜耳法，低品位的矿需采用烧结法，中等品位的矿采用联合法。在资源价值流分析过程中，首先需要根据其所采用的生产工艺方法绘制其工艺流程图，如图 5.20 所示。

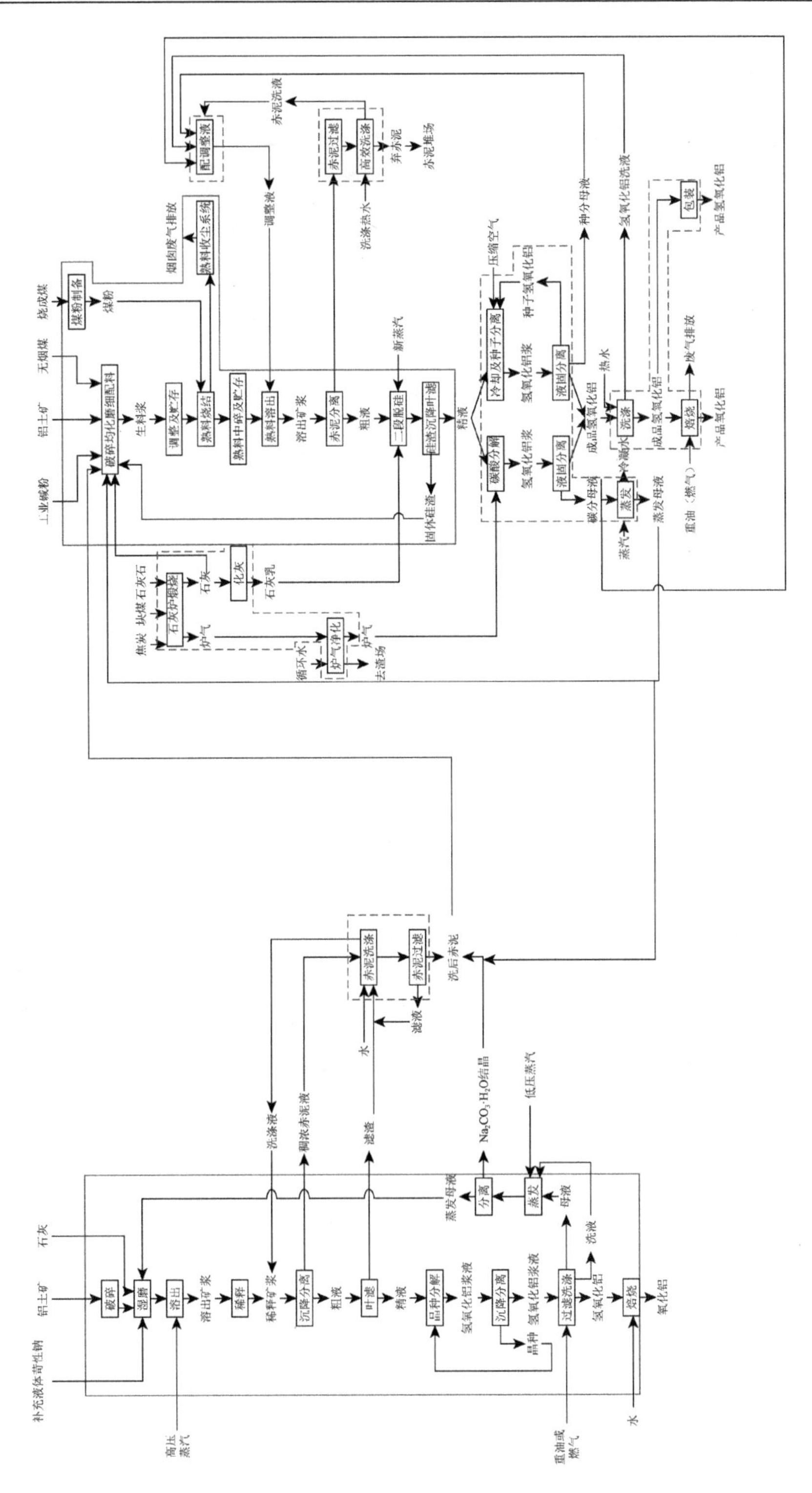

图 5.20 工艺流程图（以联合法生产氧化铝为例）

2. 物质资源输入与输出

氧化铝生产工艺有三种，每种工艺的辅助原料及排放的污染物类型各异，氧化铝生产的原料分为铝土矿、纯碱、石灰石、煤粉和水；能源根据实际生产当中的能源结构不同，分多个子项目；产品主要为氧化铝，副产品为金属镓；废水和废气考虑一般性的污染物；固体废物主要是氧化铝生产过程中产生的赤泥，如表 5.4 所示。

表 5.4　资源输入、输出情况表（以氧化铝生产企业为例）

输入/输出	类别	序号	名称	单位	数量
输入	原料	1	铝土矿	千克	
		2	纯碱	千克	
		3	石灰石	千克	
		4	煤粉	千克	
		5	水	千克	
	能源	1	电	千瓦时	
		2	焦碳	千克	
		3	煤	千克	
		4	重油	千克	
		5	柴油	千克	
		6	天然气	米^3	
		7	煤气	米^3	
		8	瓦斯气	米^3	
		9	蒸汽	米^3	
输出	产品	1	氧化铝	万吨	
		2	镓	吨	
	废水	0	废水量	千克	
		1	SS	千克	
		2	石油类	千克	
		3	COD_{cr}	千克	
		4	硫化物	千克	
	废气	1	CO_2	千克	
		2	NO_x（NO_2）	千克	
		3	SO_2	千克	
		4	粉尘	千克	
	固体废物	1	赤泥	千克	
		2	其他废渣	千克	

注：输入原料与能源数量通常为生产 1 吨氧化铝的消耗量，输出数量通常为各单位每月平均生产量；SS 即 suspend solid，COD 即 chemical oxygen demand

3. 物量中心界定与资源流转流程图绘制

氧化铝生产物量中心是按照氧化铝生产工艺过程、资源投入与产出的量化性和费用的归总与合理分配予以建立的。生产工艺不同，物量中心的设置也不同。联合法是拜耳法与烧结法两种方法的结合，通过各自的沉降、分解后，析出氢氧化铝，再通过焙烧工序，生产出氧化铝产品。因此，物量中心应分别设置拜耳和烧结两条生产线后，再设置焙烧物量中心。氧化铝生产物量中心及对应车间如表 5.5 所示。

表 5.5 物量中心及对应车间表（以氧化铝生产为例）

方法	物量中心	对应车间
拜耳法	拜耳配料	配料车间
	溶出沉降	溶出车间、沉降车间
	分解	分解车间
	蒸发	蒸发车间
	焙烤	焙烤车间
	赤泥处理	赤泥填埋场
烧结法	烧结配料	原料车间
	烧成脱硅	烧成车间、熟料溶出车间、脱硅车间
	分解	分解车间
	蒸发	蒸发车间
	焙烧	焙烧车间
	赤泥处理	赤泥填埋场
联合法	拜耳配料	配料车间
	烧结配料	原料车间
	烧成脱硅	烧成车间、熟料溶出车间、脱硅车间
	拜耳溶出沉降	拜耳溶出车间、沉降车间
	拜耳分解	拜耳分解车间
	烧结分解	烧结分解车间
	拜耳蒸发	拜耳蒸发车间
	烧结蒸发	烧结蒸发车间
	拜耳焙烧	拜耳焙烧车间
	烧结焙烧	烧结焙烧车间
	赤泥处理	赤泥填埋场

表 5.5 是通用的物量中心设置标准，公司可根据各自的生产工艺流程，确定各分公司氧化铝生产的物量中心，并对各物量中心的价值予以计算，绘制相应的价值流图。由于联合法是该公司氧化铝生产的主要方法，且流程复杂（相对烧

结法和拜耳法而言)，本书此处以联合法生产氧化铝为例，说明物量中心的确定、相对应的车间及价值流图的绘制，如图 5.21 所示。

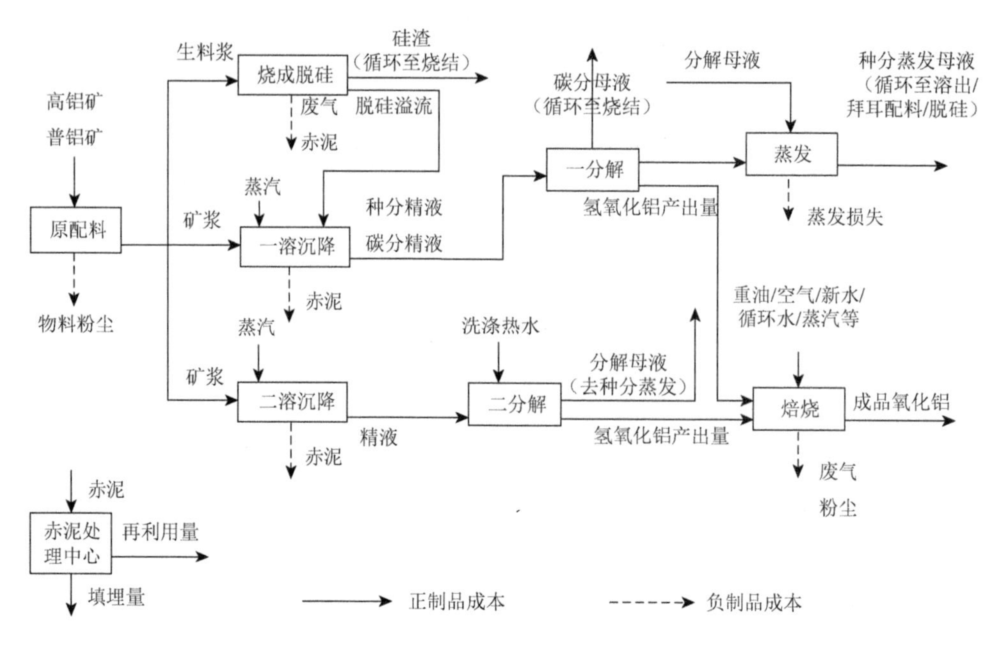

图 5.21　资源流转流程（以氧化铝企业为例）

4. 成本界定

同样，以某氧化铝生产企业为例，结合上述物量中心的设置和生产流程，成本界定的具体内容如表 5.6 所示。

表 5.6　资源流转成本的内容界定

成本项目		成本内容
材料成本	主要材料	高铝矿、普铝矿、石灰石
	次要材料	铁矿石、碱粉
	辅助材料	蒸发母液、碱赤泥浆
系统成本	直接人工费用	生产工人工资及福利费
	其他直接费用	加工费
	间接费用	生产管理人员工资及福利费、消耗性材料费、折旧费、修理费等
能源成本		电力、重油、蒸汽、水等
废弃物处理成本		处理赤泥发生的人工费、维护费等

注：废弃物处理成本包括各物量中心赤泥处理成本，如果赤泥可出售，其销售收入则应冲减成本

5. 数据归集与计算

从上述氧化铝的生产流程可知，从矿石输入到产品氧化铝的输出，均在管道中进行，除矿石输入、氧化铝输出以重量计量外，其余生产阶段以流量（体积）计算输入及输出量。因此，当以体积计量时，应该按一定方法将其折算成合格品成本与废弃物损失氧化铝的成本。依据物量中心设置，可分别计算各物量中心的材料成本、系统成本、能源成本及废弃物处理成本，其计算流程如图 5.22 所示。

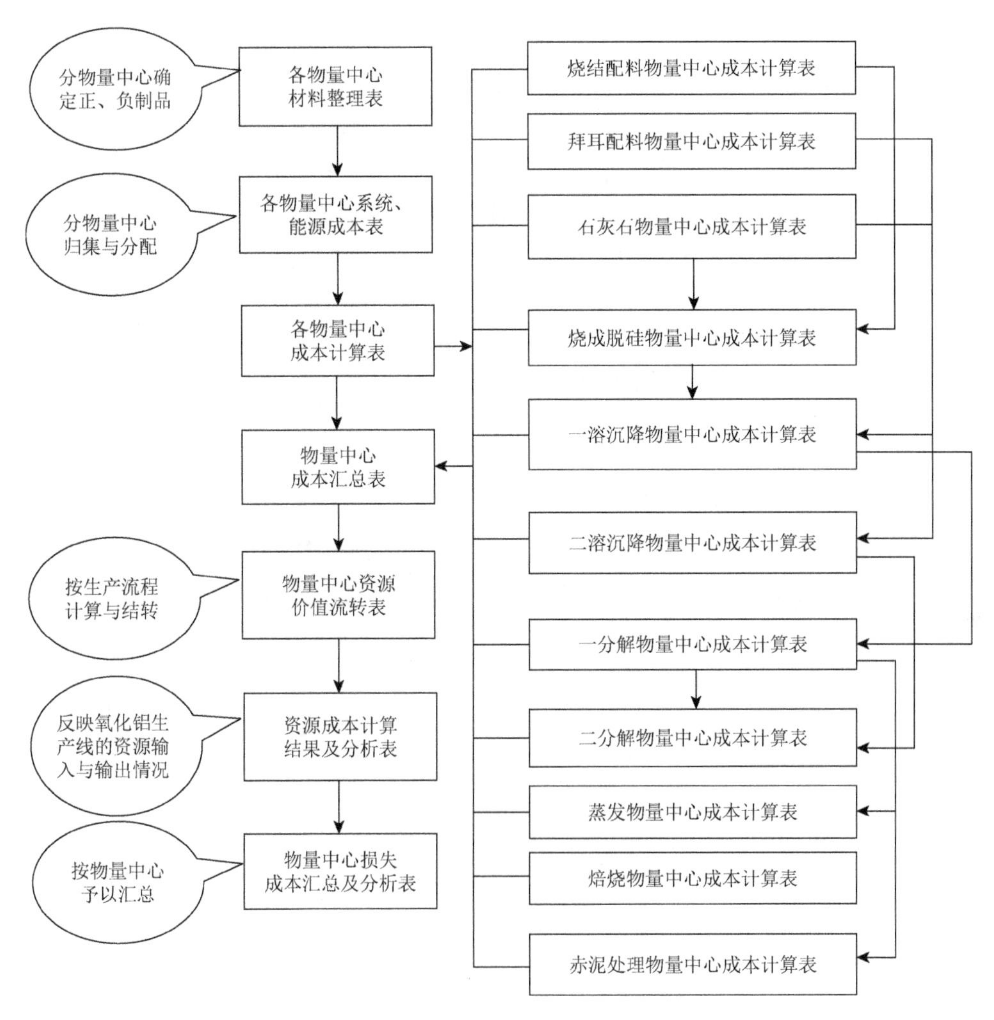

图 5.22 资源流转成本计算流程（以氧化铝为例）

在核算各物量中心的成本时，需通过烧结配料、拜耳配料、石灰石、烧成脱硅、一溶沉降、二溶沉降、一分解、二分解、蒸发、焙烧、赤泥处理建立物量中心成本计算表，根据各物量中心的半成品成本依序向下级物量中心结转，同时考虑到各物量中心的工艺特质，依据材料分配标准或其他分配标准对本物量中心及上级物量中心的系统成本、能源成本进行分配，从而核算各物量中心的总成本及单位成本。

5.5　本 章 小 结

“物质流-价值流-组织”三维模型是在继承“物质流-价值流”二维分析从数量、价值、结构等方面使资源价值流分析实现“可视化”功能的基础上，从方法论的角度对资源价值流分析适用边界的进一步延伸和拓展。本章不仅从模型架构、体系框架、模型机理等方面阐述了构建三维模型的科学性和合理性，也从核算框架与分析方法角度出发，提出了基于投入产出的多级“物质流-价值流”核算模型和跨组织生态效率分析方法。三维模型不仅剖析了企业、园区和国家（区域）三个层面的资源价值内在流转机理，也为组织视角下的资源价值流分析提供了一种全新思路。此外，三维分析框架也为后文企业、园区和国家（区域）三个层面的案例研究提供了思路指引和方法工具。

第三篇　应用与案例

第 6 章 基于三维模型的企业资源价值流分析

企业既是大部分物质产品的直接供应者，也是大部分污染物的直接生产者，是循环经济运行最具代表性的微观主体（Maio et al.，2017）。企业层面的循环经济体现在符合技术可行性的绿色原材料选择、清洁能源选用、绿色工艺规划、环保产品设计、绿色包装设计、绿色回收再利用等环节上，企业内部的物质交换也会因为存在反馈式、网络状的工序而变得更加复杂。企业的生产方式决定了整个经济的发展模式，不同类型企业采用的循环经济模式也存在差异，本章聚焦于流程制造（process manufacturing）企业[①]，阐述企业开展资源价值流分析在三维模型中的定位，以及投入产出视角下开展企业资源价值流分析的基本原理，并以 GL 铝冶金企业为例进行案例分析。

6.1 问题的提出

流程制造企业的生产过程与产出过程本质上是物质流与价值流的形成过程，物质流代表企业的投入变量，而价值流则代表该企业的产出变量，资源价值流分析正是在物质流与价值流耦合、多学科集成的基础上提出的一种环境管理会计工具。当然，资源价值流分析的提出也有一定的现实背景，在实施循环经济的过程中，部分企业在应用循环经济技术的过程中存在成本高于收益的情形，进而影响循环经济的可持续性开展。究其原因，主要是循环经济开展的经济性核算不够健全，现行会计的产品成本核算系统无法反映循环经济开展所带来的“外部环境成本内部化”的经济价值和环境保护效果的货币化评价，缺乏与技术性分析紧密相关的资源价值流计算标准体系，难以明确推行循环经济所隐含的企业、社会乃至政府相关部门的经济关系。譬如，无法计算企业生产过程中的资源有效利用价值和负制品带走的资源损失价值、循环经济改造对环境容量保护的隐形价值等。对此，肖序和金友良（2008）、肖序和熊菲（2010）等构建的资源价值流分析方法体系从循环经济的视角提供了循环经济资源流转中的有效利用价值与内部资源损失（废弃物部分）的分辨方法，以及外部环境损害价值的核算方法，还可以通过二维平面坐标将二者一同呈现出来。

① 所谓流程制造企业，是指生产工艺连续，物料按照一定的标准均匀、有序的运动的制造型企业，钢铁、化工、有色冶金、水泥/建材、造纸是代表性的高污染流程制造企业。

但是，自党的十八大提出“生态文明建设”[①]，以及党的十九大提出“加快生态文明体制改革”“推进绿色发展”[②]的总体要求以来，绿色发展理念为“十三五”规划和《中国制造 2025》实现经济转型升级添加了强劲的“绿色动力”。以此为契机，工信部联合国家标准委员会制定了《绿色制造标准体系建设指南》，明确提出加快绿色工厂和绿色企业标准化建设，促进我国制造业绿色转型升级。在此背景下，着眼于节能减排和污染物治理、降低能耗与物耗、保护和修复生态环境的资源价值流分析在新形势下也面临新的挑战，具体如下。

（1）绿色制造背景下的企业个体应被置于生态产业链系统中进行考虑，产品环境影响综合性评估的时间窗口需扩展至整个产品生命周期。产品的原材料选取、绿色设计理念吸收、绿色生产工艺与设备配置及包装材料采用等过程都在企业内完成，企业边界内的绿色制造变革关系到绿色消费、绿色回收及循环利用等后续环节，直接决定产品的环境友好程度。因此，过去单纯注重企业末端治理的环境治理模式亟须改变，企业需将“绿色”理念嵌入产品的全生命周期，从源头开始生产环境友好型产品[③]。相应地，以资源价值流分析为工具的工业产品环境友好性评价也需要从全生命周期综合评价产品的环境影响，为衡量循环经济实施效果和考察经济转型升级成效提供决策参考和技术支撑。

（2）伴随生态环境损害追责制度的实施，推进废弃物在企业之间的高效利用和优化流转，需要借助资源价值流分析方法建立起合理的“政府-企业-居民”共同负担费用的分配标准。生态环境损害赔偿制度改革自 2015 年开始在吉林等 7 个省市开展试点，并于 2018 年开始在全国推行生态环境损害赔偿制度，对生态环境造成损害的责任者将承担应有的赔偿责任。一方面，贯彻生态环境损害赔偿制度，不仅需要明确生态环境损害赔偿范围，还需要明确责任主体、索赔对象及赔偿方案，使责任企业按标准承担本应承担的义务；另一方面，在全生命周期的物质流中，处在各节点位置的企业进行环境管理改造（如建立了“三废”处理设施）的成本效益有所不同，若不考虑亏损企业的改造效益问题，企业解决污染治理的投资得不到合理弥补，可能致使企业因短期亏损而不愿持续运行治污设施，进而导致国家层面的物质流路线优化难以实现。因此，需要一种技术标准客观计算废弃物的损失成本和环境损害价值，并以此为基础从供应链的角度建立合理

---

① 《胡锦涛在中国共产党第十八次全国代表大会上的报告》，http://cpc.people.com.cn/n/2012/1118/c64094-19612151-8.html，2012 年 11 月 18 日。

② 《习近平：决胜全面建成小康社会 夺取新时代中国特色社会主义伟大胜利——在中国共产党第十九次全国代表大会上的报告》，http://www.xinhuanet.com/2017-10/27/c_1121867529.htm，2017 年 10 月 27 日。

③ 环境友好型产品，是指在原材料获取，产品生产、使用、废弃处置等全生命周期过程中，在技术可行和经济合理的前提下，具有资源和能源利用高效性、可降解性、生物安全性、无毒无害或低毒低害性、低排放性等环境影响最小化特征的产品。

的“政府-企业-居民”共同负担费用的分配方案，为国家在财政、金融、税收政策方面做出有效调整提供决策参考。

6.2　企业资源价值流分析框架

6.2.1　企业资源价值流分析的时空模型

物质流分析从跟踪和核算的角度反映经济活动对资源的消耗情况，最终目的在于对物质流的流动与流向进行合理设计、有效调控和提出改进策略的管理模式和过程。正如前文所提到的，刘凌轩等（2009）根据不同的物质流动阶段、不同的物质流层面所具有的异质性，在充分体现时间维度和空间维度的二维坐标中构建了物质流管理的时空概念模型（总体框架见图 3.9）。鉴于循环经济体系中物质循环与价值循环之间存在耦合关系——经济系统中的生产活动都以交换为目的，在物质传递过程的同时伴随着价值运动，本书尝试借鉴物质流分析的整体时空模型，构造一个特定情景——微观企业的资源价值流时空模型，如图 6.1 所示。

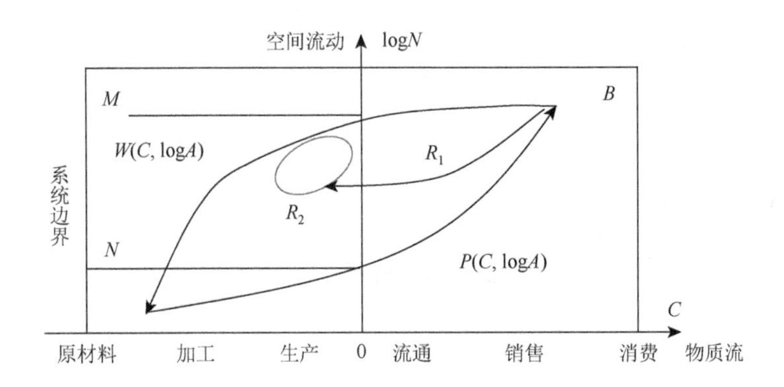

图 6.1　企业资源价值流分析的时空模型

在图 6.1 的模型中，横轴（C）表示资源价值流所处的生命周期阶段，$C<0$ 代表正处于制造前的原材料、加工、生产等产品的价值创造阶段，$C=0$ 意味着产品恰好结束制造阶段，$C>0$ 则为产品下线之后的市场价值实现阶段。

为了便于分析，本书定义 $P(C, \log A)$ 为正制品资源价值流函数，$W(C, \log A)$ 为负制品资源价值流函数，二者的变化受技术（T）、经济（E）及社会（S）等因素的影响，记为

$$\begin{cases} P(C, \log A) = f_P(T, E, S) \\ W(C, \log A) = f_W(T, E, S) \end{cases} \tag{6.1}$$

此外，R_1 曲线表示从消费、销售、流通阶段逆向流转到生产制造环节的资源价值流，R_2 表示资源价值流在生产制造工艺及车间之间的循环。M 和 N 分别表示 W（C, log$A$）函数与 P（C, log$A$）函数的环境影响控制线。为了考察资源价值流在各个生命周期阶段的环境影响，整个时空过程的环境影响函数定义如式（6.2）所示（α 为污染物的环境影响因子）。对于逆生命周期的资源价值流，$I<0$，意味着有改善环境的效果，反之亦然；循环闭合曲线函数的环境影响可近似视为 0。

$$\begin{cases} I_P = \alpha_P \int_{\text{原材料}}^{\text{消费}} P(C, \log A) \mathrm{d}C \\ I_W = \alpha_W \int_{\text{原材料}}^{\text{消费}} W(C, \log A) \mathrm{d}C \end{cases} \tag{6.2}$$

从时空模型可以看出，企业资源价值流分析的系统边界由时间维度和空间维度构成，在时间维度上可以是生命周期的某一个或几个阶段，在空间维度上既可以是企业内部的车间或者生产工艺，也可以是整个企业及其有关的经济、社会系统。企业资源价值流分析的目的在于通过价值流信息改善企业内部的物质流转路线，最小化企业的环境影响。对照图 6.1，也就是改变和调节 P、W 曲线的形状，通过提高资源利用效率和循环利用率降低物质资源消耗，降低 I_P 和 I_W。在原材料、加工及制造阶段，企业排放废弃物的资源价值流（W 曲线）并不是可以无限蔓延的，需要受到排放总量及相关标准的约束；相反，在产品的流通、销售及消费等环节的制约则相对较少。总之，企业层面资源价值流分析的关键在于提高生产制造环节乃至整个生命周期内物质的循环利用效率，减少物质能源消耗，减少污染物排放，提高生态效率。

6.2.2　企业资源价值流分析在三维模型中的定位

根据本书第 4 章中构建的“物质流-价值流-组织”三维模型，以及企业资源价值流分析的时空边界，可以进一步明确企业层面的“物质流-价值流”分析在三维模型中的定位，如图 6.2 所示。企业层面的资源价值流分析在价值流维度和物质流维度是以离散型项目进行描述的。不同行业的产品的生命周期过程存在明显差别，通常一个制造企业仅仅包括产品生命周期中的一个或者多个环节，但整个产品生命周期可能涉及多家企业。对于离散型的各个价值流项目而言，不同生命周期环节的环境影响差异明显，在核算资源价值流时重点关注的项目也不同，因此需要结合行业或企业的资源环境属性，进行有针对性的重点分析。在组织维中，企业层面描述的是由多个生产车间组成的整体制造运行模式，其中车间又被划分为若干物量中心作为最基本的资源价值流核算单元，企业、车间、物量中心之间形成了一种“面—线—点”的关系，企业边界内的资源价值流核算由物量中心向车间、由车间向企业层层上升，其之间的关系可以借助图 6.3 表示。

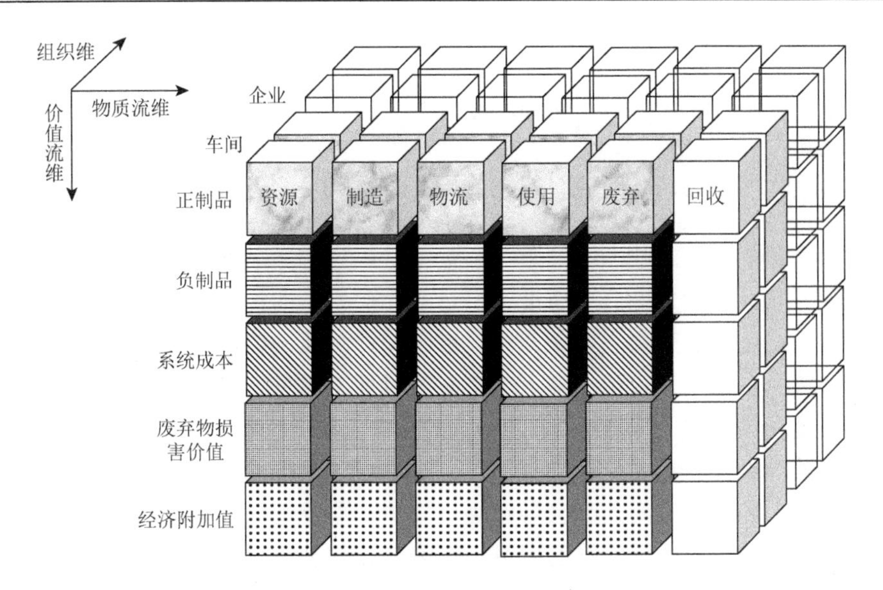

图 6.2　企业资源价值流分析在三维模型中的定位

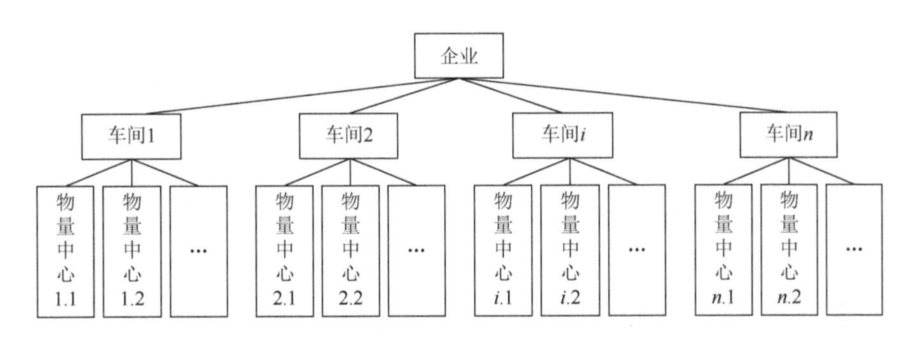

图 6.3　企业层面资源价值流分析的层级关系

企业资源价值流分析是以企业内资源（能源）在正常消耗、减量化、再循环、再使用过程中的价值流动与循环为研究对象，着眼于资源在企业的输入、使用、循环及输出全流程，以货币与非货币计量相结合的模式，采用成本结转的程序和方法，对资源投入价值、资源有效利用价值、废弃物损失价值和经济附加值进行核算、分析、评价和控制的一种经济管理活动。在具体的分析过程中，主要探讨原材料、能源等物质沿着工艺流程发生位移时如何确认价值、计量价值及报告会计信息，并对此进行价值诊断挖掘、设备投资改造、生产工艺调整、材料优化选择及管理标准修订，目的在于追求资源节约、环境友好与经济效益三者的和谐统一。

6.3 企业尺度“物质流-价值流”分析模型与方法

6.3.1 企业“物质流-价值流”分析原理：投入产出视角

投入企业的资源、能源会随着生产加工过程被逐渐消耗，其价值也在不断地发生变化。从会计学角度看，企业生产过程中的资源消耗主要有两个去处：半成品（材料）或新产品形态。对此，传统成本会计核算一般采用制造成本法：直接材料、直接人工、制造费用（按人工工时、机器工时分配）等构成产品的成本项目，生产过程中发生的环境成本并不考虑在其内。在这种情形下，制造成本法的弊端在于其准确性会随着材料成本与人工成本在产品总成本中的比重不断下降而降低；另外，环境问题的凸显会导致环境成本的重要性提高与金额加大，更加表明制造成本法与企业环境管理的内需不相吻合。与制造成本法不同，资源价值流核算（二者的对比如图 6.4 所示）立足于资源输出的合格产品、废弃物流向与流量，将资源流转价值按照合理标准分配至两者，能准确评估资源流转的有效利用价值与损失价值，也更符合企业循环经济与可持续发展的要求。

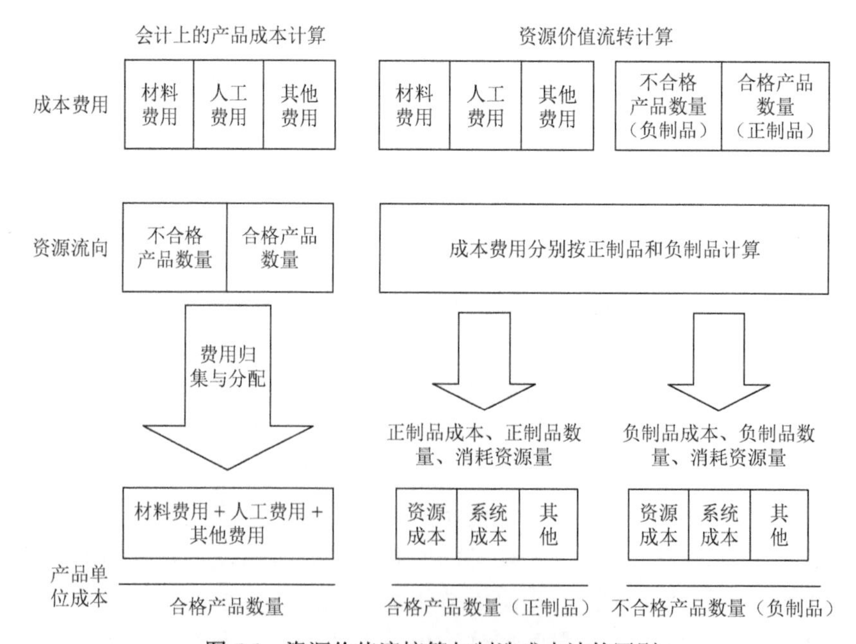

图 6.4 资源价值流核算与制造成本法的区别

制造成本法在揭示产品输出与环境损害之间内在关联方面所暴露出来的缺陷，致使难以获取满足企业环境成本投入决策的信息需求，而资源价值流核算沿用传统成本计算的间接费用归集与分配原则，不仅能核算企业传统的成本、内部环境成本与外部环境损害价值等项目，还能反映企业工序产品的结构化信息，如投入与产出的实物量和价值量，本书尝试从投入产出的视角揭示企业“物质流-价值流”的分析原理。

1. 投入产出分析与环境损害成本计量

在投入产出分析中，“投入”涵盖了经济系统消耗的各种生产要素，包括各部门在生产活动中所直接和间接消耗的各种物质产品（如原材料、辅助材料、燃料及动力等）、固定资产（通过折旧体现）及劳动（通过劳动报酬、税金、利润等体现）等；“产出”则是指所生产产品及其分配去向。对一个企业而言，内部各个车间及物量中心的生产过程就是投入原材料、人工及制造费用，产出产成品、半成品和废弃物的过程，与投入产出分析的理念相吻合。投入产出分析多用于宏观、中观层面，本书尝试将其应用到企业层面，主要是考虑到资源价值流分析所涉及的企业是以流程制造企业为代表的工业企业，具有生产流程长、产品复杂、品种多样的特点。

资源价值流分析作为传统制造成本法的改进和拓展，更符合企业将环境损害成本纳入产品成本核算体系的出发点，更能满足环境损害成本计量对象复杂、范围广泛且种类繁多的特征。传统投入产出分析中对投入的界定建立在传统边际成本理论的基础上，并没有考虑经济外部性和经济活动对资源的消耗，意味着针对资源价值流的投入产出分析应将投入从单一的边际生产性消耗扩展到包括边际生产成本①、边际使用成本②及边际外部成本③在内的全部社会成本范围。由此可见，从投入产出的角度解释企业资源价值流分析需要将边际外部成本纳入考虑范畴，这与资源价值流分析中的外部环境损害类似。对此，环境会计对环境成本的计量为价值型投入产出表的编制提供了核算基础（徐玖平和蒋洪强，2006），环境成本通常细分为耗减成本［式（6.3）］、降级成本［式（6.4）］、维护成本［式（6.5）］及环保成本［式（6.6）］四个方面。

$$C_i^e = P_i^e x_i^e (1-\alpha_i) \tag{6.3}$$

$$C_i^w = P_i^w x_i^w (1-\beta_i) \tag{6.4}$$

$$C_i^p = P_i^e z_i^e = \sum_{j=1}^{l} p_i^e u_{ij}^e + \sum_{j=1}^{n} p_i^p x_{ij}^{e_1} + \sum_{j=1}^{k} p_i^{p'} x_{ij}^{e_2} + \sum_{j=1}^{m} p_i^w e_{ij}^e + n_i^e \tag{6.5}$$

$$C_i^d = P_i^w z_i^w = \sum_{j=1}^{l} p_i^e u_{ij}^w + \sum_{j=1}^{n} p_i^p x_{ij}^{w_1} + \sum_{j=1}^{k} p_i^{p'} x_{ij}^{w_2} + \sum_{j=1}^{m} p_i^w e_{ij}^w + n_i^w \tag{6.6}$$

式（6.3）～式（6.6）中符号的含义如表6.1所示。

---

① 边际生产成本：生产过程中所直接支付的生产费用。

② 边际使用成本：生产过程中对资源的使用导致未来使用者无法使用而造成的损失。

③ 边际外部成本：经济活动造成的环境生态方面的损失，如生态功能破坏、环境污染等。

表 6.1　符号说明

符号	含义	符号	含义
C_i^e	第 i 种自然资源耗减成本	z_i^w	第 i 种污染物治理总量
C_i^w	第 i 种污染物所引起的自然资源降级成本	u_{ij}	基础资源消耗
C_i^p	第 i 种自然资源维护成本	$x_{ij}^{e_1}$ / $x_{ij}^{w_1}$	自产产品消耗量
C_i^d	第 i 种污染物治理成本	$x_{ij}^{e_2}$ / $x_{ij}^{w_2}$	外购产品消耗量
P_i^e	单位第 i 种自然资源恢复费用	e_{ij}	污染物治理总量
x_i^e	企业各项活动对第 i 种自然资源的使用量	p_i^p	第 i 种自产产品单价
α_i	z_i^e / x_i^e ，第 i 种资源恢复比例	$p_i^{p'}$	企业第 i 种外购产品单价
P_i^w	单位第 i 种污染物治理费用	p_i^w	治理第 i 种污染物所花费用
x_i^w	企业各项活动所排放的第 i 种污染物量	n_i^e	恢复第 i 种资源时包括固定资产折旧部分的初始投入
β_i	z_i^w / x_i^w ，第 i 种污染物消除比例	n_i^w	保护第 i 种资源时包括固定资产折旧部分的初始投入
z_i^e	第 i 种自然资源恢复总量		

2. 作业成本法与成本逐步结转法

作业成本法（activity based costing）的原理是“产品消耗作业、作业消耗资源并产生成本”，该方法的对象是“作业”，作业量的确认与计量以成本动因为根据，反过来再以作业量为标准分配制造费用。资源价值流核算中将流程制造企业复杂的生产过程划分为若干物量中心（每个物量中心都是投入产出系统），这一做法体现了作业成本的思想，将外部环境损害成本根据产品对作业的要求进行分配，不仅可以从作业层面对环境损害成本动因进行深入分析，还可以有效追溯环境损害成本的来龙去脉。投入到生产流程的物质资源，必然转化为某种形式的产出，资源价值流分析将产出分为正制品和负制品，借助工艺流程图和物质平衡原理可以确定成本动因与成本动因量，只不过其与传统的作业成本法应用不同，资源价值流分析在进行环境损害成本分摊时需要同时考虑正制品和负制品。当然，除了主要的制造成本之外，系统成本也需要按正制品和负制品分配，因为以废弃物为代表的负制品是在各个物量中心产生的，占用了投入企业的资源。对于单个成本作业中心（物量中心）来讲，原有物质与新投入物质的和等于产出的正制品与负制品之和，体现了投入与产出平衡的思想。

显然，应用资源价值流分析方法剖析企业的生产经营过程，本质上就有别于将其视为一个“黑箱”的做法，还涉及物质资源在多个成本作业中心（物量中心）之间的转移、物质资源的中期投入，以及逆向循环或回收（内部循环）。因此，基于生产流程的成本核算还需要应用成本逐步结转法，追踪和监控物量与价值的流量变动，即按照产品连续加工的先后顺序汇聚成本、费用及产量，先计算半成品成本，再随实物流动依次逐步结转计算产成品成本。该方法以各个环节的半成品为对象的特点与资源价值流分析主要针对流程制造业企业的特征一脉相承，只是成本项目中包含了相应的环境损害成本，其大致思路如图 6.5 所示。

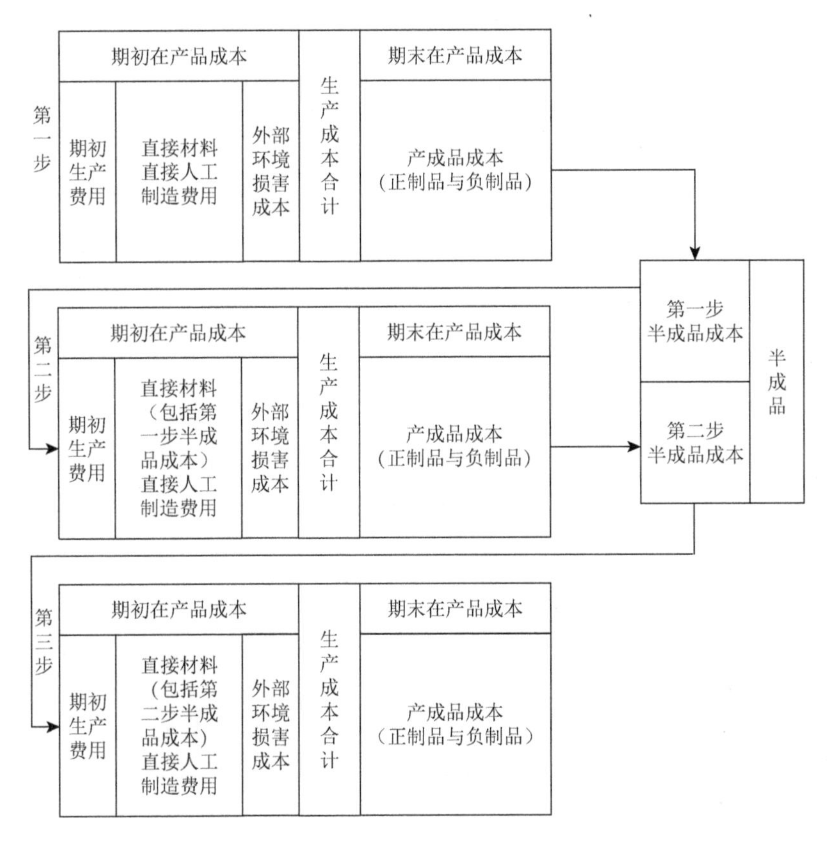

图 6.5 成本逐步结转

6.3.2 企业资源价值流投入产出模型

第 5 章在承袭循环经济投入产出思想的基础上，结合资源价值流转分析的原理，初步构建了通用于多级组织“物质流-价值流”核算的投入产出框架。本章的重点是建立企业资源价值流投入产出模型，连接物质信息与价值信息，并探讨企业资源价值流投入产出分析在绿色制造中发挥作用的思路和路径。

1. 企业投入产出表的一般结构及其改进思路

企业层面的投入产出方法最早由中国学者在 20 世纪八九十年代提出（董逢谷，

1988；佟仁城，1995；高洪深和杨宏志，1994；王志恒等，1996），投入产出方法因能反映企业内部工序产品的结构化信息、工序产品的生产成本、工序产品投入和产出的实物与价值额，而被认为具有广泛应用前景。企业投入产出模型一般分为实物型和价值型，而企业实物价值模型则是在企业实物模型基础上增加了产出价值模型中的财务部分（初始投入），传统企业投入产出核算表达式的一般性框架见表 6.2。

表 6.2　企业实物价值型投入产出表的基本形式

产出			投入							
			中间产品				最终产品			总产品
			1	2	…	n	商品量	存储差	小计	
自产产品	物质	1	x_{11}	x_{12}		x_{1n}			Y_1	X_1
		2	x_{21}	x_{22}		x_{2n}			Y_2	X_2
		⋮	⋮	⋮	…	⋮			⋮	⋮
		n	x_{n1}	x_{n2}		x_{nn}			Y_n	X_n
外购产品	价值	1	h_{11}	h_{12}		h_{1n}			f_1	H_1
		2	h_{21}	h_{22}		h_{2n}			f_2	H_2
		⋮	⋮	⋮	…	⋮			⋮	⋮
		k	h_{k1}	h_{k2}		h_{kn}			f_k	H_k
车间费用	价值	1	w_{11}	w_{12}		w_{1n}				
管理费用		2	w_{21}	w_{22}		w_{2n}				
工资		⋮	⋮	⋮	…	⋮				
盈利		h	w_{h1}	w_{h2}		w_{hn}				

资料来源：李秉全（1988）

在此基础上，考虑到任何经济活动因与资源、环境之间存在相互影响及负反馈机制而存在经济外部性，雷明（1999）首次构建了企业绿色投入产出核算模型，其一般性框架的简化形式如表 6.3 所示。在形式上，从“投入”和“部门”两方面对传统投入产出表做了拓展；在内容上，企业生产活动的成本代价不仅包括传统的材料、人力等生产成本，还包括因其外部不经济造成的环境损失。基于企业绿色投入产出的通用核算框架，雷明（2001）还设计了用于全面描述电力企业行为的绿色投入产出模型。可见，对大批量生产、产品复杂的企业而言，投入产出方法在成本核算、结构分析、效益评价、全面预算等方面有着积极、有效和非常重要的作用，尤其是考虑了经济活动外部性的绿色投入产出方法对本书拟构建的资源价值流投入产出模型具有重要启示。

表 6.3　企业绿色投入产出核算模型

投入		产出						
		资源恢复	中间使用	污染治理	最终使用		购入	总产出
		资源	产品	污染物	本企业使用	外销		
		$1, 2, \cdots, l$	$1, 2, \cdots, n$	$1, 2, \cdots, m$				
资源使用		Ⅰ	Ⅱ	Ⅲ	Ⅳ			
中间投入	自产产品	Ⅴ	Ⅵ	Ⅶ	Ⅷ			
	外购产品	Ⅸ	Ⅹ	Ⅺ	Ⅻ			
	污染物	XIII	XIV	XV	XVI			
初始投入		XVII	XVIII	XIX				
总投入								
人工资产	固定资产							
自然资产	实物资产							
	环境资产							

资源价值流分析的初衷，是描述伴随在组织内部物质循环流动的价值循环变化，通过优化物质循环路线，提升资源利用效率和降低环境影响。本书构建企业资源价值流投入产出模型的目的与上述初衷一致，即秉承会计核算中的成本逐步结转法与作业成本法的基本原理，借助投入产出分析工具将企业的实物型（物质流）投入与产出转化为价值型（价值流）投入与产出，为企业提供结构化的投入产出信息，如单位或一定时期的投入流量结构、单位产出的价值结构、一定时期的产出流量结构等。因此，创新性地构建企业资源价值流投入产出模型需要充分融合资源价值流分析的本质、投入产出分析的特征及流程制造企业的时空边界。鉴于此，本书需对传统企业投入产出表进行改进，主要思路如下：①将传统成本会计核算项目与资源价值流分析中的价值项目对接，重新界定产品不同层次的成本及价值；②结合投入产出表精确核算整体及结构平衡的标准，以及企业内部生产工艺流程的价值属性，在企业资源价值流投入产出表中对不同层次的产品价值采取内表与外表的处理方式；③结合流程制造企业的特点，调整投入与产出维度中的明细项目设置，凸显企业资源价值流分析的内部层级结构。

2. 企业资源价值流投入产出模型结构

根据上文所提到的改进思路，本节将围绕上述三个方面依次详细地阐述其调整机理，并搭建企业资源价值流投入产出模型的框架，具体如下。

第一，概念对接与转换。资源价值的构成与划分（图 3.18）既是现行会计学核算与资源价值流核算的连接点，也是导致二者存在间隙的差异点（周志方和肖序，2013）。现行会计核算的制造成本虽然包括了废品损失，但不计算分配至废弃物的损失成本，也不核算废弃物的生态环境损害成本，而这恰恰是资源价值流的立足之本。

本书暂不考虑传统会计与资源价值流的口径差异，尝试将企业产品的成本及价值按实现的先后顺序划分为六个层次，如图 6.6 所示。资源价值流反映的是一种或几种资源在物质流转过程中所伴随的动态价值概念，将资源价值分成资源有效利用价值、废弃物或负制品损失价值、外部环境损害价值及物质流转引起的经济附加值等四项的方法是细分方法之一。本书在统筹传统会计与资源价值流在成本及价值项目方面差异的基础上，以资源价值流成本项目为主对接了传统的成本会计项目，并将其纳入六个成本及价值层级中，如表 6.4 所示（具体成本及价值项目的内涵此处不再赘述）。

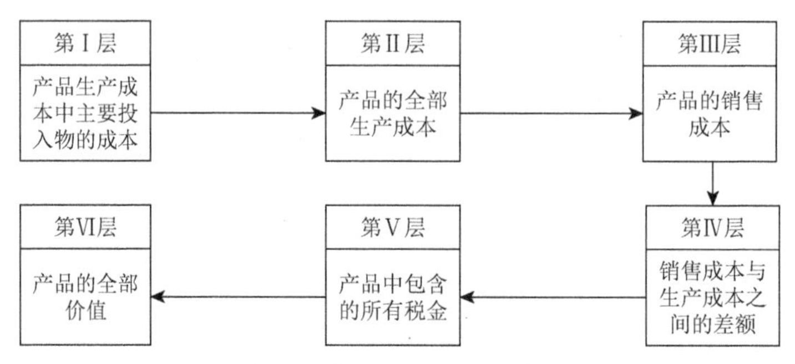

图 6.6　产品价值的层次划分

表 6.4　概念的对接及转换

成本及价值层级	对应资源价值流核算的成本及价值项目	对应现行会计的成本及价值项目
Ⅰ：主要投入物成本	正、负制品的材料流成本（原材料、辅助材料及能源成本）	直接材料成本、其他材料成本
Ⅱ：全部生产成本	+系统成本（人工部分）+制造费用	+直接人工+制造费用
Ⅲ：产品的销售成本	+系统成本（除人工之外的部分）+经济附加值	+期间费用（销售费用、管理费用、财务费用）
Ⅳ：销售成本与生产成本之间的差额		+利润
Ⅴ：产品中包含的所有税金		+税金
Ⅵ：产品的全部价值	+外部环境损害成本	无

注：根据资源价值流的核算原理，外部环境损害成本应按照一定的比例纳入到产品生产成本中，考虑到外部环境损害成本并不是历史成本，而是未来的付现成本，为了便于作为外表列示，本书将其归为第Ⅵ层

第二，内表与外表设置。流程制造企业的投入产出模型本质上是一个生产过程模型，并不能反映销售等其他过程，而期间费用是在生产过程结束之后发生在企业管理及销售活动中的费用，这也就意味着与产品相关的期间费用并不能通过投入产出模型得到精确的反映。但是，从企业层面来讲，期间费用对投入产出表的影响又是不容忽视的，会计核算上期间费用与在产品、库存产品无直接关联，只与当期出售产品直接相关，这也就意味着产品从完成生产过程至待销售状态本质上是从生产成本到销售成本的过程，两者的差额即期间费用，图 6.7 可清晰反映企业生产成本与销售成本的关系。此外，产品的价值通过销

售实现，因此税金及利润也应包含在内，但二者均超出了投入产出核算的范畴。

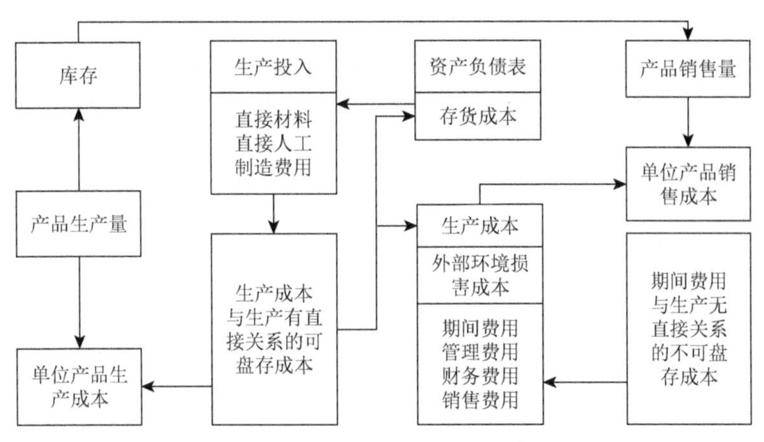

图6.7　生产成本与销售成本的流程图

鉴于上述分析，本书通过设置内表和外表的方式对投入产出表进行划分，其中内表主要包括第Ⅰ和第Ⅱ层次的产品价值（表6.4），按照企业投入产出模型的内在工作流程、表式结构、平衡关系、计算公式等达到精确核算、整体平衡和内部结构平衡的要求；第Ⅲ～Ⅵ层次的产品价值（表6.4）采取表外处理方式，通过非精确测算和非平衡的表达式结构为企业管理决策提供必要的辅助信息。

第三，成本价值项目调整。由企业资源价值流分析的层级结构关系（图6.3）可知，企业资源价值流投入产出模型由物量中心、车间和企业三个层面组成。因此，需要对传统的企业投入产出表进行调整，主要包括最终使用项目、自产产品、初始投入等。

具体而言：①最终使用项目都是相对而言的，在空间上可分为车间级、企业级和社会级最终产品，本书将车间级最终产品划入内表，将企业级最终产品划入外表；在时间上，可分为在产品和半成品，按类别可分为正制品与负制品，与表6.3中的划分一致。②由于自产产品无法反映企业内部的加工过程，将其改名为工序产品，分为自产工序产品和非自产工序产品。③为了避免价值的重复计算，将系统外输入的投入要素理解为该系统的初始投入，相应的系统内投入要素为该系统的中间投入，即企业总投入包括中间投入和初始投入。其中，中间投入主要是工序产品；对于初始投入，车间核算口径下包括外购品、直接工资、制造费用，企业核算口径下初始投入包括车间初始投入、期间费用、税金、利润等。

基于上述讨论，本书构建了适用于企业资源价值流分析的投入产出表（表6.5）[①]，该表由主表和辅表构成，其中主表主要以物量中心和车间的投入产出信息为对象。

① 企业资源价值流核算中各成本、价值项目的具体核算方法已十分完备（可查阅本领域相关论文），且本书第3章对相关原理做了详细阐述，此处不再阐述，本章的重点在于从投入产出视角揭示企业资源价值流核算的基本原理。

表 6.5　企业资源价值流投入产出表

<table>
<tr><th colspan="4" rowspan="4">投入</th><th rowspan="4">序号</th><th colspan="12">产出</th><th colspan="2" rowspan="3">企业总产出</th></tr>
<tr><th colspan="6">物量中心产出（工序产品）</th><th colspan="6">车间产出（半成品）</th></tr>
<tr><th colspan="2">1</th><th colspan="2">i</th><th colspan="2">n</th><th colspan="2">1</th><th colspan="2">i</th><th colspan="2">k</th></tr>
<tr><th>正制品</th><th>负制品</th><th>正制品</th><th>负制品</th><th>正制品</th><th>负制品</th><th>正制品</th><th>负制品</th><th>正制品</th><th>负制品</th><th>正制品</th><th>负制品</th><th>正制品</th><th>负制品</th></tr>
<tr><td rowspan="5">中间投入</td><td rowspan="4">工序产品</td><td rowspan="4">半成品</td><td rowspan="4">品种</td><td>1</td><td colspan="6" rowspan="5">$q^d=(q_{ij}^d)_{n\times n}$
（Ⅰ）</td><td colspan="6" rowspan="5">$f^d=(f_{ij}^d)_{n\times k}$
（Ⅱ）</td><td colspan="2" rowspan="5">辅表 1</td></tr>
<tr><td>2</td></tr>
<tr><td>⋮</td></tr>
<tr><td>n</td></tr>
<tr><td colspan="3">中间投入合计</td><td>$n+1$</td></tr>
<tr><td rowspan="16">初始投入</td><td rowspan="5">物质投入</td><td colspan="2">物料 1</td><td>1</td><td colspan="6" rowspan="5">$q^e=(q_{ij}^e)_{m\times n}$
（Ⅲ）</td><td colspan="6" rowspan="5">$f^e=(f_{ij}^e)_{m\times k}$
（Ⅳ）</td><td colspan="2" rowspan="5">Q^e</td></tr>
<tr><td colspan="2">物料 2</td><td>2</td></tr>
<tr><td colspan="2">物料 i</td><td>⋮</td></tr>
<tr><td colspan="2">物料 m</td><td>m</td></tr>
<tr><td colspan="2">物质投入合计</td><td>$m+1$</td></tr>
<tr><td rowspan="5">价值投入</td><td colspan="2">原材料成本</td><td>1</td><td colspan="6" rowspan="5">$q^v=(q_{ij}^v)_{h\times n}$
（Ⅴ）</td><td colspan="6" rowspan="5">$f^v=(f_{ij}^v)_{h\times k}$
（Ⅵ）</td><td colspan="2" rowspan="5">Q^v</td></tr>
<tr><td colspan="2">燃料、动力成本</td><td>2</td></tr>
<tr><td colspan="2">系统成本</td><td>⋮</td></tr>
<tr><td colspan="2">其他</td><td>h</td></tr>
<tr><td colspan="2">生产成本合计</td><td>$h+1$</td></tr>
<tr><td rowspan="5">外部价值项目</td><td colspan="2">期间费用</td><td>1</td><td colspan="6" rowspan="5">辅表 2</td><td colspan="6" rowspan="5">辅表 3</td><td colspan="2" rowspan="5"></td></tr>
<tr><td colspan="2">经济附加值（利润、税金）</td><td>2</td></tr>
<tr><td colspan="2">外部环境损害成本</td><td>⋮</td></tr>
<tr><td colspan="2">其他成本</td><td>p</td></tr>
<tr><td colspan="2">外部价值合计</td><td>$p+1$</td></tr>
<tr><td colspan="3">初始投入价值合计</td><td>1</td><td colspan="6"></td><td colspan="6"></td><td colspan="2"></td></tr>
<tr><td colspan="5">总投入</td><td colspan="6"></td><td colspan="6"></td><td colspan="2"></td></tr>
</table>

3. 企业资源价值流投入产出模型分析及应用原理

表 6.5 根据流程企业的生产过程及分析层级关系建立了企业层面的资源价值流投入产出分析框架，主表由六部分组成，具体如下。

第Ⅰ部分主要反映各个物量中心之间生产工序产品的投入产出关系，q_{ij}^d 既表示第 i 种工序产品投入到第 j 个物量中心的分配关系，也表示第 j 个物量中心对第 i 种工序产品的消耗关系，工序产品中间投入与物量中心的产出可以表示为式（6.7）。同理，第Ⅱ部分主要反映工序产品在车间内的使用情况，工序产品的中间投入与车间的最终使用关系可以表示为式（6.8）。

$$q^d=(q_{ij}^d)_{n\times n}=\begin{bmatrix} q_{11}^d & q_{12}^d & \cdots & q_{1n}^d \\ q_{21}^d & q_{22}^d & \cdots & q_{2n}^d \\ \vdots & \vdots & & \vdots \\ q_{n1}^d & q_{n2}^d & \cdots & q_{nn}^d \end{bmatrix} \tag{6.7}$$

$$f^d=(f_{ij}^d)_{n\times k}=\begin{bmatrix} f_{11}^d & f_{12}^d & \cdots & f_{1k}^d \\ f_{21}^d & f_{22}^d & \cdots & f_{2k}^d \\ \vdots & \vdots & & \vdots \\ f_{n1}^d & f_{n2}^d & \cdots & f_{nk}^d \end{bmatrix} \tag{6.8}$$

对于企业层面的总产出而言，上一物量中心（车间）的产出是下一物量中心（车间）的投入，因此并不能直接将第Ⅰ部分（物量中心）和第Ⅱ部分（车间）的产出直接相加，否则存在重复计算，中间投入对企业最终产出的贡献可以借助辅表1进行汇集。

第Ⅲ部分表示初始物料投入与各物量中心最终使用的情况（物量型），既反映了第 i 种初始物料在第 j 个物量中心的分配情况，也反映了第 j 个物量中心对第 i 种初始物料的消耗情况［式（6.9）］。同理，第Ⅳ部分车间初始投入与车间最终使用之间的关系（物量型）见式（6.10）。于是，总的初始投入与产出之间的关系可以表示为式（6.11），即初始总投入＝物量中心产出＋车间产出。

$$q^e=(q_{ij}^e)_{m\times n}=\begin{bmatrix} q_{11}^e & q_{12}^e & \cdots & q_{1n}^e \\ q_{21}^e & q_{22}^e & \cdots & q_{2n}^e \\ \vdots & \vdots & & \vdots \\ q_{m1}^e & q_{m2}^e & \cdots & q_{mn}^e \end{bmatrix} \tag{6.9}$$

$$f^e=(f_{ij}^e)_{m\times k}=\begin{bmatrix} f_{11}^e & f_{12}^e & \cdots & f_{1k}^e \\ f_{21}^e & f_{22}^e & \cdots & f_{2k}^e \\ \vdots & \vdots & & \vdots \\ f_{m1}^e & f_{m2}^e & \cdots & f_{mk}^e \end{bmatrix} \tag{6.10}$$

$$\begin{cases} q_{11}^e + q_{12}^e + \cdots + q_{1n}^e + f_{11}^e + f_{12}^e + \cdots + f_{1k}^e = Q_1^e \\ q_{21}^e + q_{22}^e + \cdots + q_{2n}^e + f_{21}^e + f_{22}^e + \cdots + f_{2k}^e = Q_2^e \\ \vdots \\ q_{m1}^e + q_{m2}^e + \cdots + q_{mn}^e + f_{m1}^e + f_{m2}^e + \cdots + f_{mk}^e = Q_m^e \end{cases} \tag{6.11}$$

初始投入的物量平衡关系可简化为

$$\sum_{j=1}^{n} q_{ij}^e + \sum_{j=1}^{k} f_{ij}^e = Q_i^e \quad (i = 1, 2, \cdots, m) \tag{6.12}$$

第V部分和第Ⅵ部分分别反映了初始投入的价值量，初始投入价值量的核算以最初的物质投入为基础，由物量和相应的价格计算得到。第V部分为初始投入（价值型）与物量中心工序产品产出的关系［式（6.13）］，第Ⅵ部分为初始投入（价值型）与车间半成品产出之间的关系［式（6.14）］。

$$q^v = (q_{ij}^v)_{h \times n} = \begin{bmatrix} q_{11}^v & q_{12}^v & \cdots & q_{1n}^v \\ q_{21}^v & q_{22}^v & \cdots & q_{2n}^v \\ \vdots & \vdots & & \vdots \\ q_{h1}^v & q_{h2}^v & \cdots & q_{hn}^v \end{bmatrix} \tag{6.13}$$

$$f^v = (f_{ij}^v)_{h \times k} = \begin{bmatrix} f_{11}^v & f_{12}^v & \cdots & f_{1k}^v \\ f_{21}^v & f_{22}^v & \cdots & f_{2k}^v \\ \vdots & \vdots & & \vdots \\ f_{h1}^v & f_{h2}^v & \cdots & f_{hk}^v \end{bmatrix} \tag{6.14}$$

价值型初始总投入的平衡关系类似于实物型初始总投入，可以表示为

$$\begin{cases} q_{11}^v + q_{12}^v + \cdots + q_{1n}^v + f_{11}^v + f_{12}^v + \cdots + f_{1k}^v = Q_1^v \\ q_{21}^v + q_{22}^v + \cdots + q_{2n}^v + f_{21}^v + f_{22}^v + \cdots + f_{2k}^v = Q_2^v \\ \vdots \\ q_{h1}^v + q_{h2}^v + \cdots + q_{hn}^v + f_{h1}^v + f_{h2}^v + \cdots + f_{hk}^v = Q_h^v \end{cases} \tag{6.15}$$

式（6.15）可以进一步简化为

$$\sum_{j=1}^{n} q_{ij}^v + \sum_{j=1}^{k} f_{ij}^v = Q_i^v \quad (i = 1, 2, \cdots, h) \tag{6.16}$$

辅表 2 与辅表 3 分别统计各物量中心和各生产车间的外部价值项目，属于生产环节以外的成本价值项目。上文主要从行平衡的角度，分别讨论了中间投入、初始投入（物量型与价值型，不含外部价值项目）与产出的关系。从列平衡的角

度来看，各物量中心或车间的物量总投入包括中间物量投入（q^d 或 f^d，假定均按物量统计）与初始物量投入（q^e 或 f^e）；同理，各物量中心或车间的价值总投入包括中间价值投入（q^d 或 f^d，假定均按价值统计）与初始价值投入（q^v 或 f^v），在测算物量中心（工序产品）或车间（半成品）产出的价值总量时，还应考虑相应的外部价值项目（辅表 2、辅表 3）。

表 6.5 刻画了企业全流程的投入产出过程，为企业资源价值流核算及分析提供了整体思路，表 6.3 为单一物量中心（车间）的投入产出核算提供了基本方法，企业投入产出核算涉及的中间投入（物质）主要包括来自上一生产系统结转物料、再利用物料及再生物料，初始投入（物质）为新投入物料。然而，在企业资源价值流投入产出分析的实际应用中，往往还需考虑物量中心（车间）之间的资源价值流结转过程。鉴于此，本书尝试借助图 6.8 诠释多个物量中心（工序产品）之间的投入产出关系，各个物量中心的投入产出表结构与表 6.5 基本一致。可以看出，物量中心 i 的中间投入主要来自物量中心 i–1 的正制品输出，物量中心 $i+1$ 产出的可再利用负制品构成物量中心 i 的中间投入之一；物量中心 i 及物量中心 $i+1$ 产出的可再生负制品成为再生物量中心 K 的中间投入，再生物量中心 K 的正制品产出可能又形成了物量中心 i–1 的重要初始投入之一；物量中心 i–1、再生物量中心 X 及物量中心 i 之间的循环关系同上。各个物量中心具有的共性是：产出的部分负制品（剩余残余物，废水、废气及固废）直接引起了外部环境损害，这是核算外部环境损害成本的关键来源。

6.3.3　企业资源价值流转的生态效率测度与分析

对流程制造企业而言，生态效率以减少资源消耗、减少环境影响和增加产品价值为目的，服务于企业的清洁生产评价与决策。前文的企业资源价值流投入产出表建立在大量实际生产统计数据的基础上，从经济维度和环境维度以确切的数量关系反映企业内部各车间、各产品之间的输入与输出关系，为企业内部流程单元的生态效率测度提供了数据来源。对于流程制造企业，生产不同的产品需要不同的工艺流程，每一生产车间由几道或多道工序组成。在由原材料到产品的生产全过程中，总有一种物质贯穿产品的生产过程。

1. 企业资源价值流转的生态效率测度

根据生态效率的内涵[①]，本书尝试从资源效率和环境效率两个维度来测度经济指标与环境压力之间的关系。

① 经济社会发展的价值量与自然资源（包括能量和物质资源与生态环境资源）消耗的实物量比值。

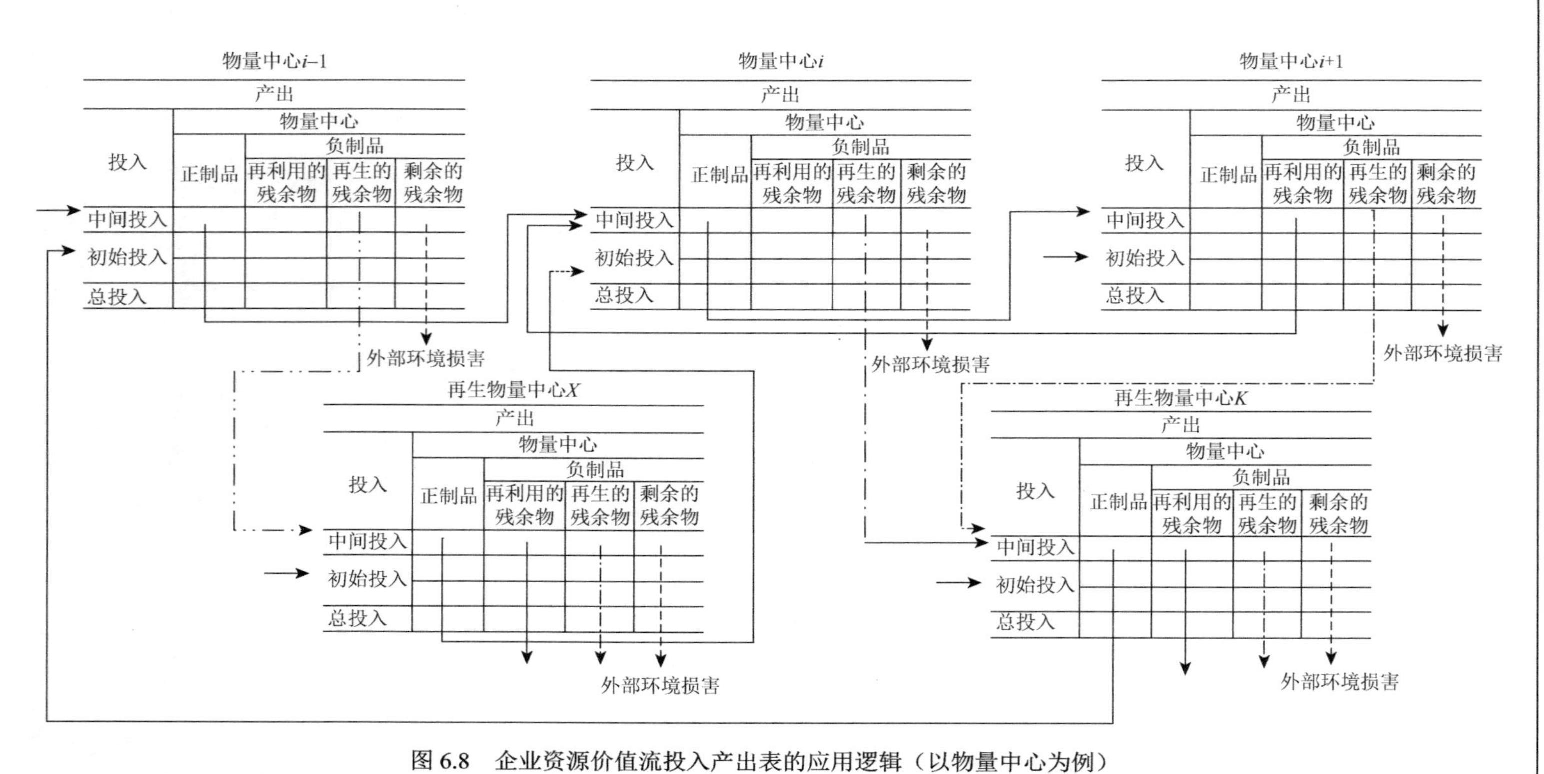

图 6.8　企业资源价值流投入产出表的应用逻辑（以物量中心为例）

本书此处仅以五个物量中心为例阐述其循环原理，其中，本书呈现的产出去向与投入来源只是可能的一种，实际情形往往更加复杂

（1）资源效率是指单位资源所生产出来的产品价值，某一生产车间的资源效率为既定观测期内输入该生产车间子系统的单位物质量所产出的最终合格产品的价值，如式（6.17）所示；某一物量中心（或工序）的资源效率为既定观测期内该物量中心生产的正制品价值与输入该物量中心原材料数量的比值，如式（6.18）所示。

$$r = P / R \tag{6.17}$$

其中，r 为车间资源效率；P 为正制品价值量；R 为生产该产品的过程中输入车间的资源量。

同理，对于车间内的各个物量中心而言，资源效率可以表示为

$$r_i = P_i / R_i \tag{6.18}$$

提高资源效率，意味着可用更少的天然资源投入生产更多的产品，同时还能对废弃物减排和环境污染有所遏制，降低环境负荷。

（2）环境效率是指与单位排放物量相对应的产品价值，生产车间层面的环境效率，是指既定观测期内与本车间单位排放物量相对应的最终合格产品（即资源价值流分析中的正制品）的价值量，如式（6.19）所示；车间内各物量中心的环境效率，是指既定观测期内该物量中心生产的正制品价值量与其污染物排放量的比值，如式（6.20）所示。

$$q = P / Q \tag{6.19}$$

其中，q 为车间环境效率；P 为正制品价值量；Q 为生产该产品的过程中向外界排放的污染物量。

同理，对于车间内的各个物量中心而言，环境效率可以表示为

$$q_i = P_i / Q_i \tag{6.20}$$

提高环境效率，意味着要在较少污染物排放的条件下，产出更多的产品，同时降低对环境的影响。

2. 企业资源价值流转的生态效率分析

在企业的实际工艺流程中，往往因为存在车间内部的物料回收、外界的物质输入、某一物量中心的副产品或负制品外排及再利用、物量中心之间的再生循环而使得整个工艺流程极为复杂，如图 6.9 所示。本书主要从车间资源效率与物量中心（工序）资源效率的关系、车间环境效率与物量中心（工序）环境效率的关系等方面进行分析。

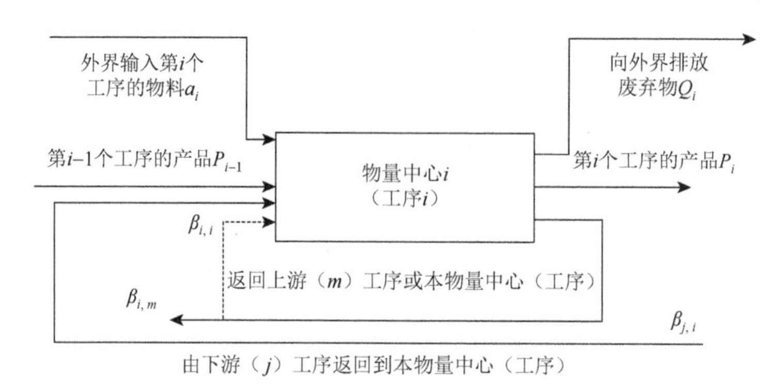

图 6.9　物量中心 i 的物质流情形

1）车间资源效率与物量中心（工序）资源效率的关系

在由性质、功能不同的生产车间、物量中心组成的企业生产系统中，各个物量中心或车间因生产技术和装备水平的差异，其资源效率也不相同。本书此处以基准工艺流图①为基础，以 5 个物量中心（工序）为例，根据具体的物质流转情形进行详细分析，如图 6.10 所示。当车间内的中间工序无外部物质输入时，整个生产车间的资源效率可以表示为

$$r = r_1 \cdot r_2 \cdot r_3 \cdot r_4 \cdot r_5 = P_5 / R \tag{6.21}$$

其中，$r_1 = P_1 / R$；$r_2 = P_2 / P_1$；$r_3 = P_3 / P_2$；$r_4 = P_4 / P_3$；$r_5 = P_5 / P_4$。

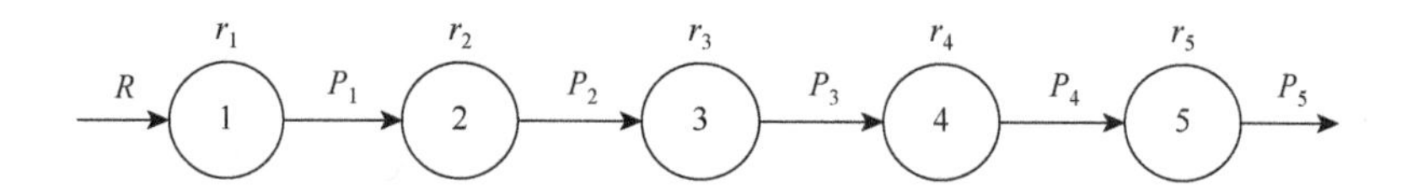

图 6.10　某车间的基本生产流程

在上述基础上，当车间内中间工序有外界工序的资源输入时，车间资源效率与物量中心资源效率的关系需要分情况讨论，具体如下。

（1）当中间工序有一个外界的工序向其输入资源时（图 6.11），车间的资源效率与物量中心资源效率之间的关系可以表示为

$$r = r_1 \cdot r_2 \cdot r_3 \cdot r_4 \cdot r_5 = \sum_{j=1}^{2} (w_{1j} \cdot r_{1j}) \cdot r_2 \cdot r_3 \cdot r_4 \cdot r_5 \tag{6.22}$$

其中，w_{1j} 为权重；$w_{11} = P_{11} / (P_{11} + P_{12})$；$w_{12} = P_{12} / (P_{11} + P_{12})$。

① 基准工艺流图满足两个假设：生产流程中物质从上游流向下游工序；在工艺流程中途不存在物质的输入与输出。

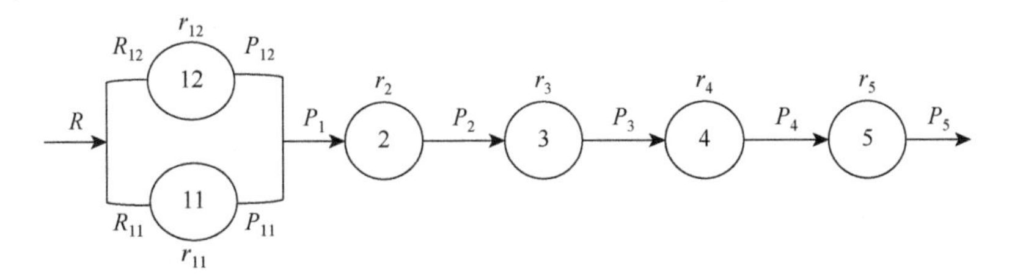

图 6.11　中间工序有一个外界工序向其输入资源的情形

（2）当中间工序有多个外界的工序向其输入资源时（图 6.12），车间的资源效率与物量中心资源效率之间的关系可以表示为

$$r = r_1 \cdot r_2 \cdot r_3 \cdot r_4 \cdot r_5 = \sum_{j=1}^{n}(w_{1j} \cdot r_{1j}) \cdot r_2 \cdot r_3 \cdot r_4 \cdot r_5 \tag{6.23}$$

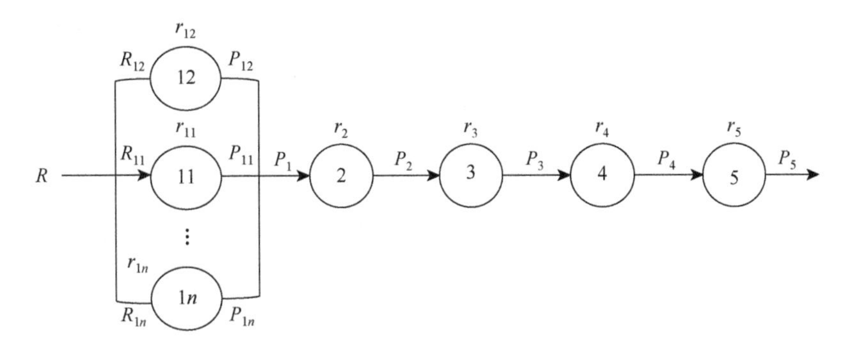

图 6.12　中间工序有多个外界工序向其输入资源的情形

（3）当车间中两个相邻工序有外界的工序向其输入资源时（图 6.13），将由物量中心 1 到物量中心 21 这一段称为新“物量中心 21”，其资源效率为

$$r'_{21} = r_1 \cdot r_{21} = \sum_{j=1}^{2}(w_{1j} \cdot r_{1j}) \cdot r_{21}$$

于是，物量中心 1 到物量中心 22 这一段的资源效率为

$$r' = w_{21} \cdot r'_{21} + w_{22} \cdot r_{22} = w_{21} \cdot \sum_{j=1}^{2}(w_{1j} \cdot r_{1j}) \cdot r_{21} + w_{22} \cdot r_{22}$$

其中，$r_{21} = P_{21} / P_1 = P_{21} / (P_{11} + P_{12})$；$r_{22} = P_{22} / R_{22}$。

在此基础上，车间资源效率与物量中心资源效率之间的关系可以表示为

$$r = \left(\sum_{j=1}^{2}(w_{1j} \cdot r_{1j}) \cdot w_{21} \cdot r_{21} + w_{22} \cdot r_{22} \right) \cdot r_3 \cdot r_4 \cdot r_5 \tag{6.24}$$

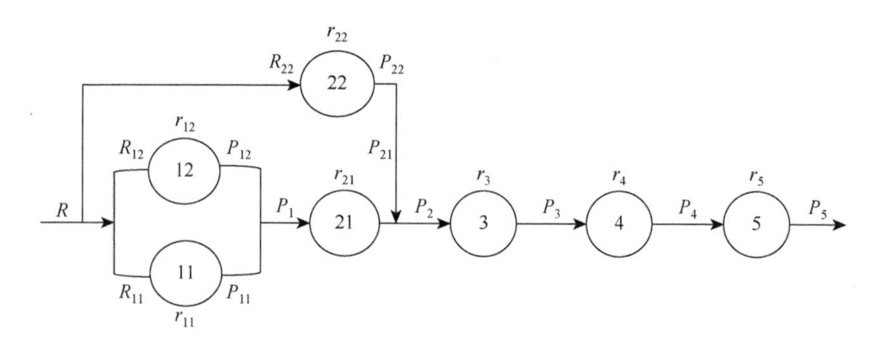

图 6.13　两个相邻工序有外界工序向其输入资源的情形

（4）当车间中两个不相邻工序有外界的工序向其输入资源时（图 6.14），将由物量中心 1 到物量中心 31 这一段称为新“物量中心 31”，其资源效率为

$$r'_{31} = r_1 \cdot r_{31} = \sum_{j=1}^{2}(w_{1j} \cdot r_{1j}) \cdot r_2 \cdot r_{31}$$

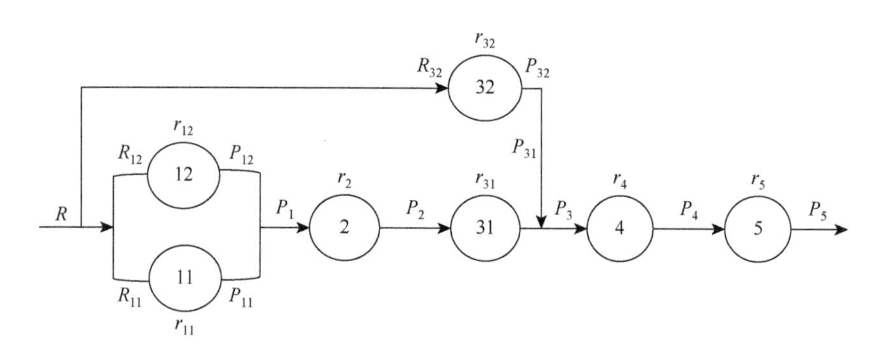

图 6.14　两个不相邻工序有外界工序向其输入资源的情形

于是，物量中心 1 到物量中心 32 这一段的资源效率为

$$r' = w_{31} \cdot r'_{31} + w_{32} \cdot r_{32} = w_{31} \cdot \sum_{j=1}^{2}(w_{1j} \cdot r_{1j}) \cdot r_2 \cdot r_{31} + w_{32} \cdot r_{32}$$

其中，$r_{31} = P_{31} / P_2$；$r_{32} = P_{32} / R_{32}$。上述车间的资源效率与物量中心资源效率之间的关系可以表示为

$$r = \left(\sum_{j=1}^{2}(w_{1j} \cdot r_{1j}) \cdot w_{31} \cdot r_2 \cdot r_{31} + w_{32} \cdot r_{32}\right) \cdot r_4 \cdot r_5 \tag{6.25}$$

2）车间环境效率与物量中心（工序）环境效率的关系

参照前文关于资源效率的分析范式，当车间内无外界工序输入资源时，生产车间的物质流路线如图 6.15 所示，Q_i 为各个物量中心向外界排放的废弃物，各个物量中心的环境效率可以表示为 $q_i = P_i/Q_i$，则该生产车间的环境效率可表示为

$$q = P_5 / Q = P_5 / (Q_1 + Q_2 + Q_3 + Q_4 + Q_5) = 1\bigg/\left(\frac{Q_1}{P_5} + \frac{Q_2}{P_5} + \frac{Q_3}{P_5} + \frac{Q_4}{P_5} + \frac{Q_5}{P_5}\right)$$

$$= \frac{1}{\dfrac{1}{\dfrac{P_1}{Q_1}} \cdot \dfrac{P_1}{P_5} + \dfrac{1}{\dfrac{P_2}{Q_2}} \cdot \dfrac{P_2}{P_5} + \dfrac{1}{\dfrac{P_3}{Q_3}} \cdot \dfrac{P_3}{P_5} + \dfrac{1}{\dfrac{P_4}{Q_4}} \cdot \dfrac{P_4}{P_5} + \dfrac{1}{\dfrac{P_5}{Q_5}} \cdot \dfrac{P_5}{P_5}} \tag{6.26}$$

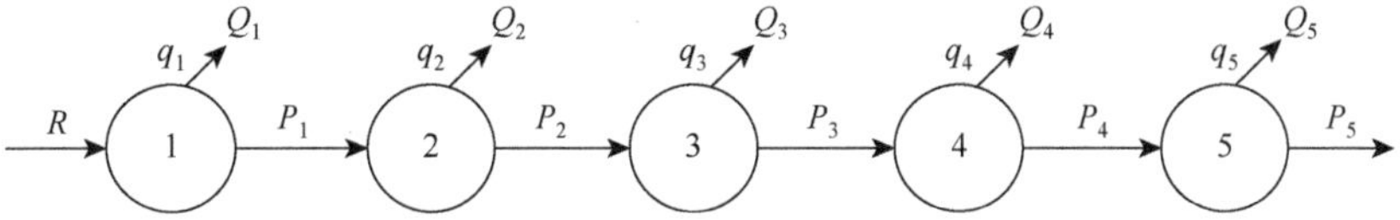

图 6.15 某车间的基本物质流转路线

若令 $p_1 = P_1 / P_5$， $p_2 = P_2 / P_5$， $p_3 = P_3 / P_5$， $p_4 = P_4 / P_5$， $p_5 = P_5 / P_5 = 1$，则式（6.26）可进一步化简为

$$q = \frac{1}{\dfrac{1}{\dfrac{P_1}{Q_1}} \cdot p_1 + \dfrac{1}{\dfrac{P_2}{Q_2}} \cdot p_2 + \dfrac{1}{\dfrac{P_3}{Q_3}} \cdot p_3 + \dfrac{1}{\dfrac{P_4}{Q_4}} \cdot p_4 + \dfrac{1}{\dfrac{P_5}{Q_5}} \cdot p_5} = \frac{1}{\sum\limits_{i=1}^{5}\left(\dfrac{1}{q_i} \cdot p_i\right)} \tag{6.27}$$

其中，q_i 为车间内第 i 物量中心的环境效率；p_i 为第 i 物量中心正制品价值占车间产成品价值的比例；q 为全车间的环境效率。

同资源效率的情景分析，实际运用中车间环境效率与物量中心环境效率之间的关系需要根据车间中工序的实际情况进行具体分析。

（1）当中间工序有一个外界的工序向其输入资源时（图 6.16），把物量中心 11 与物量中心 12 视为新“物量中心 1”，其环境效率为

$$q_1 = \frac{(P_{11} + P_{12})}{(Q_{11} + Q_{12})} = \frac{\sum\limits_{j=1}^{2} P_{1j}}{\dfrac{1}{\dfrac{P_{11}}{Q_{11}}} \cdot P_{11} + \dfrac{1}{\dfrac{P_{12}}{Q_{12}}} \cdot P_{12}}$$

$$= \frac{1}{\dfrac{1}{q_{11}} \cdot \dfrac{P_{11}}{\sum\limits_{j=1}^{2} P_{1j}} + \dfrac{1}{q_{12}} \cdot \dfrac{P_{12}}{\sum\limits_{j=1}^{2} P_{1j}}} = \frac{1}{\dfrac{1}{q_{11}} \cdot w_{11} + \dfrac{1}{q_{12}} \cdot w_{12}}$$

$$= \frac{1}{\sum\limits_{j=1}^{2}\left(\dfrac{w_{1j}}{q_{1j}}\right)}$$

其中，w_{1j} 为权重；$w_{11}=P_{11}/(P_{11}+P_{12})$；$w_{12}=P_{12}/(P_{11}+P_{12})$。

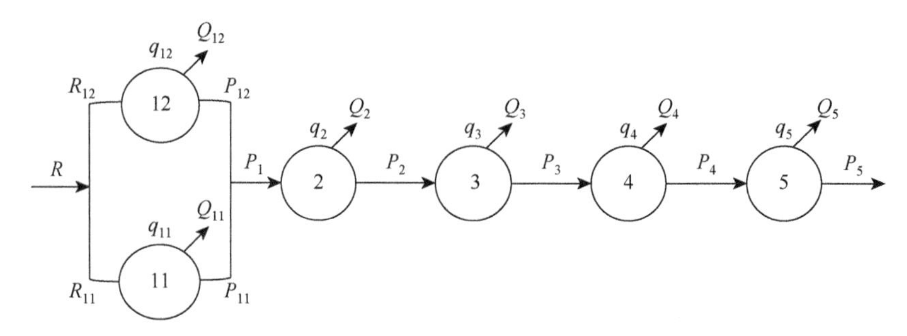

图 6.16　中间工序有一个外界工序向其输入资源的情形

于是，车间环境效率与物量中心环境效率之间的关系可以表示为

$$q=\frac{1}{\dfrac{1}{\dfrac{1}{\sum_{j=1}^{2}\left(\dfrac{w_{1j}}{q_{1j}}\right)}}\cdot P_1+\dfrac{1}{q_2}\cdot P_2+\cdots+\dfrac{1}{q_5}\cdot P_5}=\frac{1}{\sum_{j=1}^{2}\left(\dfrac{w_{1j}}{q_{1j}}\right)\cdot P_1+\sum_{i=2}^{5}\left(\dfrac{1}{q_i}\cdot P_i\right)} \tag{6.28}$$

（2）当中间工序有多个外界的工序向其输入资源时（图 6.17），同样可以将车间之外的 n–1 个物量中心与原来的物量中心 11 视为一个新“物量中心 1”，此时该物量中心的环境效率为（推导过程同上）：

$$q_1=\frac{(P_{11}+P_{12}+\cdots+P_{1n})}{(Q_{11}+Q_{12}+\cdots+Q_{1n})}=\frac{1}{\sum_{j=1}^{n}\left(\dfrac{w_{1j}}{q_{1j}}\right)} \tag{6.29}$$

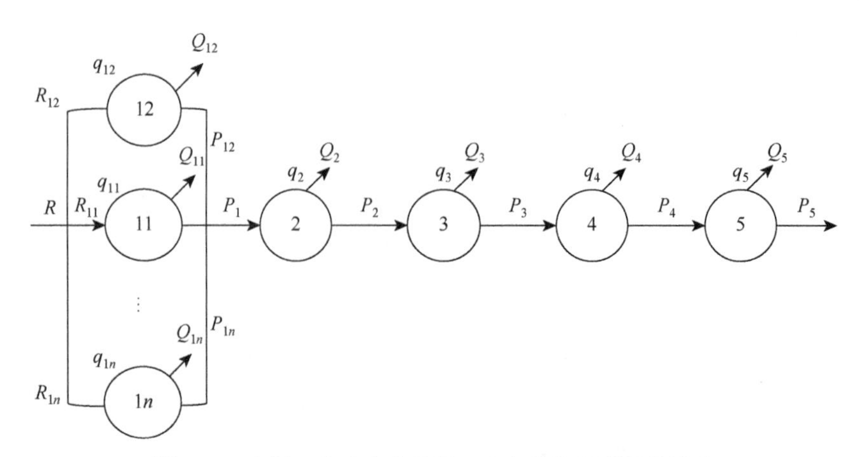

图 6.17　中间工序有多个外界工序向其输入资源的情形

原理同前，车间的环境效率与物量中心环境效率之间的关系可以表示为

$$q=\frac{1}{\frac{1}{\frac{1}{\sum_{j=1}^{n}\left(\frac{w_{1j}}{q_{1j}}\right)}}\cdot P_1+\frac{1}{q_2}\cdot P_2+\cdots+\frac{1}{q_5}\cdot P_5}=\frac{1}{\sum_{j=1}^{n}\left(\frac{w_{1j}}{q_{1j}}\right)\cdot P_1+\sum_{i=2}^{5}\left(\frac{1}{q_i}\cdot P_i\right)} \tag{6.30}$$

（3）当车间中两个相邻工序有外界的工序向其输入资源时（图 6.18），将由物量中心 1 到物量中心 21 这一段称为新“物量中心 21”，其环境效率为

$$q_2=\frac{1}{\sum_{j=1}^{2}\left(\frac{w_{2j}}{q_{2j}}\right)}$$

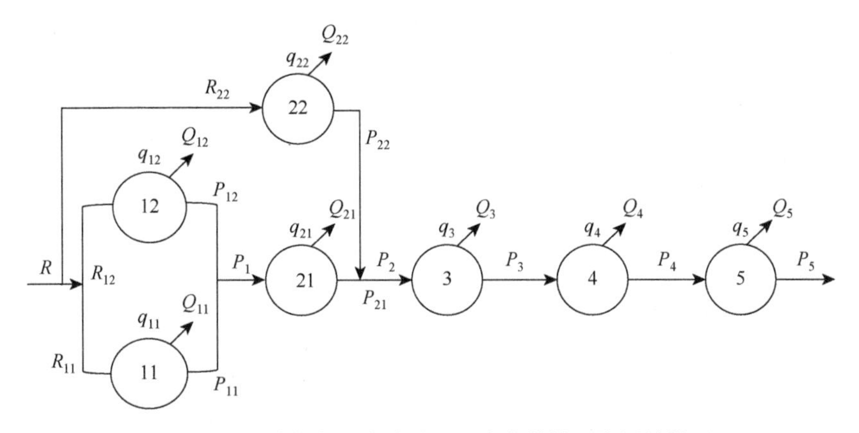

图 6.18　两个相邻工序有外界工序向其输入资源的情形

该车间的环境效率与物量中心环境效率之间的关系可以表示为

$$\begin{aligned}q&=\frac{1}{\frac{1}{\frac{1}{\sum_{j=1}^{2}\left(\frac{w_{1j}}{q_{1j}}\right)}}\cdot P_1+\frac{1}{\frac{1}{\sum_{j=1}^{2}\left(\frac{w_{2j}}{q_{2j}}\right)}}\cdot P_2+\frac{1}{q_3}\cdot P_3+\cdots+\frac{1}{q_5}\cdot P_5}\\&=\frac{1}{\sum_{j=1}^{2}\left(\frac{w_{1j}}{q_{1j}}\right)\cdot P_1+\sum_{j=1}^{2}\left(\frac{w_{2j}}{q_{2j}}\right)\cdot P_2+\sum_{i=3}^{5}\left(\frac{1}{q_i}\cdot P_i\right)}\\&=\frac{1}{\sum_{i=1}^{2}\left(\sum_{j=1}^{2}\left(\frac{w_{ij}}{q_{ij}}\right)\cdot P_i\right)+\sum_{i=3}^{5}\left(\frac{1}{q_i}\cdot P_i\right)}\end{aligned} \tag{6.31}$$

（4）当车间中两个不相邻工序有外界的工序向其输入资源时（图 6.19），新“物量中心 3”的环境效率为

$$q_3 = \frac{1}{\sum_{j=1}^{2}\left(\frac{w_{3j}}{q_{3j}}\right)}$$

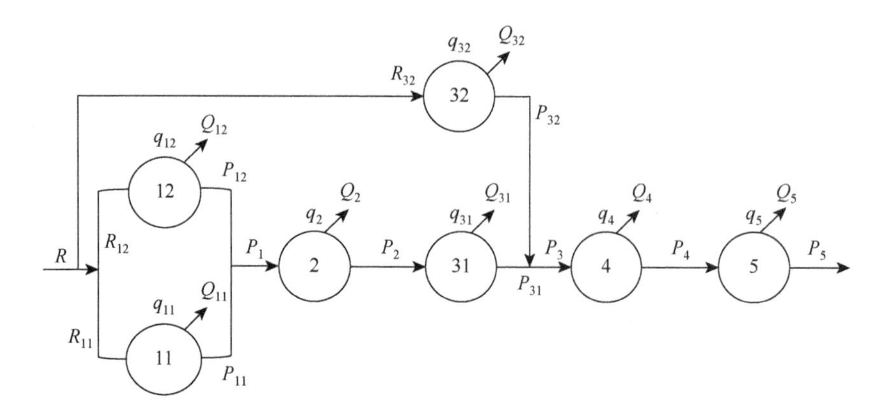

图 6.19　两个不相邻工序有外界工序向其输入资源的情形

此时，该车间的环境效率与物量中心环境效率之间的关系表示为

$$\begin{aligned} q &= \frac{1}{\dfrac{1}{\dfrac{1}{\sum_{j=1}^{2}\left(\frac{w_{1j}}{q_{1j}}\right)}}\cdot P_1 + \dfrac{1}{q_2}\cdot P_2 + \dfrac{1}{\dfrac{1}{\sum_{j=1}^{2}\left(\frac{w_{3j}}{q_{3j}}\right)}}\cdot P_3 + \dfrac{1}{q_4}\cdot P_4 + \dfrac{1}{q_5}\cdot P_5} \\ &= \frac{1}{\sum_{j=1}^{2}\left(\frac{w_{1j}}{q_{1j}}\right)\cdot P_1 + \frac{1}{q_2}\cdot P_2 + \sum_{j=1}^{2}\left(\frac{w_{3j}}{q_{3j}}\right)\cdot P_3 + \sum_{i=4}^{5}\left(\frac{1}{q_i}\cdot P_i\right)} \end{aligned} \tag{6.32}$$

6.4　案例分析：以 GL 铝冶金企业为例

6.4.1　案例背景

本书拟选取的案例对象为 GL 铝冶金企业，该企业始建于 1958 年，是中国铝业股份有限公司在我国西南地区的一家分公司，是从铝土矿、氧化铝、电解铝、碳素到与之相适应的综合配套体系的大型铝联合企业，其形成了“矿山→氧化

铝→电解铝→碳素制品”的联合生产模式。GL 铝冶金企业的组织结构如图 6.20 所示，截至 2014 年，有员工 15 000 余人，其中工程技术人员占 4%左右，生产人员约占 84%。GL 铝冶金企业的主要产品为氧化铝、原铝、铝加工、镓和碳素制品等，截至 2014 年，已形成年产氧化铝 80 万吨、电解铝 40 万吨、碳素制品 27 万吨、铝土矿 160 万吨及石灰石矿 65 万吨左右的规模。

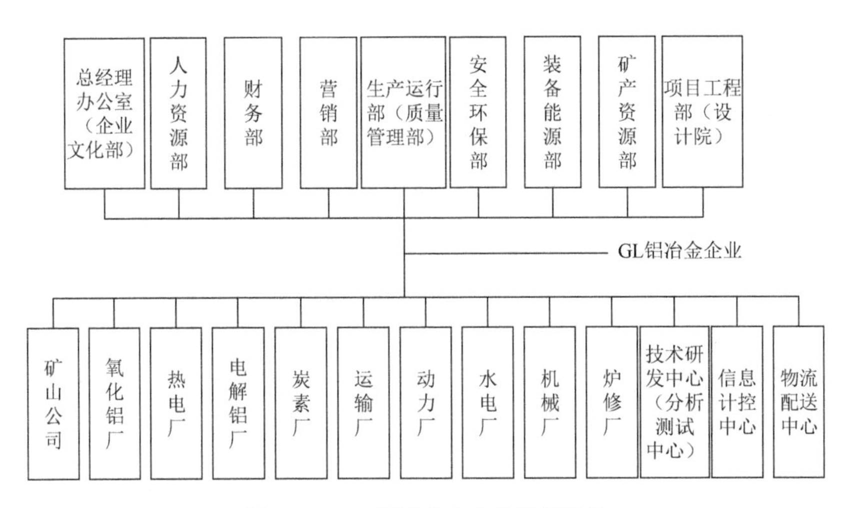

图 6.20　GL 铝冶金企业的组织结构

GL 铝冶金企业作为大型铝联合企业，其生产过程是以铝土矿、能源、水、空气等为资源输入，将两个自备铝土矿（第一铝矿以开采普铝矿为主，第二铝矿以开采高铝矿为主，兼采少量普铝矿）生产的普铝矿、高铝矿作为氧化铝厂的原材料，经过氧化铝厂生产出氧化铝半成品，并成为电解铝厂的主要原材料，经过电解铝生产流程，生产出各种铝产品，在电解铝生产铝产品的过程中，需消耗由炭素厂生产的炭素阳极和阴极产品。GL 铝冶金企业的工艺流程概况如图 6.21 所示，通过功能不同的工序串联作业，协同（集成）运行，生产出大量的铝产品、铝副产品；与此同时，大量自然资源消耗所导致的赤泥等废弃物的产生及排放，也造成了严重的环境污染。

6.4.2　基于物质流转的价值流核算

GL 铝冶金企业的总体工艺主要包括氧化铝、电解铝、炭素阳极及炭素阴极等，这也是企业层面资源价值流分析的重要生产子系统。车间层面的资源价值流分析的思路，即根据该车间的生产工艺绘制工艺流程图，并结合相应的物质输入与输出信息，建立物量中心层级的资源价值流分析模型框架，然后用资源价值流会计核算方法对各个物量中心进行相应的成本及价值项目核算，汇总即可得到整个车间的价值流转情况。同理，在考虑辅助车间部门资源价值流转的基础上，汇总各个车间的资源价值流转即可得到整个企业的资源流成本及价值。鉴于车间层面的核算及分析原理相同，本书仅选取氧化铝车间进行详细的核算演示，其他车间同理，本书不再一一赘述。

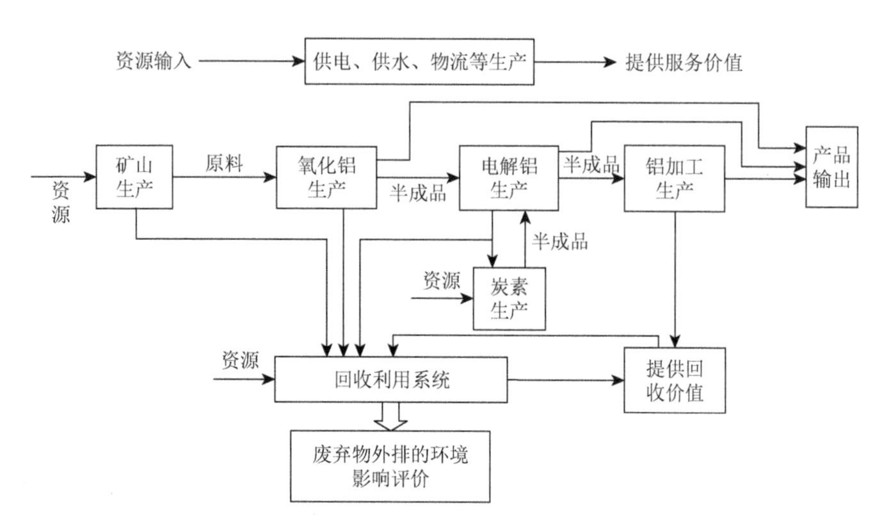

图 6.21　GL 铝冶金企业工艺流程概况

1. 工艺流程及输入、产出

氧化铝生产工艺流程如图 6.22 所示，先由铝土矿经破碎后与石灰石及循环母液研磨成矿浆，经管道化间接加热、机械搅拌间接加热、压煮罐加热及溶出后，再经十级自蒸发及稀释后进入沉降分离，由沉降分离产生的赤泥将经多次反向热水洗涤及过滤后，送堆场或送烧结法作为原料组分之一。粗液经叶滤后，送种子分解析出氢氧化铝，氢氧化铝经液态化焙烧炉焙烧后即得出产成品氧化铝。分离的氢氧化铝中含有大量游离氢氧化钠的分解母液，这些分解母液经蒸发去除多余水分及排盐后作为循环母液送回原料磨研系统中，使该物质得以循环使用。

氧化铝的生产原料包括铝土矿、纯碱、石灰石、煤粉及水等，根据实际生产当中的结构差异，材料与能源可细分为多个子项目；其产品输出主要为氧化铝，赤泥是其主要废弃物。本书以生产一吨氧化铝的资源输入、输出情况进行统计（表 6.6）。其中，废弃物主要是赤泥中损失的氧化铝，由 GL 铝冶金企业 2014 年技术质量月报中的氧化铝总回收率（86.39%）计算得到，即损失率为

13.61%（1–86.39%）。在此基础上，根据 GL 铝冶金企业的氧化铝月产量（88.56 吨），可计算氧化铝生产资源的输入（88.56×1 721.22 = 152 431.24 千克）、输出月度数据，其他项目的计算以此类推。

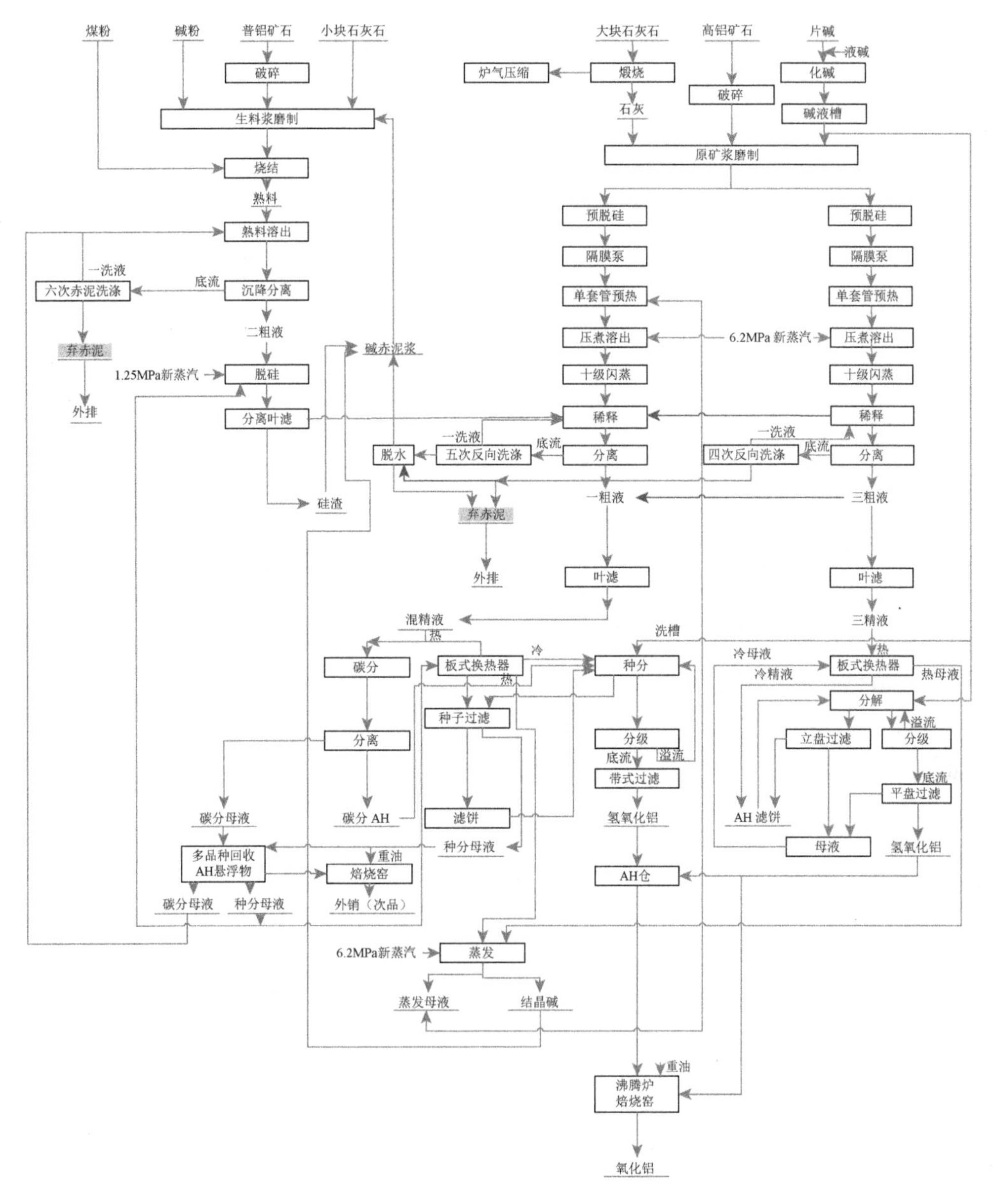

图 6.22　氧化铝生产工艺流程

资料来源：作者根据 2014 年某月对 GL 铝冶金企业的调研资料整理得到

表 6.6　GL 铝冶金企业生产一吨氧化铝的物质输入与输出情况

项目	类别	序号	名称	单位	数量	项目	类别	序号	名称	单位	数量
输入	原料	1	铝土矿	千克	1 721.22	输出	产品	1	氧化铝	千克	1 000
		2	碱粉	千克	95.03						
		3	石灰石	千克	531.9						
		4	洗精煤	千克	201.39						
	能源	1	原煤	吨	820		废弃物	1	赤泥（氧化铝损失）	千克	136.1
		2	电	千瓦时	347						
		3	无烟煤	千克	23.54						
		4	水	米 ^{3}	109.66						
		5	压缩空气	米 ^{3}	550						
		6	重油	千克	80.39						
		7	蒸汽	吨	3.59						

资料来源：作者根据 2014 年某月对 GL 铝冶金企业调研数据整理得到

2. 资源价值流核算框架

基于以上有关氧化铝车间的工艺流程及物质投入与产出的基础信息，为便于进行资源价值流核算，本书在兼顾 GL 铝冶金企业生产方式、工序特点及产品种类的同时，把氧化铝车间内的工序进一步划分为若干个物量中心（图 6.23），收集相应的数据，应用资源价值流核算原理与方法进行逐一核算。

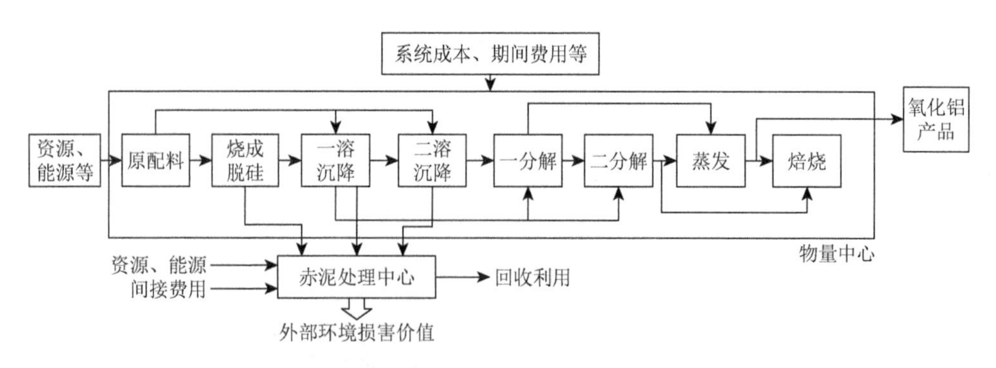

图 6.23　氧化铝车间的生产工艺流程

在分别对氧化铝生产车间内各个物量中心进行资源流成本核算时，需要将各物量中心计算所得的半成品成本按顺序转移至下一物量中心，并按照各物量中心的工艺流程特点，参照相关材料分配标准对本物量中心及上级物量中心的系统成本、能源成本进行分配，最后计量出各物量中心的总成本及单位成本。因此，核算应遵循“烧结配料、拜耳配料及石灰石→烧成脱硅→一溶沉降→二溶沉降→一分解→二分解→蒸发→焙烧→赤泥处理”的先后顺序。此外，氧化铝加工车间的资源流成本项目主要涉及材料、能源、系统及废弃物处理成本四部分，其中，材料成本又分为主要材料成本①、次要材料成本②及辅助材料成本③三方面；能源成本为电力、重油、蒸汽及水等的成本；系统成本涵盖生产工人工资、福利费等直接人工、其他直接费用及间接费用；废弃物处理成本主要是赤泥等废弃物处理产生的成本。

3. 车间层面的资源价值流投入产出模型

本书根据 2014 年对 GL 铝冶金企业实地调研获取的相关月度数据资料，应用资源价值流核算方法逐一对氧化铝生产车间内各个物量中心的资源价值流进行了核算。其中，①车间内的材料成本按投入步骤在各个物量中心间分步结转；②将氧化铝车间内每个物量中心的产出都划分为正制品与负制品，并将负制品进一步分为三类——再利用、再生及废弃物；③将各个物量中心的原材料、燃料等直接成本，人工、折旧等间接成本在正制品和负制品之间分配。图 6.24、图 6.25 及图 6.26 分别汇总反映了各物量中心材料成本、能源成本及系统成本的核算结果及流转情况，各个物量中心相应资源价值流转成本及价值项目的核算结果，是构建相应资源价值流投入产出表的基础。

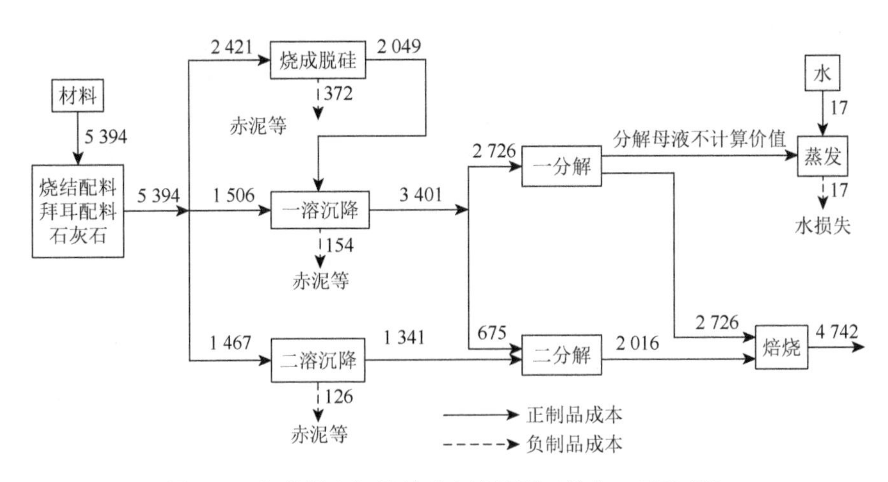

图 6.24　氧化铝车间材料成本流转图（单位：万元/月）

① 主要是前一物量中心投入的半成品、普铝矿、高铝矿、石灰石等的成本。

② 主要是输入碱粉、铁矿石等的成本。

③ 来自碱赤泥浆、循环使用的蒸发母液等的成本。

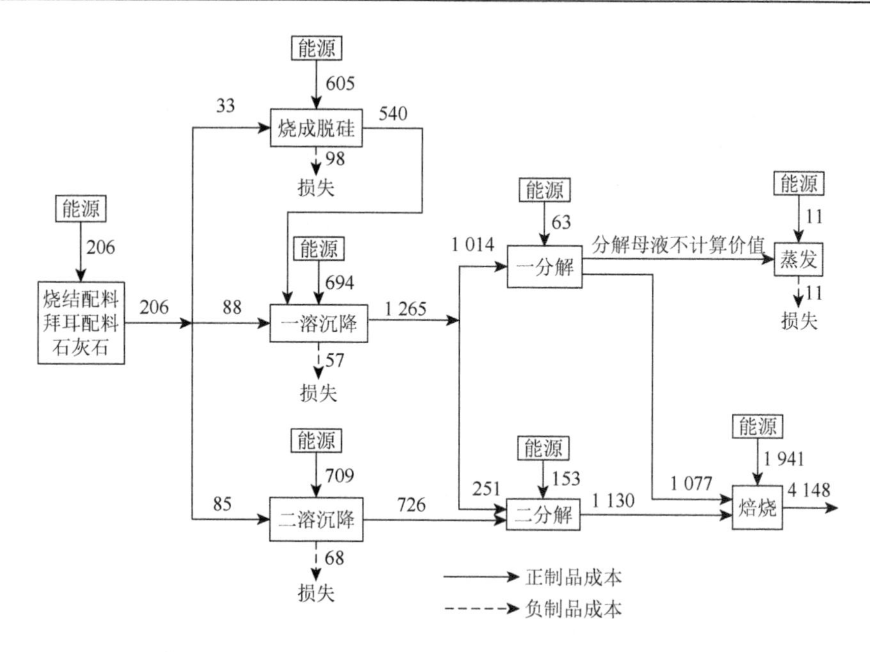

图 6.25　氧化铝车间能源成本流转图（单位：万元/月）

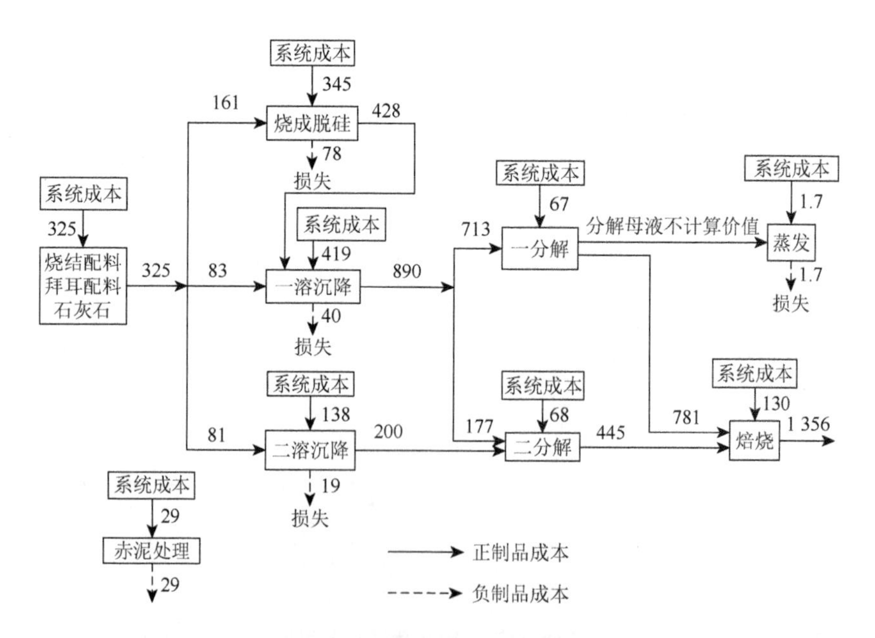

图 6.26　氧化铝车间系统成本流转图（单位：万元/月）

为了便于进行具体分析，本书选取氧化铝车间内具有代表性的"原配料"、"烧成脱硅"、"一溶沉降"、"二溶沉降"、"一分解"、"二分解"及"焙烧"物量中心，根据企业资源价值流投入产出模型的构建原理，依次构建了氧化铝各物量中心的资源价值流投入产出表，如表6.7～表6.13所示。需要指出的是，本书在核算负制品的外部环境损害价值时，仅考虑主要废弃物——赤泥。

表6.7　氧化铝“原配料”的资源价值流投入产出表

投入			序号	产出			
				正制品		负制品	合计
				生料浆（烧成） 36 698.90	矿浆（拜耳） 194 012.74		数量/金额
中间投入	工序产品	蒸发母液（米 ^{3}）	1	85 740.34	453 275.66		539 016.00
		碱赤泥浆（米 ^{3}）	2	15 220.48	79 907.52		95 128.00
		合计	3				
初始投入	物质投入	高铝矿（吨）	1	67 890.76	83 364.24		151 255.00
		普铝矿（吨）	2	6 919.02	8 495.98		15 415.00
		石灰石(烧成)(吨)	3	10 350.70	12 709.80		23 060.50
		石灰石(拜耳)(吨)	4	108 526.03	13 293.47		24 119.50
		碱粉（吨）	5	4 110.48	5 047.32		9 157.80
		合计	6				
	价值投入	材料成本（元/月）	1	24 210 904.43	29 728 992.19		53 939 896.62
		能源成本（元/月）	2	327 605.14	1 731 920.32		2 059 525.46
		系统成本（元/月）	3	517 183.40	2 734 146.44		3 251 329.84
		合计	4	25 055 692.97	34 195 058.95		59 250 751.92
	外部价值	期间费用（元/月）	1	（1 000.00）	（1 000.00）		
		经济附加值（元/月）	2	（2 000.00）	（2 000.00）		
		外部环境损害成本（元/月）	3				
		其他成本（元/月）	4				
		合计	5	（3 000.00）	（3 000.00）		
总投入			1	9 424 914.23	49 825 837.69		59 250 751.92

注：括号内为表外项目，不形成产品的生产成本，其数值需要根据产品的销售情况通过辅表反映；此外，由于数据获取受限，期间费用的分摊、经济附加值的实现等信息无法准确核算，本书为了能够揭示资源价值流投入产出分析的原理，统一假定一种产出承担的期间费用为1 000元/月，实现的经济附加值为2 000元/月

表 6.8 氧化铝“烧成脱硅”的资源价值流投入产出表

投入			序号	产出 正制品 脱硅溢流 31 054.05	产出 负制品 赤泥 5 644.85	产出 合计 数量/金额
中间投入	工序产品	生料浆（吨）	1	31 054.05	5 644.85	36 698.90
		合计	2			
初始投入	物质投入	水（吨）	1			59 343.00
		蒸汽（吨）	2			31 462.92
		电力（度）	3			7 389 981.00
		合计	4			
	价值投入	材料成本（元/月）	1	0.00	0.00	0.00
		能源成本（元/月）	2	5 123 096.21	931 251.81	6 054 348.02
		系统成本（元/月）	3	2 919 471.37	530 687.47	3 450 158.84
		合计	4	8 042 567.58	1 461 939.28	9 504 506.86
	外部价值	期间费用（元/月）	1	（1 000.00）	（1 000.00）	
		经济附加值（元/月）	2	（2 000.00）	（2 000.00）	
		外部环境损害成本（元/月）	3		（457 712.80）	
		其他成本（元/月）	4			
		合计	5	（3 000.00）	（460 712.80）	
总投入			1	63 270 976.90	5 484 281.88	68 755 258.78

注：括号内为表外项目，不形成产品的生产成本，其数值需要根据产品的销售情况通过辅表反映；此外，由于数据获取受限，期间费用的分摊、经济附加值的实现等信息无法准确核算，本书为了能够揭示资源价值流投入产出分析的原理，统一假定一种产出承担的期间费用为 1 000 元/月，实现的经济附加值为 2 000 元/月。投入的工序产品“生料浆”的材料成本为 24 210 904.43 元/月，能源成本为 333 122.90 元/月，系统成本为 1 606 441.66 元/月。外部环境损害价值的核算借鉴日本 LIME 系数，赤泥的环境损害系数为 0.081 084 88，按照 6.871 6 的汇率折算为人民币

表 6.9 氧化铝“一溶沉降”的资源价值流投入产出表

投入			序号	产出 正制品 种分精液 116 071.45	产出 正制品 炭分精液 7 672.62	产出 负制品 赤泥 5 610.90	产出 负制品 碱赤泥浆 95 128.00	产出 合计 数量/金额
中间投入	工序产品	脱硅溢流（米^3）	1	27 876.15	1 842.58	74.78	1 260.54	31 054.05
		原矿浆（米^3）	2	50 824.09	3 359.38	2 514.69	1 902.77	98 300.93
		合计	3					
初始投入	物质投入	电力（度）	1					3 435 632.00
		蒸汽（吨）	2					63 782.87
		水（万吨）	3					6.65
		合计	4					

续表

投入			序号	产出				
				正制品		负制品		合计
				种分精液 116 071.45	炭分精液 7 672.62	赤泥 5 610.90	碱赤泥浆 95 128.00	数量/金额
初始投入	价值投入	材料成本（元/月）	1	31 899 272.38	2 108 480.69	87 894.36	1 454 111.98	35 549 759.41
		能源成本（元/月）	2	3 589 044.20	237 228.93	177 580.17	2 937 861.38	6 941 714.69
		系统成本（元/月）	3	2 168 490.85	143 333.08	107 293.46	1 775 047.94	4 194 165.33
		合计	4	37 656 807.43	2 489 042.70	372 767.99	6 167 021.30	46 685 639.43
	外部价值	期间费用（元/月）	1	（1 000.00）	（1 000.00）	（1 000.00）	（1 000.00）	
		经济附加值（元/月）	2	（2 000.00）	（2 000.00）	（2 000.00）	（2 000.00）	
		外部环境损害成本（元/月）	3			（454 959.15）		
		其他成本（元/月）	4					
		合计	5	（3 000.00）	（3 000.00）	（457 959.00）	（3 000.00）	
总投入			1	67 430 633.95	4 457 035.51	445 772.85	7 557 696.48	79 891 138.79

注：括号内为表外项目，不形成产品的生产成本，其数值需要根据产品的销售情况通过辅表反映；此外，由于数据获取受限，期间费用的分摊、经济附加值的实现等信息无法准确核算，本书为了能够揭示资源价值流投入产出分析的原理，统一假定一种产出承担的期间费用为 1 000 元/月，实现的经济附加值为 2 000 元/月。投入的工序产品“脱硅溢流”的材料成本为 20 486 895.11 元/月，能源成本为 5 404 980.56 元/月，系统成本为 4 278 818.30 元/月；投入的工序产品“原矿浆”的材料成本为 15 062 864.30 元/月，能源成本为 874 966.48 元/月，系统成本为 833 512.88 元/月。外部环境损害价值的核算借鉴日本 LIME 系数，赤泥的环境损害系数为 0.081 084 88，按照 6.871 6 的汇率折算为人民币

表 6.10　氧化铝“二溶沉降”的资源价值流投入产出表

投入			序号	产出		
				正制品	负制品	合计
				精液 87 492.33	赤泥 8 219.48	数量/金额
中间投入	工序产品	矿浆（米^3）	1	87 492.33	8 219.48	95 711.81
			2			
		合计	3			
初始投入	物质投入	电力（度）	1			2 758 360.00
		蒸汽（吨）	2			69 375.03
		水（万吨）	3			0.70
		合计	4			
	价值投入	材料成本（元/月）	1	0.00	0.00	0.00
		能源成本（元/月）	2	6 483 003.42	609 222.18	7 092 225.60
		系统成本（元/月）	3	1 262 913.06	118 678.73	1 381 591.79
		合计	4	7 745 916.48	727 900.91	8 473 817.39

续表

投入			序号	产出		
				正制品	负制品	合计
				精液 87 492.33	赤泥 8 219.48	数量/金额
初始投入	外部价值	期间费用（元/月）	1	（1 000.00）	（1 000.00）	
		经济附加值（元/月）	2	（2 000.00）	（2 000.00）	
		外部环境损害成本（元/月）	3		（666 475.55）	
		其他成本（元/月）	4			
		合计	5	（3 000.00）	（669 475.55）	
总投入			1	78 231 433.31	10 133 522.87	88 364 956.18

注：括号内为表外项目，不形成产品的生产成本，其数值需要根据产品的销售情况通过辅表反映；此外，由于数据获取受限，期间费用的分摊、经济附加值的实现等信息无法准确核算，本书为了能够揭示资源价值流投入产出分析的原理，统一假定一种产出承担的期间费用为 1 000 元/月，实现的经济附加值为 2 000 元/月。投入的工序产品“矿浆”的材料成本为 14 666 127.89 元/月，能源成本为 851 920.99 元/月，系统成本为 811 559.23 元/月。外部环境损害价值的核算借鉴日本 LIME 系数，赤泥的环境损害系数为 0.081 084 88，按照 6.871 6 的汇率折算为人民币

表 6.11　氧化铝“一分解”的资源价值流投入产出表

投入			序号	产出				
				正制品			负制品	合计
				炭分母液（循环） 46 500.00	分解母液（循环） 451 380.00	氢氧化铝 80 444.00		数量/金额
中间投入	工序产品	种分精液（米³）	1		91 519.06			91 519.06
		炭分精液（米³）	2		7 672.62			7 672.62
		合计	3					
初始投入	物质投入	电力（度）	1					2 493 430.00
		蒸汽（吨）	2					630.02
		水（万吨）	3					4.20
		合计	4					
	价值投入	材料成本（元/月）	1		0.00			0.00
		能源成本（元/月）	2		632 817.85			632 817.85
		系统成本（元/月）	3		675 417.87			675 417.87
		合计	4		1 308 235.72			1 308 235.72

续表

投入			序号	产出				
				正制品			负制品	合计
				炭分母液（循环）46 500.00	分解母液（循环）451 380.00	氢氧化铝 80 444.00		数量/金额
初始投入	外部价值	期间费用（元/月）	1	（1 000.00）	（1 000.00）	（1 000.00）		
		经济附加值(元/月）	2	（2 000.00）	（2 000.00）	（2 000.00）		
		外部环境损害成本（元/月）	3					
		其他成本（元/月）	4					
		合计	5	（3 000.00）	（3 000.00）	（3 000.00）		
总投入			1	43 829 550.17		45 843 641.73		89 673 191.90

注：括号内为表外项目，不形成产品的生产成本，其数值需要根据产品的销售情况通过辅表反映；此外，由于数据获取受限，期间费用的分摊、经济附加值的实现等信息无法准确核算，本书为了能够揭示资源价值流投入产出分析的原理，统一假定一种产出承担的期间费用为 1 000 元/月，实现的经济附加值为 2 000 元/月。投入的工序产品“种分精液”的材料成本为 25 151 567.38 元/月，能源成本为 9 354 163.12 元/月，系统成本为 6 584 449.86 元/月；投入的工序产品“炭分精液”的材料成本为 2 108 615.64 元/月，能源成本为 784 218.49 元/月，系统成本为 552 391.52 元/月

表 6.12　氧化铝“二分解”的资源价值流投入产出表

投入			序号	产出			
				正制品		负制品	合计
				氢氧化铝 62 496.00	分解母液（循环）501 248.00		数量/金额
中间投入	工序产品	精液（米^3）	1	62 295.13	25 197.20		87 492.33
		种分精液（米^3）	2	17 481.47	7 070.93		24 552.40
		合计	3				
初始投入	物质投入	电力（度）	1				3 652 160.00
		蒸汽（吨）	2				5 360.16
		水（万吨）	3				1.92
		合计	4				
	价值投入	材料成本（元/月）	1	0.00	0.00		0.00
		能源成本（元/月）	2	1 089 849.52	440 823.49		1 530 673.01
		系统成本（元/月）	3	48 661.55	627 656.90		676 318.45
		合计	4	1 138 511.07	1 068 480.39		2 206 991.46

续表

投入			序号	产出			
				正制品		负制品	合计
				氢氧化铝 62 496.00	分解母液（循环） 501 248.00		数量/金额
初始投入	外部价值	期间费用（元/月）	1	（1 000.00）	（1 000.00）		
		经济附加值(元/月）	2	（2 000.00）	（2 000.00）		
		外部环境损害成本（元/月）	3				
		其他成本（元/月）	4				
		合计	5	（3 000.00）	（3 000.00）		
总投入			1	35 903 559.14	55 976 624.22	0.00	91 880 183.36

注：括号内为表外项目，不形成产品的生产成本，其数值需要根据产品的销售情况通过辅表反映；此外，由于数据获取受限，期间费用的分摊、经济附加值的实现等信息无法准确核算，本书为了能够揭示资源价值流投入产出分析的原理，统一假定一种产出承担的期间费用为 1 000 元/月，实现的经济附加值为 2 000 元/月。投入的工序产品“精液”的材料成本为 13 406 638.97 元/月，能源成本为 7 261 924.05 元/月，系统成本为 2 004 808.94 元/月；投入的工序产品“种分精液”的材料成本为 6 747 570.06 元/月，能源成本为 2 509 440.14 元/月，系统成本为 1 766 185.52 元/月

表 6.13　氧化铝“焙烧”的资源价值流投入产出表

投入			序号	产出		
				正制品	负制品	合计
				氧化铝，92 807.00		数量/金额
中间投入	工序产品	氢氧化铝（吨）	1	80 444.00		80 444.00
		氢氧化铝（吨）	2	62 496.00		62 496.00
		合计	3			
初始投入	物质投入	电力（度）	1			3 794 160.00
		重油（吨）	2			7 054.00
		合计	3			
	价值投入	材料成本（元/月）	1	0.00		0.00
		能源成本（元/月）	2	19 411 387.87		19 411 387.87
		系统成本（元/月）	3	1 299 523.62		1 299 523.62
		合计	4	20 710 911.49		20 710 911.49

续表

<table>
<tr><th colspan="3" rowspan="3">投入</th><th rowspan="3">序号</th><th colspan="3">产出</th></tr>
<tr><th>正制品</th><th>负制品</th><th>合计</th></tr>
<tr><th>氧化铝
92 807.00</th><th></th><th>数量/金额</th></tr>
<tr><td rowspan="5">初始投入</td><td rowspan="5">外部价值</td><td>期间费用（元/月）</td><td>1</td><td>（1 000.00）</td><td></td><td></td></tr>
<tr><td>经济附加值（元/月）</td><td>2</td><td>（2 000.00）</td><td></td><td></td></tr>
<tr><td>外部环境损害成本（元/月）</td><td>3</td><td></td><td></td><td></td></tr>
<tr><td>其他成本（元/月）</td><td>4</td><td></td><td></td><td></td></tr>
<tr><td>合计</td><td>5</td><td>（3 000.00）</td><td></td><td></td></tr>
<tr><td colspan="3">总投入</td><td>1</td><td>102 458 112.36</td><td></td><td>102 458 112.36</td></tr>
</table>

注：括号内为表外项目，不形成产品的生产成本，其数值需要根据产品的销售情况通过辅表反映；此外，由于数据获取受限，期间费用的分摊、经济附加值的实现等信息无法准确核算，本书为了能够揭示资源价值流投入产出分析的原理，统一假定一种产出承担的期间费用为 1 000 元/月，实现的经济附加值为 2 000 元/月。投入的工序产品“氢氧化铝”来自“一分解”“二分解”两个物量中心，合计得材料成本为 47 414 392.05 元/月，能源成本为 41 484 624.53 元/月，系统成本为 13 559 095.78 元/月

理论上而言，在对氧化铝生产车间内各个物量中心进行投入产出分析的基础上，可以进一步构建氧化铝车间层面的资源价值流投入产出表，并通过汇总各个车间[①]的投入产出情况构建 GL 铝冶金企业层面的资源价值流投入产出表。但是，考虑到氧化铝车间层面的资源价值流投入产出表仅能揭示第一个物量中心的物质投入及最后一个物量中心的正制品与负制品产出情况，且并不能揭示各个物量中心之间的结转关系；同时，鉴于氧化铝车间包含的物量中心较多，若应用图 6.8 中提到的投入产出呈现方式，则需要非常大的篇幅空间，为了呈现氧化铝车间内的价值流转全貌，本书采用简化形式对各物量中心的资源价值流结转情况予以反映，如图 6.27 所示。

6.4.3　GL 铝冶金企业资源价值流分析及优化建议

与前文一致，本书此处仍以 GL 铝冶金企业的氧化铝车间为例做进一步分析，主要从生态效率的资源效率指标与环境效率指标两个方面展开。为了便于分析氧

① 根据氧化铝生产车间内各个物量中心资源价值流投入产出表的构建思路，同理可以依次构建电解铝、炭素阳极及炭素阴极等车间内各个物量中心的投入产出表，由于篇幅限制及其复杂性，本书不再一一呈现其结果。

化铝生产车间内铝元素流动规律对资源效率和环境效率的影响，基于前文的核算结果及相关的研究假设，分别核算各物量中心的资源效率和环境效率。

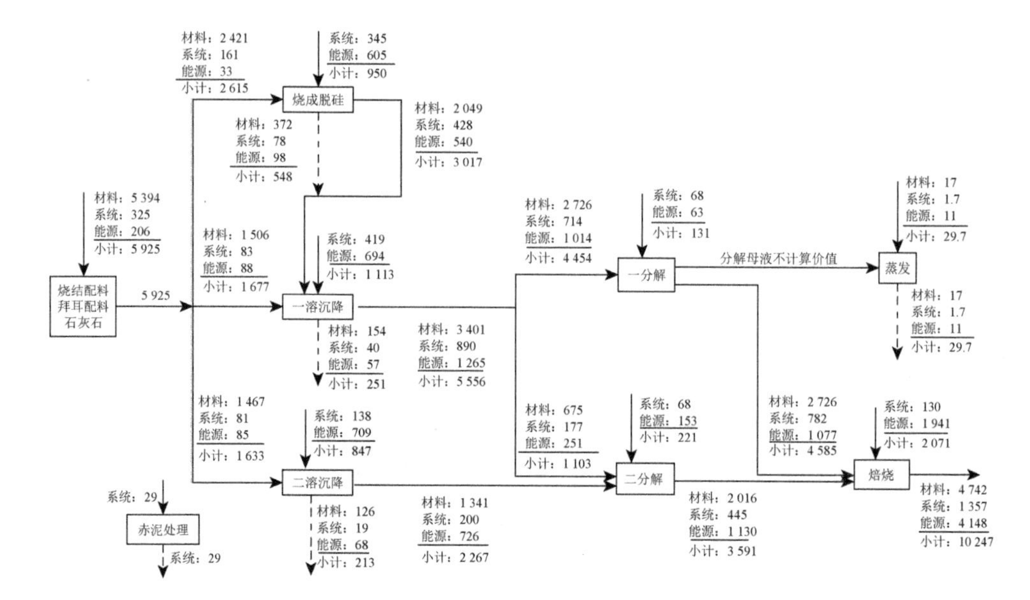

图 6.27　氧化铝车间资源价值流转汇总（单位：万元/月）

——➤为正制品成本流转方向，- - -➤为负制品成本流转方向

1. 资源效率分析

依据前文对资源效率的界定，即正制品价值量与资源投入量的比值，各个物量中心氧化铝的资源效率计算结果见表 6.14 和图 6.28。

表 6.14　氧化铝生产车间氧化铝的资源效率

物量中心	原配料	烧成脱硅	一溶沉降	二溶沉降	一分解	二分解	焙烧
正制品价值/元	59 256 751.92	63 273 976.90	71 893 669.46	78 234 433.31	89 679 191.90	91 892 183.36	102 461 112.40
资源投入量/吨	104 873.47	36 698.90	129 354.98	95 711.81	99 191.68	112 044.72	142 459.10
资源效率/（元/吨）	565.03	1 724.14	555.79	817.40	904.10	820.14	719.23

注：①此处统计的正制品价值包含了投入产出表中的期间费用、经济附加值等外表项目，由于当前对本物量中心带来的环境损害价值按何种比例在正制品与负制品之间分摊还未达成共识，此处的正制品价值并未包含本应分摊的环境损害价值。②各个物量中心的资源投入量需要根据各种物质的含氧化铝比率折算为投入数量（吨）；其中，高铝矿为 0.63，普铝矿为 0.59，生料浆为 0.18，脱硅溢流为 0.10，矿浆与原矿浆为 0.44，种分精液与炭分精液为 0.49

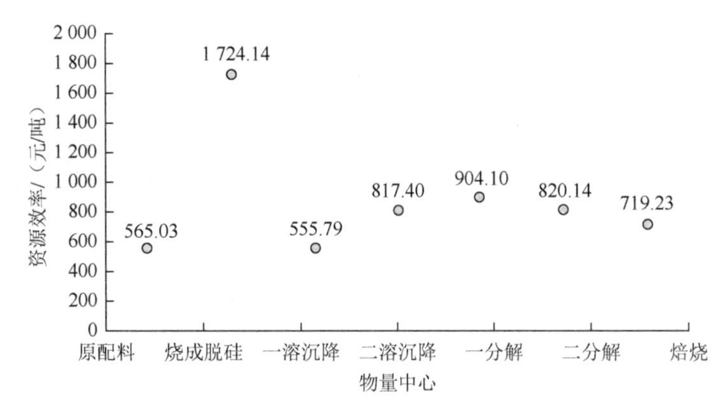

图 6.28　氧化铝生产车间各物量中心的资源效率

根据车间资源效率与物量中心车间效率之间的关系，可以计算得到氧化铝生产车间的资源效率约为 772.82。同理，也可以计算得到电解铝、炭素阳极、炭素阴极等车间的资源效率。

2. 环境效率分析

环境效率，即废弃物排放量相对应的产品价值，本书在核算过程中仅关注了主要的废弃物——赤泥，因此本书在计算环境效率时也只关注赤泥这一种废弃物，主要涉及“烧成脱硅”、“一溶沉降”及“二溶沉降”三个物量中心，各自的环境效率如图 6.29 所示。

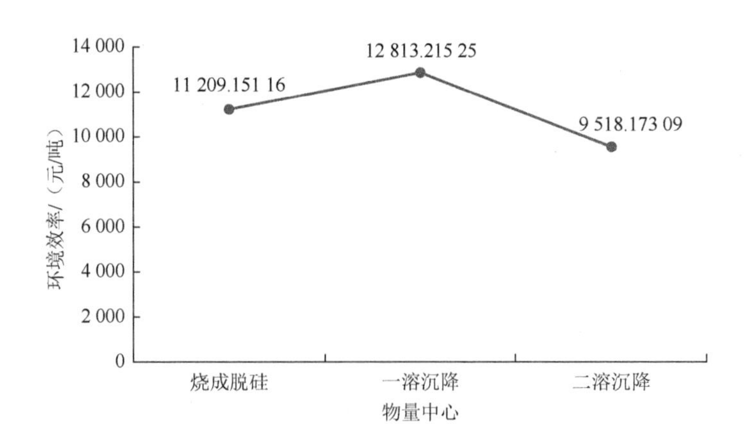

图 6.29　氧化铝生产车间各物量中心的环境效率

从氧化铝生产车间的资源效率及环境效率分析可以看出，“烧成脱硅”物量中心的资源利用效率远高于其他物量中心，是氧化铝实现价值增值的关键环节；

然而，从环境效率可以看出，烧成脱硅环节也是废弃物赤泥的主要来源。因此，加强赤泥的循环利用是 GL 铝冶金企业进行循环化改造的有效途径，如利用赤泥废弃物生产水泥和免烧砖，以及从赤泥中提取金属稼等。此外，氧化铝生产车间除了对废弃物进行有效利用外，还可根据生产工艺流程特点进行内部挖潜，如减少重油消耗数量；进行氧化铝节能增效改造，减少能源（蒸汽）投入数量；更新锅炉；引进加拿大公司再生胺吸附解吸回收法脱硫，大大降低二氧化硫排放量等。

6.5　本 章 小 结

基于前文所构建的“物质流-价值流-组织”三维模型框架，本章立足于企业资源价值流分析在三维模型中的时空定位，针对在企业层面开展资源价值流分析的边界和对象，依据企业层面物质流与价值流的投入产出原理，构建了企业资源价值流投入产出模型，明确了开展生产效率评价的基本思路。在此基础上，还以 GL 铝冶金企业为例进行了案例分析，选取了具有代表性的氧化铝生产车间进行详细的资源价值流核算和生态效率分析，阐述了资源价值流投入产出分析的具体应用过程，对其他流程制造企业内部的资源价值流投入产出分析具有重要借鉴意义。

第 7 章　基于三维模型的园区资源价值流转研究

工业园区是国家或地方政府凭借行政手段将各种生产要素在一定区域汇集、在一定空间内整合，建立企业间的工业共生关系，通过物质代谢形成循环生态产业链的组织形态（Martin et al.，1998）。生态工业园（eco-industrial park，EIP）则是通过物流和能流传递等方式把区域内的工厂或企业连接起来，形成共享资源、副产品互换的闭环循环（即“生产者—消费者—分解者”）产业共生组合（Roberts，2004）。由此可见，“经济-环境”双赢目标、物质能源梯级利用、废物或副产品交换及基础设施共享行为、工业共生和产业集成特征是生态工业园的核心要素，生态工业园也是本书的主要研究对象之一。本章的核心任务是以园区的资源价值流分析为主线，明确其在三维模型中的时空定位，利用园区内企业之间的代谢和集成关系，构建园区资源价值流分析的投入产出分析模式，并进行具体的案例研究。

7.1　问题的提出

随着我国工业企业逐渐向园区集中，各类废弃物给环境带来的压力与日俱增，一些工业园区已成为污染的重灾区。据统计，2014 年，全国工业固体废物产生量为 325 620.0 万吨；二氧化硫排放总量为 1 974.4 万吨；全国废水中化学需氧量排放总量为 2 294.6 万吨，氨氮排放总量为 238.5 万吨[①]，而废弃物综合利用率不足 60%，因此，实现经济模式由传统线性（“资源—产品—废物”）向闭环循环模式（“资源—产品—再生资源”）转变，坚持以环境保护优化经济发展刻不容缓。“十三五”规划明确指出，“按照物质流和关联度统筹产业布局，推进园区循环化改造，建设工农复合型循环经济示范区，促进企业间、园区内、产业间耦合共生”。2015 年 9 月，中共中央、国务院印发的《生态文明体制改革总体方案》中也提出要积极开展试点试验、完善资源循环利用制度；此外，2016 年 5 月，国家发改委也指出，为进一步落实“十三五”规划的要求，国家发改委将联合财政部等部门持续加大园区循环化改造的支持力度，引导各地深入推进园区的循环式发展，与此同时，还出台了《关于同意冀州经济开发区等 18 个园区循环化改造实施方案的通知》，并将这 18 个园区确定为循环化改造重点支持园区。可见，工业园区作为再生资

---

① 《2014 中国环境状况公报》，http://www.mee.gov.cn/gkml/sthjbgw/qt/201506/W020150605383406308836.pdf，2015 年 6 月 4 日。

源加工的重要集中地，使得国家或政府从宏观层面大力推行工业园区的循环经济发展和再生资源化加工的战略规划。

为进一步从战术层面加快园区的废弃物循环利用及再生资源加工，2015 年，环境保护部合并了原有的《行业类生态工业园区标准》《综合类生态工业园区标准》《静脉产业类生态工业园区标准》，于 2015 年 12 月发布了《国家生态工业示范园区标准》，将再生资源循环利用率、工业固体废弃物综合利用率等指标作为评价园区的重要指标。截至 2014 年底，全国共有 34 家开发区命名为国家生态工业示范园区，63 家开发区获批建设。工业园区的“产业集群”效用对提高资源使用效率、减少废物排放量、优化生产力布局、加快经济结构战略性调整和提高区域竞争力所发挥的作用有目共睹。据统计，“十二五”期间国家生态工业示范园区化学需氧量（chemical oxygen demand，COD）和二氧化硫排放量降幅远高于“十一五”期间 COD、二氧化硫减排 12.45%和 14.29%的实际水平（Tian et al.，2014）。然而，我国工业园区再生资源加工起步较晚，尽管园区内某些再生资源通过技术及管理在企业间实现了物质流循环，但仍然存在“循环”与“经济”难两全的难题。究其原因，主要有以下两个方面。

（1）工业园区资源价值流转分析工具缺失导致只“循环”不“经济”或有“经济”不“循环”。园区与企业间的废弃物再资源化和循环利用侧重于技术型的循环经济物质流分析方法，仅从生态学和工程学的角度寻求解决措施和方案，缺少一种与物质流转相结合的价值流分析方法，导致相关数据无法客观、真实地反映物质循环流转的经济绩效、内部资源流转成本损失及外部环境成本节约等信息。此外，现有循环经济的经济性评价多侧重于园区的整体性评价，无法针对再生资源加工循环链上的各节点企业进行物质流与价值流的一体化核算、诊断、评价、改进及控制等。

（2）缺少一套基于物质流转的价值流分析及应用指南来指导园区再生资源加工实践。对处于再生资源加工循环链上的节点企业而言，对经济效益的追求是其主动参与再生资源加工的源动力所在。经济效益的合理化是园区企业间物质、能量及废弃物循环流转、加工利用的约束条件，没有经济效益的再生资源加工难以长久。因此，探寻一套指导园区企业进行再生资源加工的价值流分析及应用指南，科学合理地对再生资源流转进行精确的价值核算，使园区企业的“内部效益”与“外部效益”兼得，才有可能将企业主动参与再生资源协同化处理由外部意志转化为内部意愿。

7.2　园区资源价值流分析框架

7.2.1　园区资源价值流分析的时空定位

园区层面的中循环面向的是共生企业的循环经济，单个企业的清洁生产及其内部循环通常具有一定的局限性，毕竟有部分负制品和废弃物是企业自身所无法消化或代谢的，如此以来就需要借助生态工业园或生态工业网络将循环范畴扩大到企业外部。由此可见，生态工业园是基于生物链的物质代谢机理和生态系统的承载能力，在一定地域边界内聚集具有高效经济过程和生态功能企业主体的一种网络型组织模式，当园区企业无法自行消化或代谢废弃物时，就将其直接排放至环境中（Geng et al.，2009）。也就是说，企业集群是根据产业生态学与物质代谢原理，在时间与空间上形成区域规模的一个实体。从物质流的角度看，工业园区是以企业间物质流、能量流及信息流的传递为纽带，由无数条具有资源共享和副产品互换功能的生态工业链形成的产业共生组合。与前文对企业资源价值流分析的时空定位类似，以园区物质流的情景特征为基础，本章也可以通过将时间轴和空间轴延伸，构建园区资源价值流分析的时空模型，如图 7.1 所示。

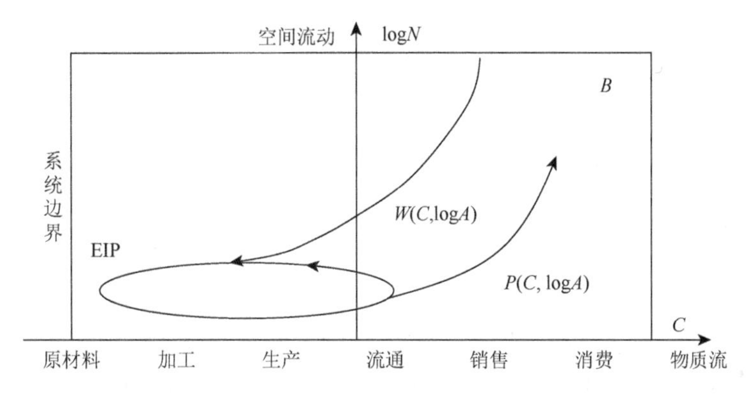

图 7.1　园区资源价值流分析的时空模型

从图 7.1 中可以看出，EIP 曲线刻画了生态工业园内物质循环（即“原材料→加工→生产→流通”等环节）的过程，在生态工业园这一较小的空间范围中，资源价值流分析与管理着重关注从原材料、加工、生产到流通这一较长时间环节内价值流的变化，以及生产交换过程对高密度、高强度、高环境影响（甚至高环境风险）的物质流、能量流进行调控和优化，从而在为外界提供商品（图 7.1 中的 P 曲线）的同时，吸收自身及周边所产生的废弃物（图 7.1 中的 W 曲线）进行循环利用。对园区内部的企业而言，企业之间在废弃物再生、负产品再利用及环境协同管理等方面的协作，本质上就是通过模仿生物学中的食物链关系形成的生态系统，实现从原材料开采到产品生产、产品消费，再到废弃物处置的整个生命周期在一个物质和能量闭路循环系统中完成，并在动态长链过程中达到资源利用率和资源价值增值最大化的目标。

园区资源价值流分析追求的是依靠生态型资源进行物质循环并发展经济，采用流量管理模式追踪物质在各个企业之间的流动轨迹，并进行标准的核算分配，形成对提高生态工业园资源利用效率具有参考价值的内外部成本流转信息。园区资源价值流分析在“物质流-价值流-组织”三维模型中的定位可以用图 7.2 表示，即中间的实体立方图。物质流信息与价值流信息仍是其两条基本主线，物质流入园区系统内，经过加工、流转等代谢过程，以合格品或废弃物的形式流出，进而产生物质转移的“明流”；另外，随着园区内物质的流动，附着于物质的价值也随之流动，并伴随着物质代谢程度的提高而不断积累，形成价值转移的“暗流”。

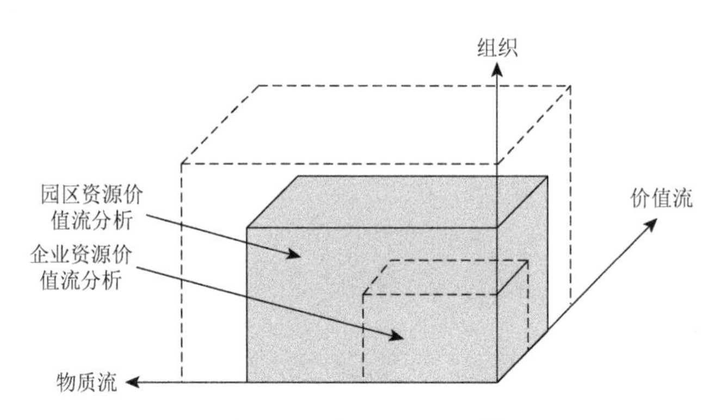

图 7.2　园区资源价值流分析在三维模型中的定位

如同企业资源价值流分析，园区资源价值流分析也应当明确其核算及分析的框架结构。根据三维模型的组织层级划分，园区尺度的资源价值流分析可以涵盖三个层面：生态工业链节点企业内部的资源价值流、园区内所有生态工业链的资源价值流、园区整体层面的资源价值流，如图 7.3 所示。其中，企业作为园区内最小的单元，基于物质和能量的循环利用使企业相连接，形成资源共享、利益共生的生态工业链[①]。随着园区规模的不断扩大，企业在工业链上的角色趋向多元化，成为多种物质循环的起点、中转点或终点，资源物质的流动也不再是沿着单一生态工业链流动，各种链条在园区内相互交织形成复杂的链网结构，即生态工业园。

园区资源价值流分析可以按照组织方式分为总体式和结构式两个层面：①总体式分析是指从生态工业园的整体角度出发，对流入和流出该经济系统的物质及其经济属性进行核算、分析、评价、控制和改进，目的在于剖析园区整体水平的资源利用效率、经济效益和生态效益；②结构式分析是指对园区内的工业链和工业链节点企业进行资源价值流分析，重点在于主要产品或者关键物质的代谢过程和产业共生

① 生态工业链区别于产品链，其是生态工业园内各企业因相互利用副产品、废品和余能等负制品而形成的；产品链则是下游企业利用上游企业的正制品作为主要原材料而形成的。

规律，服务于相应主体的循环经济效益，为挖掘经济效益改善点提供数据支持。

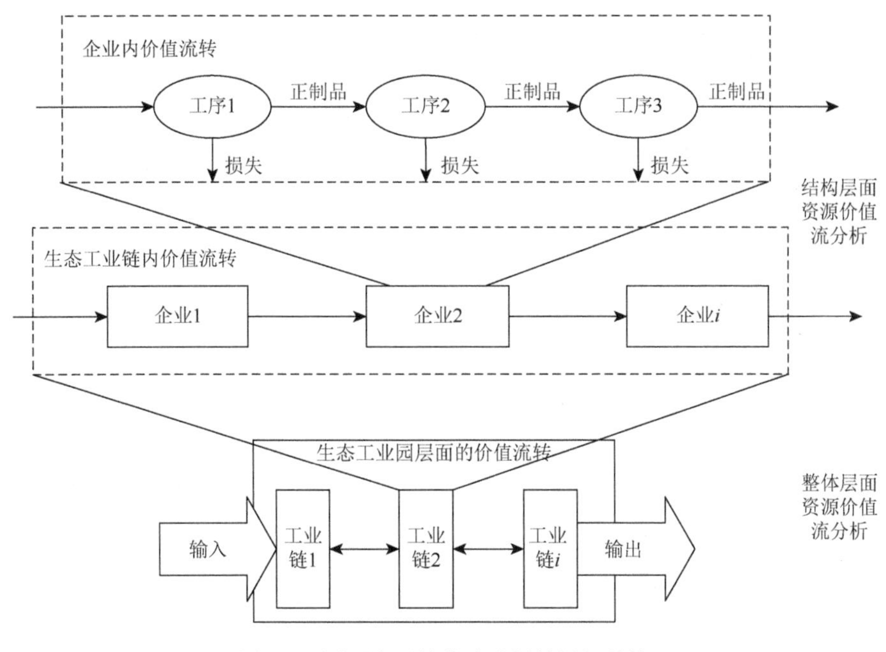

图 7.3　园区资源价值流分析的层级结构

7.2.2　分室模型视角下的园区资源价值流转机理

生态工业园本质上是多个在能量或资源循环利用方面相互关联的生态工业链的组合，它们之间是按照信息共享、资源协同、利益共生、相互并联及横向耦合机制而形成的生态产业系统。其中，生态工业链的长度反映了生态工业园的纵向延伸程度，工业链条越长则代表对资源的利用程度越高；生态工业网络或生态工业园就是生态工业链的横向扩张，网络覆盖的行业与范围越广，则意味着生态产业链的市场化、社会化程度越高，网络结构也更趋于稳定。由此，生态工业园的特征可归纳为三个方面：①园区内经济主体之间存在互利共生关系，经济主体的逐利天性使其有动机依靠相互之间的生产交换关系或技术链条对资源和能量进行多级利用、共生代谢和梯级开发，形成利益共生体；②经济主体之间废弃物或负制品的交换关系是维持生态工业网络结构稳定的保障，同时是生态工业园充分利用企业间的产业共生关系减少废弃物排放、达到整体共赢的根本目的；③园区内经济主体（即企业）与生俱来的市场属性，除了会受到市场经济机制及市场价值规律的调控，在园区管理委员会的调控下还会受到园内资源共享和利益共生机制的约束，使其还具有超市场契约规制性。

1. 生态工业园与分室模型的融合机理

工业生态学运用工业代谢理论和企业共生理论，根据生态工业园的特征将其类比为自然生态系统中的生物链或食物链（Martin et al., 1998; Valero et al., 2013）。所谓生物链或食物链，即不同生物群落在物种之间形成的一系列取食和被取食的关系路径，主体在生态系统中的代谢过程按性质可以分为生产者、消费者和分解者三类，如图 7.4 所示。生态工业链是模仿自然界生物链或食物链的组成模式，通过工业新陈代谢过程中的废弃物（排泄物）将不同产业链连接在一起而构成的一种链状资源利用关系，如图 7.5 所示，其中，虚线区域代指园区内生态工业链的物质循环系统，外部为自然环境。在循环经济物质流的研究中，分室模型（compartment model）作为一种关系结构模型，一般用于分析和描述生态系统中生物体与非生物体之间的数量变化规律，计算和分析各个分室之间的能量、物质量及信息的转移和代谢关系，以及环境变化引起的系统整体与各分室的状态扰动，其中，分室被视为系统中的各个状态变量（杨忠直等，2016）。鉴于资源价值流分析中物质流与价值流的耦合关系，以及生态工业园内资源价值流转与循环经济一脉相连的内在逻辑，本书也尝试运用分室模型的原理揭示生态工业园工业链上资源价值流的代谢过程。

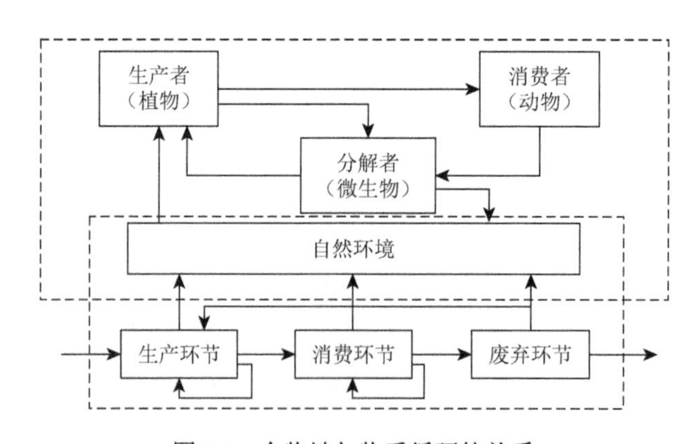

图 7.4　食物链与物质循环的关系

因此，将分室模型引入资源价值流进行分析，同时将二者之间的融合机理概括为以下三个方面：①相同的研究对象，二者的研究对象小至企业内部的生产工艺流程，大至生态工业园的生态工业链乃至国家产业经济系统的投入、生产、消费及进出口等过程；②相同的研究依据，二者的研究依据均为经济系统的物质流转路线，在物质流路上的基础上辅以价值跟踪的资源价值流分析，分室模型对分室关系的界定及量化严格遵循物质代谢路线及规律；③相同的结构分解思路，无论是资源价值流分析对物量中心的界定，还是分室模型对功能分室的划分，二者都以生命周期为前提，采用先分解后整合的流程。

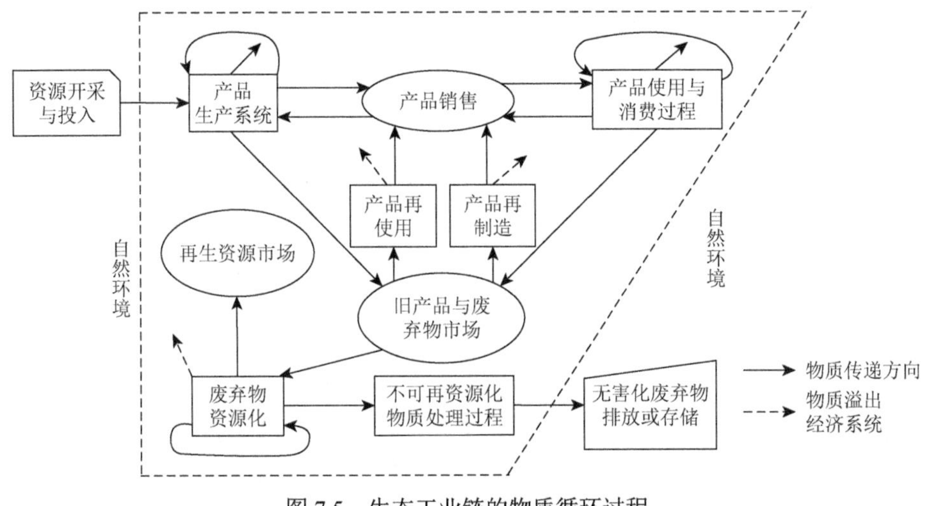

图 7.5　生态工业链的物质循环过程

2. 生态工业园的分室模型结构

资源价值流分析与分室模型都是立足于循环经济思想的重要方法，分室模型从食物链或生物链视角为资源价值流定量分析提供了新的途径，资源价值流分析为各分室的物质流与价值流二维测度提供了具体方法。生态工业园往往建立了纵横交错的各类生态工业链，因多条工业链的集群而存在错综复杂的物质和能量转移路线，这种生态工业网络可以形象地类比为自然生态系统中的“食物链网”结构。但是，按照产成品的资源投入、生产、消费、废弃物资源化等过程，可以抽象出单一工业链的结构，在此基础上按分室模型原理可进一步抽象为对应的生产分室、消费分室及还原分室等（图 7.6）。进一步地，为了便于对园区生态工业链中的物质资源流转过程进行定量分析，可以通过构建相应的分室结构模型（图 7.7）进行分析，并借助数学表达式进行说明。

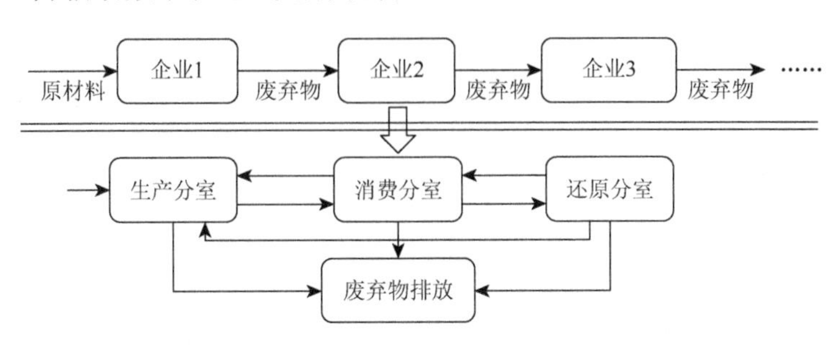

图 7.6　生态工业园中生态工业链结构示意图

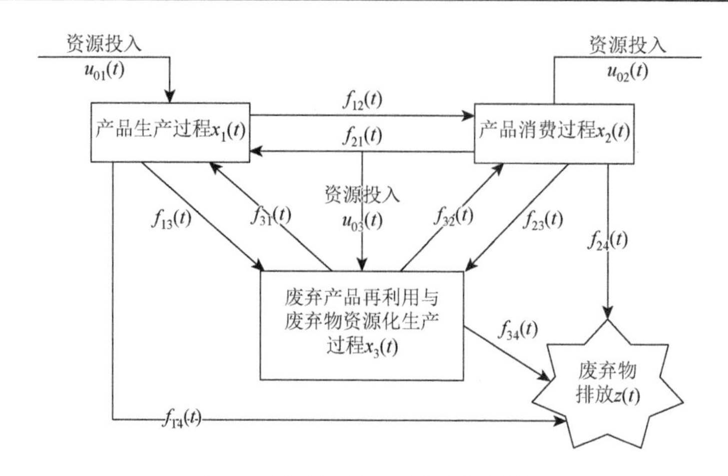

图 7.7　园区生态产业链的分室模型

在上述分室模型中，一个框表示一个分室（$i = 1, 2, 3, \cdots$）；$f_{ij}(t)$表示第 i 分室在 t 时刻流向 j 分室的物质量，$f_{ij}(t) \geqslant 0$；$u_{0i}(t)$表示 t 时刻分室 i 的初始物质投入；$x_i(t)$表示 t 时刻分室 i 的物质量；$z(t)$表示 t 时刻生态工业链的废弃物排放量。

为了量化分室之间的物质传递系数，用 $k_{ij}(t)$表示分室 i 流向分室 j 的物质传递系数（也称为“流通比率”），则其可以表示为

$$k_{ij}(t) = f_{ij}(t) / x_i(t) \quad (k_{ij} \in [0,1]) \tag{7.1}$$

于是，在满足一定约束条件①的前提下，图 7.7 中各分室之间的物质循环关系可以用如下齐次线性方程组表示：

$$\begin{cases} \mathrm{d}x_1(t)/\mathrm{d}t = -[k_{12}(t)+k_{13}(t)+k_{14}(t)]x_1(t)+k_{21}(t)x_2(t)+k_{31}(t)x_3(t)+u_{01}(t) \\ \mathrm{d}x_2(t)/\mathrm{d}t = k_{12}(t)x_1(t)-[k_{21}(t)+k_{23}(t)+k_{24}(t)]x_2(t)+k_{32}(t)x_3(t)+u_{02}(t) \\ \mathrm{d}x_3(t)/\mathrm{d}t = k_{13}(t)x_1(t)+k_{23}(t)x_2(t)-[k_{31}(t)+k_{32}(t)+k_{34}(t)]x_3(t)+u_{03}(t) \\ z(t) = k_{14}(t)x_1(t)+k_{24}(t)x_2(t)+k_{34}(t)x_3(t) \end{cases} \tag{7.2}$$

为了便于分析，假定系数 $k_{ij}(t)$ 为常数，将式（7.2）简写为

$$\frac{\mathrm{d}X(t)}{\mathrm{d}t} = KX(t)+U(t) \tag{7.3}$$

其中，

$$K = \begin{bmatrix} -(k_{12}+k_{13}+k_{14}) & k_{21} & k_{31} \\ k_{12} & -(k_{21}+k_{23}+k_{24}) & k_{32} \\ k_{13} & k_{23} & -(k_{31}+k_{32}+k_{34}) \end{bmatrix}$$

① 约束条件为：系统结构参数为常数，且满足叠加性和齐次性；所有物质量转移比率由供应分室控制；分室之间的物质流转不存在时滞。

$$X(t)=\begin{bmatrix}x_1(t)\\x_2(t)\\x_3(t)\end{bmatrix},\quad U(t)=\begin{bmatrix}u_{01}(t)\\u_{02}(t)\\u_{03}(t)\end{bmatrix}$$

若令$U(t)=0$，式（7.3）可变为$\dfrac{\mathrm{d}X(t)}{\mathrm{d}t}=KX(t)$，求解得$x(t)=C\mathrm{e}^{\int K\mathrm{d}t}$。

令$x(t)=C(t)\mathrm{e}^{\int K\mathrm{d}t}$，微分可得$\dfrac{\mathrm{d}x(t)}{\mathrm{d}t}=\dfrac{\mathrm{d}C(t)}{\mathrm{d}t}\mathrm{e}^{\int K\mathrm{d}t}+C(t)K\mathrm{e}^{\int K\mathrm{d}t}$。

代入式(7.3)得$\dfrac{\mathrm{d}C(t)}{\mathrm{d}t}\mathrm{e}^{\int K\mathrm{d}t}+C(t)K\mathrm{e}^{\int K\mathrm{d}t}=KC(t)\mathrm{e}^{\int K\mathrm{d}t}+U(t)$，即$\dfrac{\mathrm{d}C(t)}{\mathrm{d}t}=U(t)\mathrm{e}^{-\int K\mathrm{d}t}$，因此，$C(t)=\int U(t)\mathrm{e}^{-\int K\mathrm{d}t}\mathrm{d}t+\tilde{C}$。

于是，可以求得通解：$x(t)=\mathrm{e}^{\int K\mathrm{d}t}\left(\int U(t)\mathrm{e}^{-\int K\mathrm{d}t}\mathrm{d}t+\tilde{C}\right)$。其中，$\tilde{C}$为任意的常数矩阵。

物质资源进入生态工业链之后，随着在各个分室的不断循环，各个分室的物质资源也在不断积累。用$x_i(t)$表示t时刻i分室的物质量，则i分室的资源积累循环量（cyclic accumulation of resources，CA）可表示为

$$\mathrm{CA}_i=\int_0^{+\infty}x_i(t)\mathrm{d}t$$

在此基础上，若用x_{0i}表示第i分室的初始物质存量，则第i分室的物质资源循环倍数（material circulation multiplier，CM）可表示为

$$\mathrm{CM}_i=\frac{\mathrm{CA}_i}{x_{0i}}$$

园区的分室模型侧重于从物量或技术性角度揭示物质资源在生态工业链内的流转情况，以及各个子系统对资源的消耗利用情况。但是，在园区循环经济决策中，单纯的物质流信息还不够，物质流信息还需要转化为货币单位来支持决策，分析进入生态工业园的物质流所代表的经济意义，这也正是将资源价值流分析引入园区层面的目的所在。

7.3　园区尺度“物质流-价值流”分析模型及方法

开展园区资源价值流分析的关键任务是解决园区再生资源加工中面临的“循环”与“经济”之间的矛盾，以及实现园区内企业“内部效益”与“外部效益”的协调统一。因此，园区尺度的资源价值流分析方法需要在揭示园区物质

流与价值流互动影响规律的基础上，客观反映园区资源全生命周期的价值流转信息，本书尝试从投入产出视角构筑一套具有园区普适性的资源价值流核算及分析模型。

7.3.1　园区资源价值流投入产出模型

1. 园区工业共生网络结构

在生态工业园中，企业之间的物料、能源及副产品的层递循环形成具有产业共生关联的生态工业链，进而，纵横交错的各类生态工业链交汇形成工业共生系统。从系统论的观点来看，生态工业园即由多条具有相互作用关系的生态工业链形成的工业链网，企业是每条生态工业链的基本单元。其中，不同性质的企业在生态工业链中的地位不相同，且不同的生态工业链在园区生态工业网络结构中发挥的作用也有差异。鉴于生态产业链及其关系是构建园区资源价值流投入产出模型的基础，本书首先根据生态工业园“资源—产品—再生资源—再生产品”的发展模式，将生态工业链抽象为图 7.8 中的结构。园区产业链以废弃物（负制品）为主线，主要分为生产、消费、回收再利用、资源再生、废弃物回收及废弃物再

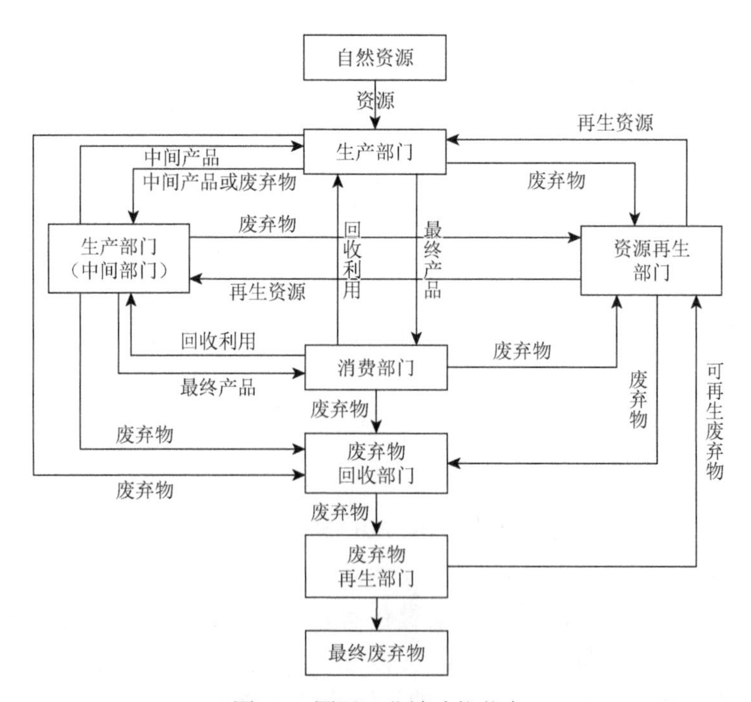

图 7.8　园区工业链功能节点

生处理六个环节。具体而言，生产环节是以原材料、能源、人工、设备等投入为基础，生产出本加工环节的产成品，同时也会排放大量负制品；消费环节以生产环节的产成品为主要投入，加上对其他资源的投入，产出表现为产品精加工及生产劳务活动；回收再利用环节是通过对废旧产品进行再加工或者再生产后，又重新投入到生产、消费环节的过程；资源再生环节是对生产环节外排的废弃物及消费环节不能回收利用的废弃物，通过集中处理后得以再资源化的过程；废弃物回收环节是在对废弃物进行分类筛选的基础上，重复利用可回收利用的废弃物，而将不可回收利用的废弃物排入生态系统的过程；废弃物再生处理环节是在经过一定的物理或化学加工处理之后，将废弃物转化为再生资源后再次投入生产系统。需要说明的是，园区产业链对应的每一个环节既可以是一个企业也可以是多个企业。因此，构筑园区资源价值流投入产出模型需要建立在识别园区系统中主生态工业链与核心企业的基础上。

对于园区层面的资源价值流分析而言，一方面依赖于物质流分析的物量平衡原则，以揭示损失数量大小与废弃物重量；另一方面也依赖于经济性的价值流分析，以衡量相应的产值、增加值及环境损害价值等。与企业资源价值流投入产出模型（实物价值型）不同，考虑到园区更加复杂的网络关系，为了更清晰地反映工业链上物质流与价值流的代谢关系，本书将分别构建实物型和价值型的园区资源价值流投入产出模型。

2. 实物型园区资源价值流投入产出模型

实物型资源价值流投入产出表是从实物流量的角度，考察园区工业共生网络系统内的比例关系，如表 7.1 所示。为了能从整体上反映园区的资源价值流投入与产出情况，本书基于园区内资源价值流分析的层级结构，以及园区生态网络、生态工业链及节点企业之间的代谢关系，在实物型园区资源价值流投入产出表中将产出按层级分为中间产出与最终产出，并以一条工业链的六个关键环节为例详细划分了中间产出，但每一个环节按产出类型分为正制品与负制品；投入分为中间投入（共生性投入）与初始投入（非共生性投入），与企业资源价值流投入产出表类似；考虑到园区对最终废弃物进行集中处理，并不包含在工业链共生网络中，因此单独设置了“废弃物集中处理”一行。

从表 7.1 可以看出生态工业链六个主要环节之间的投入与产出关系，其不仅完整地描述了生产部门与消费部门的废弃物产生过程与循环利用情况，设置废弃物回收与废弃物再生部门也使得资源再生与循环利用过程得到反映。需要指出的是，由于实物之间存在类型及量纲差异，本书仅对各部门的行平衡关系进行说明，相应的平衡方程如下：

表 7.1　园区资源价值流投入产出表（实物型）

投入			产出							
			中间产出（生态工业链 i）						最终产出	总产出
			生产部门	消费部门	中间部门	资源再生部门	废弃物回收部门	废弃物再生部门	生态工业链	
			$1, 2, \cdots, n$	$1, 2, \cdots, m$	$1, 2, \cdots, l$	$1, 2, \cdots, k$	$1, 2, \cdots, r$	$1, 2, \cdots, s$	$1, \cdots, i-1, i+1, \cdots$	
			正制品　负制品	正制品　负制品	正制品　负制品	正制品　负制品	正制品　负制品	正制品　负制品		
中间投入（共生性投入）	生产部门	$1, 2, \cdots, n$	x_{ij}^{pp}	x_{ij}^{pc}	x_{ij}^{pm}	x_{ij}^{pu}	x_{ij}^{pr}	x_{ij}^{ps}	Y_i^p	X_i^p
	消费部门	$1, 2, \cdots, m$	x_{ij}^{cp}	x_{ij}^{cc}	x_{ij}^{cm}	x_{ij}^{cu}	x_{ij}^{cr}	x_{ij}^{cs}	Y_i^c	X_i^c
	中间部门	$1, 2, \cdots, l$	x_{ij}^{mp}	x_{ij}^{mc}	x_{ij}^{mm}	x_{ij}^{mu}	x_{ij}^{mr}	x_{ij}^{ms}	Y_i^m	X_i^m
	资源再生部门	$1, 2, \cdots, k$	x_{ij}^{up}	x_{ij}^{uc}	x_{ij}^{um}	x_{ij}^{uu}	x_{ij}^{ur}	x_{ij}^{us}	Y_i^u	X_i^u
	废弃物回收部门	$1, 2, \cdots, r$	x_{ij}^{rp}	x_{ij}^{rc}	x_{ij}^{rm}	x_{ij}^{ru}	x_{ij}^{rr}	x_{ij}^{rs}	Y_i^r	X_i^r
	废弃物再生部门	$1, 2, \cdots, s$	x_{ij}^{sp}	x_{ij}^{sc}	x_{ij}^{sm}	x_{ij}^{su}	x_{ij}^{sr}	x_{ij}^{ss}	Y_i^s	X_i^s
初始投入（非共生性投入）			V_j^p	V_j^c	V_j^m	V_j^u	V_j^r	V_j^s		
总投入			X_j^p	X_j^c	X_j^m	X_j^u	X_j^r	X_j^s		
废弃物集中处理		$1, 2, \cdots, w$	w_{ij}^p	w_{ij}^c	w_{ij}^m	w_{ij}^u	w_{ij}^r	w_{ij}^s	Y_i^w	W_i

注：表中的六个部门代指位于工业链节点上的相应企业，既可以是单个企业，也可以是多个企业。p 表示生产部门；c 表示消费部门；m 表示中间部门；u 表示资源再生部门；r 表示废弃物回收部门；s 表示废弃物再生部门；x^{pp} 表示投入为生产部门，产出为生产部门；x^{pc} 表示投入为生产部门，产出为消费部门，以此类推

$$
\begin{cases}
\sum_{j=1}^{n} x_{ij}^{pp} + \sum_{j=1}^{m} x_{ij}^{pc} + \sum_{j=1}^{l} x_{ij}^{pm} + \sum_{j=1}^{k} x_{ij}^{pu} + \sum_{j=1}^{r} x_{ij}^{pr} + \sum_{j=1}^{s} x_{ij}^{ps} + Y_i^p = X_i^p \\
\sum_{j=1}^{n} x_{ij}^{cp} + \sum_{j=1}^{m} x_{ij}^{cc} + \sum_{j=1}^{l} x_{ij}^{cm} + \sum_{j=1}^{k} x_{ij}^{cu} + \sum_{j=1}^{r} x_{ij}^{cr} + \sum_{j=1}^{s} x_{ij}^{cs} + Y_i^c = X_i^c \\
\sum_{j=1}^{n} x_{ij}^{mp} + \sum_{j=1}^{m} x_{ij}^{mc} + \sum_{j=1}^{l} x_{ij}^{mm} + \sum_{j=1}^{k} x_{ij}^{mu} + \sum_{j=1}^{r} x_{ij}^{mr} + \sum_{j=1}^{s} x_{ij}^{ms} + Y_i^m = X_i^m \\
\sum_{j=1}^{n} x_{ij}^{up} + \sum_{j=1}^{m} x_{ij}^{uc} + \sum_{j=1}^{l} x_{ij}^{um} + \sum_{j=1}^{k} x_{ij}^{uu} + \sum_{j=1}^{r} x_{ij}^{ur} + \sum_{j=1}^{s} x_{ij}^{us} + Y_i^u = X_i^u \\
\sum_{j=1}^{s} x_{ij}^{rs} + Y_i^r = X_i^r \\
\sum_{j=1}^{k} x_{ij}^{su} + Y_i^s = X_i^s
\end{cases}
$$

其中，由于废弃物回收部门所回收的废弃物只送往废弃物再生部门，废弃物再生部门处理过的废弃物转入资源再生部门，因此，x_{ij}^{rp}、x_{ij}^{rc}、x_{ij}^{rm}、x_{ij}^{ru}、x_{ij}^{rr}、x_{ij}^{sp}、x_{ij}^{sc}、x_{ij}^{sm}、x_{ij}^{sr}、x_{ij}^{ss} 均为 0。在此基础上，为了在进行资源价值流核算时方便分析各部门产出对其他部门的资源消耗情况，还可以进一步计算直接消耗系数。若用 α_{ij} 来表示第 j 部门的单位产出直接消耗第 i 部门产出的数量，则有

$$
\alpha_{ij} = \frac{x_{ij}}{X_j} \quad (i, j = 1, 2, \cdots, n) \tag{7.4}
$$

其中，$0 \leqslant \alpha_{ij} < 1$，直接消耗系数在一定程度上反映了园区内企业之间的经济技术联系。进一步地，部门与部门之间的直接消耗系数可用矩阵（A）形式表示，如生产部门对生产部门的直接消耗系数矩阵为 $A^{pp} = (\alpha_{ij}^{pp}) = (x_{ij}^{pp} / X_j^p)$，生产部门对消费部门的直接消耗系数矩阵为 $A^{cp} = (\alpha_{ij}^{cp}) = (x_{ij}^{cp} / X_j^c)$，其他部门的直接消耗系数矩阵以此类推，汇总可得到

$$
A = \begin{bmatrix}
A^{pp} & A^{pc} & A^{pm} & A^{pu} & A^{pr} & A^{ps} \\
A^{cp} & A^{cc} & A^{cm} & A^{cu} & A^{cr} & A^{cs} \\
A^{mp} & A^{mc} & A^{mm} & A^{mu} & A^{mr} & A^{ms} \\
A^{up} & A^{uc} & A^{um} & A^{uu} & A^{ur} & A^{us} \\
A^{rp} & A^{rc} & A^{rm} & A^{ru} & A^{rr} & A^{rs} \\
A^{sp} & A^{sc} & A^{sm} & A^{su} & A^{sr} & A^{ss}
\end{bmatrix}
= \begin{bmatrix}
\alpha_{ij}^{pp} & \alpha_{ij}^{pc} & \alpha_{ij}^{pm} & \alpha_{ij}^{pu} & \alpha_{ij}^{pr} & \alpha_{ij}^{ps} \\
\alpha_{ij}^{cp} & \alpha_{ij}^{cc} & \alpha_{ij}^{cm} & \alpha_{ij}^{cu} & \alpha_{ij}^{cr} & \alpha_{ij}^{cs} \\
\alpha_{ij}^{mp} & \alpha_{ij}^{mc} & \alpha_{ij}^{mm} & \alpha_{ij}^{mu} & \alpha_{ij}^{mr} & \alpha_{ij}^{ms} \\
\alpha_{ij}^{up} & \alpha_{ij}^{uc} & \alpha_{ij}^{um} & \alpha_{ij}^{uu} & \alpha_{ij}^{ur} & \alpha_{ij}^{us} \\
\alpha_{ij}^{rp} & \alpha_{ij}^{rc} & \alpha_{ij}^{rm} & \alpha_{ij}^{ru} & \alpha_{ij}^{rr} & \alpha_{ij}^{rs} \\
\alpha_{ij}^{sp} & \alpha_{ij}^{sc} & \alpha_{ij}^{sm} & \alpha_{ij}^{su} & \alpha_{ij}^{sr} & \alpha_{ij}^{ss}
\end{bmatrix} \tag{7.5}
$$

总之，实物型投入产出表及各部门之间的直接消耗系数从投入与产出的角度说明了工业链上各个节点部门（企业）之间的物质交换关系，为进行相应价值量的核算奠定了基础。

3. 价值型园区资源价值流投入产出模型

园区资源价值流分析以园区节点部门（企业）的价值流核算为起点①，进而计算生态工业链的价值流，最后推算出整个园区的价值流。在园区实物型资源价值流投入产出模型的基础上，价值型投入产出表借助价格因素能实现对所有投入与产出的价值量纲测算，与资源价值流核算的基本思想“物质流动决定成本或价值流转”完全一致。与实物型投入产出表不同，价值型投入产出表为了能够准确反映资源价值流核算的原理，不仅要核算初始的物质化投入成本，还需要对非物质化成本（劳动力）、产品交换实现的价值进行核算，园区集中处理最终废弃物的成本也应按废弃物外排比例反映到各个节点部门（企业）的外部环境损害价值项目中去。在表 7.2 中，初始价值投入项目的设置类似于企业资源价值流投入产出表（相同项目此处不再赘述），直接价值投入对应于表 7.1 中物质初始投入的成本。

同理，表 7.2 不仅存在行平衡关系，还存在列平衡关系。其中，行平衡关系表示各部门的产出情况，中间投入与总产出之间的关系可表示为

$$
\begin{cases}
\sum_{j=1}^{n} x_{ij}^{pp} + \sum_{j=1}^{m} x_{ij}^{pc} + \sum_{j=1}^{l} x_{ij}^{pm} + \sum_{j=1}^{k} x_{ij}^{pu} + \sum_{j=1}^{r} x_{ij}^{pr} + \sum_{j=1}^{s} x_{ij}^{ps} + Y_i^p = x_i^p + Y_i^p = X_i^p \\
\sum_{j=1}^{n} x_{ij}^{cp} + \sum_{j=1}^{m} x_{ij}^{cc} + \sum_{j=1}^{l} x_{ij}^{cm} + \sum_{j=1}^{k} x_{ij}^{cu} + \sum_{j=1}^{r} x_{ij}^{cr} + \sum_{j=1}^{s} x_{ij}^{cs} + Y_i^c = x_i^c + Y_i^c = X_i^c \\
\sum_{j=1}^{n} x_{ij}^{mp} + \sum_{j=1}^{m} x_{ij}^{mc} + \sum_{j=1}^{l} x_{ij}^{mm} + \sum_{j=1}^{k} x_{ij}^{mu} + \sum_{j=1}^{r} x_{ij}^{mr} + \sum_{j=1}^{s} x_{ij}^{ms} + Y_i^m = x_i^m + Y_i^m = X_i^m \\
\sum_{j=1}^{n} x_{ij}^{up} + \sum_{j=1}^{m} x_{ij}^{uc} + \sum_{j=1}^{l} x_{ij}^{um} + \sum_{j=1}^{k} x_{ij}^{uu} + \sum_{j=1}^{r} x_{ij}^{ur} + \sum_{j=1}^{s} x_{ij}^{us} + Y_i^u = x_i^u + Y_i^u = X_i^u \\
\sum_{j=1}^{s} x_{ij}^{rs} = x_i^r \\
\sum_{j=1}^{k} x_{ij}^{su} = x_i^s
\end{cases}
\tag{7.6}
$$

此外，直接价值投入的中间产出为

$$
\begin{cases}
\mathrm{cm}_j^p + \mathrm{cm}_j^c + \mathrm{cm}_j^m + \mathrm{cm}_j^u + \mathrm{cm}_j^r + \mathrm{cm}_j^s = \mathrm{cm}_j \\
\mathrm{ce}_j^p + \mathrm{ce}_j^c + \mathrm{ce}_j^m + \mathrm{ce}_j^u + \mathrm{ce}_j^r + \mathrm{ce}_j^s = \mathrm{ce}_j \\
\mathrm{cs}_j^p + \mathrm{cs}_j^c + \mathrm{cs}_j^m + \mathrm{cs}_j^u + \mathrm{cs}_j^r + \mathrm{cs}_j^s = \mathrm{cs}_j \\
\mathrm{co}_j^p + \mathrm{co}_j^c + \mathrm{co}_j^m + \mathrm{co}_j^u + \mathrm{co}_j^r + \mathrm{co}_j^s = \mathrm{co}_j
\end{cases}
\tag{7.7}
$$

① 企业层面的资源价值流分析参见本书第 6 章，本节此处不再深入分析企业内部的具体核算方法及原理。

表 7.2　园区资源价值流投入产出表（价值型）

投入			产出								
			中间产出（生态工业链 i）							最终产出	总产出
			生产部门	消费部门	中间部门	资源再生部门	废弃物回收部门	废弃物再生部门	合计	生态工业链	
			$1, 2, \cdots, n$	$1, 2, \cdots, m$	$1, 2, \cdots, l$	$1, 2, \cdots, k$	$1, 2, \cdots, r$	$1, 2, \cdots, s$		$1, \cdots, i-1, i+1, \cdots$	
			正制品 负制品	正制品 负制品	正制品 负制品	正制品 负制品	正制品 负制品	正制品 负制品			
中间投入（共生性投入）	生产部门	$1, 2, \cdots, n$	x_{ij}^{pp}	x_{ij}^{pc}	x_{ij}^{pm}	x_{ij}^{pu}	x_{ij}^{pr}	x_{ij}^{ps}	x_i^p	Y_i^p	X_i^p
	消费部门	$1, 2, \cdots, m$	x_{ij}^{cp}	x_{ij}^{cc}	x_{ij}^{cm}	x_{ij}^{cu}	x_{ij}^{cr}	x_{ij}^{cs}	x_i^c	Y_i^c	X_i^c
	中间部门	$1, 2, \cdots, l$	x_{ij}^{mp}	x_{ij}^{mc}	x_{ij}^{mm}	x_{ij}^{mu}	x_{ij}^{mr}	x_{ij}^{ms}	x_i^m	Y_i^m	X_i^m
	资源再生部门	$1, 2, \cdots, k$	x_{ij}^{up}	x_{ij}^{uc}	x_{ij}^{um}	x_{ij}^{uu}	x_{ij}^{ur}	x_{ij}^{us}	x_i^u	Y_i^u	X_i^u
	废弃物回收部门	$1, 2, \cdots, r$	x_{ij}^{rp}	x_{ij}^{rc}	x_{ij}^{rm}	x_{ij}^{ru}	x_{ij}^{rr}	x_{ij}^{rs}	x_i^r	Y_i^r	X_i^r
	废弃物再生部门	$1, 2, \cdots, s$	x_{ij}^{sp}	x_{ij}^{sc}	x_{ij}^{sm}	x_{ij}^{su}	x_{ij}^{sr}	x_{ij}^{ss}	x_i^s	Y_i^s	X_i^s
	合计		x_j^p	x_j^c	x_j^m	x_j^u	x_j^r	x_j^s	x_j	Y_i	X_i
初始投入（非共生性投入）	直接价值投入	原材料成本	cm_j^p	cm_j^c	cm_j^m	cm_j^u	cm_j^r	cm_j^s	cm_j		
		燃料及动力成本	ce_j^p	ce_j^c	ce_j^m	ce_j^u	ce_j^r	ce_j^s	ce_j		
		系统成本	cs_j^p	cs_j^c	cs_j^m	cs_j^u	cs_j^r	cs_j^s	ce_j		
		其他	co_j^p	co_j^c	co_j^m	co_j^u	co_j^r	co_j^s	co_j		
		生产成本合计	c_j^p	c_j^c	c_j^m	c_j^u	c_j^r	c_j^s	C		
	外部价值项目	期间费用	辅表								
		经济附加值									
		外部环境损害价值									
		外部价值合计									
总投入			X_j^p	X_j^c	X_j^m	X_j^u	X_j^r	X_j^s	X		

注：本表沿用了表 7.1 中的符号，但意义截然不同，本表中的符号均表示实物的价值量

列平衡关系能揭示园区各部门（企业）之间的投入情况，包括初始投入与中间投入两部分。其中，中间投入是由其他部门转入本部门的价值量；初始投入的直接价值投入由本部门（企业）的直接材料、动力能源、人工、折旧等成本项目构成，而外部价值项目因不是通过园区内部生产环节实现的，需要借助辅表予以体现（同企业资源价值流投入产出表）。鉴于此，园区工业链上六部门的总投入可以表示为

$$\begin{cases}\sum_{i=1}^{n}x_{ij}^{pp}+\sum_{i=1}^{m}x_{ij}^{cp}+\sum_{i=1}^{l}x_{ij}^{mp}+\sum_{i=1}^{k}x_{ij}^{up}+\mathrm{cm}_j^p+\mathrm{ce}_j^p+\mathrm{cs}_j^p+\mathrm{co}_j^p=X_j^p\\ \sum_{i=1}^{n}x_{ij}^{pc}+\sum_{i=1}^{m}x_{ij}^{cc}+\sum_{i=1}^{l}x_{ij}^{mc}+\sum_{i=1}^{k}x_{ij}^{uc}+\mathrm{cm}_j^c+\mathrm{ce}_j^c+\mathrm{cs}_j^c+\mathrm{co}_j^c=X_j^c\\ \sum_{i=1}^{n}x_{ij}^{pm}+\sum_{i=1}^{m}x_{ij}^{cm}+\sum_{i=1}^{l}x_{ij}^{mm}+\sum_{i=1}^{k}x_{ij}^{um}+\mathrm{cm}_j^m+\mathrm{ce}_j^m+\mathrm{cs}_j^m+\mathrm{co}_j^m=X_j^m\\ \sum_{i=1}^{n}x_{ij}^{pu}+\sum_{i=1}^{m}x_{ij}^{cu}+\sum_{i=1}^{l}x_{ij}^{mu}+\sum_{i=1}^{k}x_{ij}^{uu}+\sum_{i=1}^{s}x_{ij}^{su}+\mathrm{cm}_j^u+\mathrm{ce}_j^u+\mathrm{cs}_j^u+\mathrm{co}_j^u=X_j^u\\ \sum_{i=1}^{n}x_{ij}^{pr}+\sum_{i=1}^{m}x_{ij}^{cr}+\sum_{i=1}^{l}x_{ij}^{mr}+\sum_{i=1}^{k}x_{ij}^{ur}+\mathrm{cm}_j^r+\mathrm{ce}_j^r+\mathrm{cs}_j^r+\mathrm{co}_j^r=X_j^r\\ \sum_{i=1}^{n}x_{ij}^{ps}+\sum_{i=1}^{m}x_{ij}^{cs}+\sum_{i=1}^{l}x_{ij}^{ms}+\sum_{i=1}^{k}x_{ij}^{us}+\sum_{i=1}^{r}x_{ij}^{rs}+\mathrm{cm}_j^s+\mathrm{ce}_j^s+\mathrm{cs}_j^s+\mathrm{co}_j^s=X_j^s\end{cases}\tag{7.8}$$

7.3.2　园区资源价值流投入产出分析方法

本章用实物型与价值型两种投入产出模型分别从物量循环、价值投入与分配的角度反映了园区资源价值流的结构，在此基础上，借助资源价值流核算的基本方法使园区资源价值流核算成为可能。然而，得到资源价值流核算的结果并不是最终目的，更重要的是根据计算结果进行生态效益与经济效益分析，合理确定园区内工业链上各节点企业的资源有效利用成本、废弃物损失成本及外部环境损害成本，满足园区生态工业链“增环”和园区废物再资源化“补链”决策的需要，以通过输入减量化、过程再循环和工业链延伸实现园区环境负荷的最小化。

1. 关联度与资源化率

对园区整体而言，提高企业、生态工业链资源效率和环境效率的途径就是增强园区企业间的关联度。增建一批对园区具有“纽带”作用的企业或者通过招商引资引进一些具有“补链”功效的企业，是多渠道连接和组合园区企业的主要途径。对园区内部的废弃物或者副产品而言，可以扩大副产品、废弃物在企业间交

换的自由度，以及废弃物资源化的范围，逐渐在园区内建立起相互关联和相互促进的完整生态工业体系。因此，需要从整体上测度园区企业间的关联度及园区资源化率。

不同于传统的产品链（正制品），园区企业间的关联是在生态工业链上相互利用废弃物、余能等负制品而形成的关系，园区企业间的关联度（C）可以从生态关联度（只考虑园区内的生态工业链，记作 C_e）和总关联度（C_t 同时考虑生态工业链 L_e 和产品链 L_p，记作 $L_t = L_e + L_p$）两个层面来测度（S 表示园区内企业数量）：

$$C_e = \frac{L_e}{[S(S-1)/2]} \tag{7.9}$$

$$C_t = \frac{L_t}{[S(S-1)/2]} = \frac{(L_e + L_p)}{[S(S-1)/2]} \tag{7.10}$$

资源化率是衡量园区废弃物、余能等负制品资源化程度的指标。对园区内的企业而言，企业资源化率是指一个企业的负制品转化为另一个企业的原材料的比例（记为 u_i，$0<u_i\leqslant 100\%$，$i = 1, 2, 3, \cdots, L_e$），则该园区的企业资源化率可表示为 $\sum_{i=1}^{L_e} u_i$。若满足园区企业间资源化率均为 100%的生态工业链为 $S(S-1)/2$ 条，则该园区的资源化率为 $\sum_{i=1}^{S(S-1)/2} u_i$（$u_i = 100\%$）。在此基础上，若用园区内最大可能的企业资源化率之和表示园区资源化率，则可记为

$$C_R = \frac{\sum_{i=1}^{S(S-1)/2} u_i}{[S(S-1)/2]} \times 100\% \tag{7.11}$$

在式（7.11）的基础上，可进一步得到

$$C_R = \frac{\sum_{i=1}^{S(S-1)/2} u_i}{L_e} \times \frac{L_e}{S(S-1)/2} \times 100\% = r_L \times C_e \tag{7.12}$$

其中，r_L 表示园区内企业资源化率的平均水平，则园区的资源化率由园区企业平均资源化率与园区企业间的生态关联度两个要素决定。如果园区的资源化率越高，说明负制品再资源化的程度越高。

2. 生态效率

延续第 5 章关于三维模型分析中提到的生态效率测度方法，园区循环经济实施效果的评价借助资源效率和环境效率两个指标展开。第 5 章对二者的定义

已经做了说明，即资源效率为产品价值与资源输入量的比值，环境效率为产品价值与废弃物量的比值。资源效率主要着眼于输入端，而环境效率则偏向于输出端。本章以生产部门（企业）为例，结合园区资源价值流投入产出表（结合实物型和价值型）对资源效率(r_p)与环境效率(q_p)做进一步说明：

$$\begin{aligned} r_p &= \frac{x_{ij}^{pp}+x_{ij}^{pc}+x_{ij}^{pm}+x_{ij}^{pu}+x_{ij}^{pr}+x_{ij}^{ps}+\mathrm{cm}_j^p+\mathrm{ce}_j^p+\mathrm{cs}_j^p+\mathrm{co}_j^p+\text{外部价值}}{x_{ij}^{pp}+x_{ij}^{cp}+x_{ij}^{mp}+x_{ij}^{up}+x_{ij}^{rp}+x_{ij}^{sp}+V_j^p} \\ &= \frac{x_j^p+c_j^p+\text{外部价值}}{x_{ij}^{pp}+x_{ij}^{cp}+x_{ij}^{mp}+x_{ij}^{up}+x_{ij}^{rp}+x_{ij}^{sp}+V_j^p} \end{aligned} \tag{7.13}$$

$$\begin{aligned} q_p &= \frac{x_{ij}^{pp}+x_{ij}^{pc}+x_{ij}^{pm}+x_{ij}^{pu}+x_{ij}^{pr}+x_{ij}^{ps}+\mathrm{cm}_j^p+\mathrm{ce}_j^p+\mathrm{cs}_j^p+\mathrm{co}_j^p+\text{外部价值}}{\sum_{i=1}^{w} w_{ij}^p} \\ &= \frac{x_j^p+c_j^p+\text{外部价值}}{\sum_{i=1}^{w} w_{ij}^p} \end{aligned} \tag{7.14}$$

需要特别说明的是，式（7.13）与式（7.14）中分子位置的数据来源于价值型园区资源价值流投入产出表，而分母位置的数据来源于实物型园区资源价值流投入产出表。此处，需对“产品”的定义做一点补充说明，对园区内的生态工业链而言，废弃物是一种特殊的廉价资源且普遍存在于生产过程中，当一个企业外排的废弃物或者副产品能作为下游企业的原料时，它便成为连接废弃物产生者和使用者两个不同生产过程的媒介，此时可以被界定为“产品”。于是，园区层面的“产品”概念具有更丰富的内涵，既包括传统的正制品，也包含上述废弃物或副产品。以此类推，生态工业链上其他部门（企业）的资源效率与环境效率同式（7.13）与式（7.14）。

7.4 案例分析：以 BTLY 园区为例

7.4.1 BTLY 园区简介

内蒙古 BTLY 园区，北依大青山，南临黄河，处在“呼包银经济带”的最优地段，同时也处于“呼包鄂金三角”的核心地带，是 2002 年 10 月通过国家环境保护总局论证、2003 年 4 月正式获批开建的国家级生态工业（铝业）示范园区，是国家环境保护总局确定的全国循环经济示范园区之一，也是内蒙古自治区确定的沿黄沿线西部经济带一类重点工业园区之一，并于 2014 年获批第五批国家“城市矿产”示范基地。作为一家以发展铝深加工产业为特色的第三代工业园区，BTLY

园区始终按照打造铝产业基地的构想，以“热电联营”为核心、以电力为基础、以铝工业为龙头的整体思路践行循环经济发展理念和产业发展战略。经过十余年的发展，BTLY 园区紧密依托包头铝业在生产氧化铝、电解铝等原材料方面的优势，以及华电蒙能在电力和天然气等方面的能源优势，不断引进以铝轮毂、化成箔、铝型材及铝合金汽车配件为主业，投资大、产业链长、附加值及科技含量高的铝及铝后加工企业，不断在转型升级中延伸产业链条，成为当地涵盖六大产业链（稀土、铝业、电力、钢铁、装备制造、煤化工）的工业基地。随着规模不断发展壮大，2012 年该园区规划面积已经扩大到 70 平方公里，相当于设立之初规划面积（20 平方公里）的 3 倍多。

据统计，BTLY 园区工业总产值由 2010 年的 160 亿元（实现工业增加值 68.8 亿元）、2013 年的 460 亿元逐渐努力向千亿元迈进。截至 2017 年底，在 BTLY 园区 70 平方公里的规划面积中，已拥有入园且投产企业 136 家，产值达到 566 亿元，创造税收 7 亿元左右，就业人数达 2.5 万人。在基础设施方面，总投资额达 12.5 亿元，已建成道路 23.1 公里，污水管线 32 公里，雨水管线 27.4 公里，给水管线 23.4 公里。

7.4.2　BTLY 园区生态工业链网结构

BTLY 园区以铝业生产及深加工企业为核心，根据“生产者—消费者—分解者”的循环途径，结合地区的资源与能源优势，按照生态工业网络的原理对铝冶炼企业、热电联营企业、零部件或材料加工铸造企业等进行有机整合，与此同时，通过“补链”的形式引进相关配套企业，围绕电力、建材、铸造等行业企业构建起园区内物质闭环流动、能量梯级利用、副产品和废弃物等负制品相互利用的生态工业链，将园区内的企业连接起来，形成铝业生态工业园网络。目前，BTLY 园区以核心企业为主导，初步形成了“铝电及其深加工”一体化发展的生态工业模式，并初步构建了一系列子系统，如铝合金铸件系统、建材加工系统、铝材深加工系统、稀土高新产业系统等，具体包括“铝—合金铝—铝轮毂和汽车摇臂等压铸件”“铝—合金铝棒—铝型材”“铝—合金铝—圆铝杆—铝线材”“铝—铝板锭”“铝—高纯铝—电子化成箔”等产业集群，节能环保理念和生态绿色理念相融合的新型工业园区粗具规模。图 7.9 给出了 BTLY 园区总体生态工业链网示意图。

在 BTLY 园区总体生态工业链网中，根据企业上下游之间的关系，以及循环经济技术可行性的要求，初步形成了一些以伴生产品、废弃物等负制品为链条的生态工业链，本书用表 7.3 归纳如下。

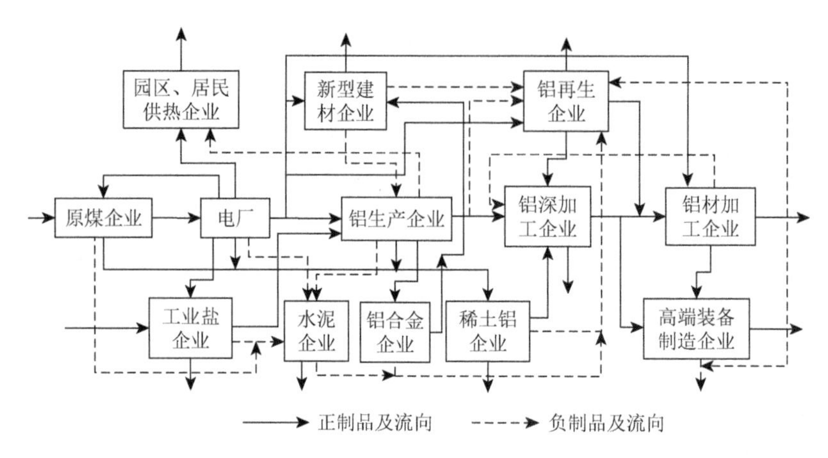

图 7.9　BTLY 园区总体生态工业链网

表 7.3　BTLY 园区典型生态工业链

编号	代谢过程	涉及的代表性企业
I	煤→发电→电解铝→铝深加工→铝再生→铝深加工	包头铝业、东方希望铝业、森都碳素、吉泰铝业、一阳轮毂、呼铁山桥轨道装备、包头盛泰汽车零部件制造、包头富诚铝业、包头平远物资回收、鹿王集团、内蒙华资实业、包头成基电子等
II	煤→发电→粉煤灰→新型建材	包头铝业、东方希望铝业、森都碳素、吉泰铝业、包头汇众铝合金锻造、凯普松电子科技、包头成基电子等
III	煤→发电→代暖供热	华电内蒙古能源、吉阳控股、东恒热电等
IV	煤→发电→稀土铝合金生产	包头铝业、东方希望铝业、吉泰稀土铝材、包头汇众铝合金锻造、包头富诚铝业、内蒙古金重科技、一阳轮毂等
V	煤→发电→稀土铝合金铸件生产→铝再生→铝深加工	汇泽科技、包头铝业、东方希望铝业、吉泰铝业、三鑫电子、公铁物流、包头平远物资回收、包头成基电子、凯普松电子科技、东联盛电子科技、三鑫电子科技、国瑞科技等

由表 7.3 对五大典型工业链的总结可以看出，BTLY 园区初步形成了以铝电联营为核心的产业生态系统。具体而言：Ⅰ号工业链主要是充分利用 BT 丰富的煤炭资源发电，充分满足铝生产企业电解铝的电力需求，铝制品可用于铝合金及铝合金铸件的深加工，并将废铝返回到铝深加工企业；Ⅱ号工业链利用 BT 的煤、电资源及煤灰可生产普通硅酸盐水泥、板材、煤灰烧结砖、空心砌块、彩色地面砖、隔热耐火砖、防火涂料等建材；Ⅲ号工业链可以利用园区内电厂热电联产排放的热水、蒸汽为园区内部及附近居民区供气取暖；Ⅳ号工业链是以园区内的铝为基础，利用 BT 丰富的稀土材料，将其掺入铝材中生产稀土铝合金；Ⅴ号工业链是在园区利用 BT 丰富稀土资源的基础上生产稀土铝合金铸件，用于高端精铝产品、铝型材、高纯铝、电子化成箔、铝轮毂等产品的生产，过程中产生的废物进行再生回收并用于铝的深加工产业。

7.4.3　基于 BTLY 园区物质流转的价值流核算及分析

1. BTLY 园区废弃物集成

BTLY 园区以铝业为龙头、以电厂为基础，铝电联营模式使各个系统之间的产品及废弃物相互交换，在固态物质、气态物质及液态物质等废弃物方面形成了集成，具体如下：①固态废弃物集成。在铝生产及加工过程中，铝矿、石灰石、碱粉等都是主要材料，而其固态废物主要包括赤泥、粉尘、尾矿、灰渣等，本书以铝矿、铝生产企业及其他建材企业为例分析其固体废弃物的共生网络，如图 7.10 所示。②液态废弃物集成。本书以废水为例说明其在园区内的集成过程（图 7.11），不光是铝冶炼企业，对园区内的其他化工、建材等加工企业而言，水既是重要输入，也是常见液态废弃物之一，除了企业间的循环利用之外，废水集中处理也是重要转化途径。③废气集成。在铝冶炼过程中，蒸汽是氢氧化铝生产（高温下铝与水蒸气反应）过程中的重要能源输入，未充分利用的部分会出现“跑、冒、滴、漏”等现象，将蒸汽二次回收之后可用于铝冶金、居民供暖及其他企业（图 7.12）。

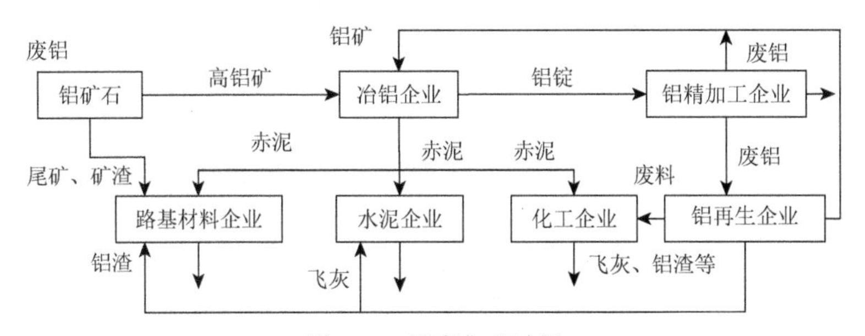

图 7.10　固废集成过程

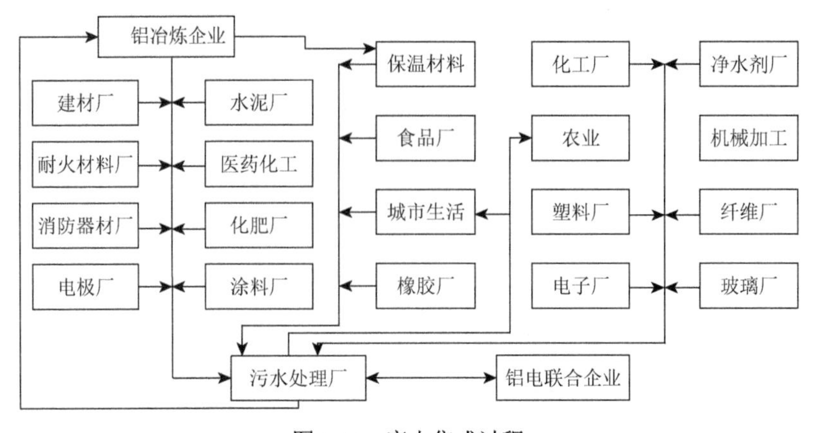

图 7.11　废水集成过程

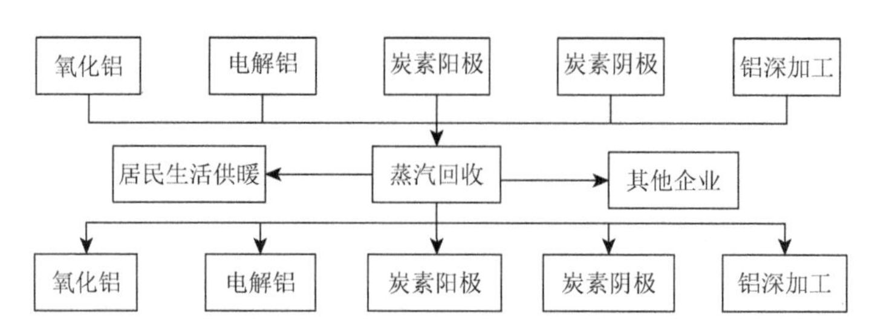

图 7.12　蒸汽集成过程

2. BTLY 园区铝工业链的物质流

由前文分析可知，BTLY 园区围绕铝电联营系统形成了复杂的工业链网络，为了诠释“物质流-价值流-组织”三维模型在园区层面的运用，即资源价值流分析方法在企业与企业之间的实践，本书选取 BTLY 园区最具代表性的铝工业链进行详细分析。

1）铝工业链的结构及边界界定

为了构建基于生态工业园区工业链的资源价值流投入产出表，前文对工业链上各节点企业赋予了相应的功能，即生产部门（企业）、消费部门（企业）、中间部门（企业）、资源再生部门（企业）、废弃物回收部门（企业）及废弃物再生部门（企业），本章的案例分析也延续这一思想。为了与第 6 章企业的资源价值流分析衔接，本章此处以铝生产企业为核心企业，结合 BTLY 园区现有的工业链网络结构，确立了包含上述六大功能企业的相应铝工业链结构，见图 7.13。

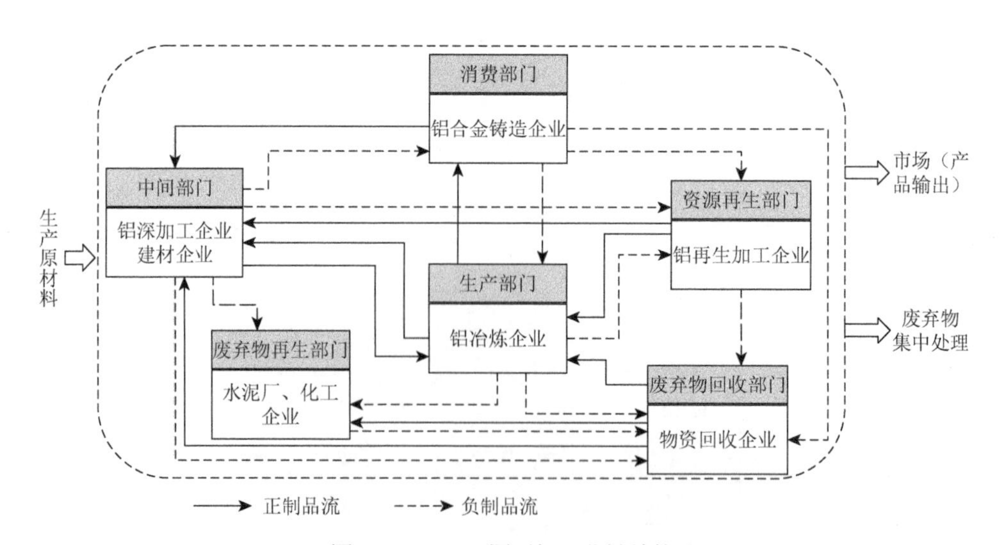

图 7.13　BTLY 园区铝工业链结构

图 7.13 根据工业链上六部门的关系确定了相应的企业类型，并勾画了铝工业链上各企业之间的共生关系，表 7.4 进一步明确了 BTLY 园区铝工业链上具体的对应企业、产品及废弃物类别。

表 7.4 铝工业链共生网络组成

部门	对应企业	原材料	产品	废弃物类别
生产部门	包头铝业、东方希望铝业	铝矿、电、煤	铝锭、铝环、铝棒	铝渣、炭渣、金属氧化物废渣、铝灰、废水、废气
消费部门	包头汇众铝合金锻造、内蒙古华云新材料	铝棒、铝锭、铝粉末和液态铝、废碳块等	铝合金型材、精密模锻件及各种铝锻件	铝废料、炉渣、集成灰、边角料、废水、废气（熔化废气、浇铸废气、工艺粉尘、制芯废气）
中间部门	包头成基电子、一阳轮毂	铝合金、铝型材等	汽车铝合金轮毂、铝型材散热器、电子专用材料	废水、炉渣、集成灰
资源再生部门	成功铝业、吉泰铝业	铝灰、铝渣等	液体铝重熔、铝锭、铝合金压铸件、铸轧、硫酸铝、合成聚合氯化铝	电子工业废气、焦油、尾气、赤泥、残极
废弃物回收部门	包头平远物资回收	铝废料、铝渣、工艺废料等	铝废料、废旧金属	烟气、粉尘、灰渣
废弃物再生部门	资盛化建水泥、华海化工、广源化工	赤泥、炉渣、余热、铝粉	水泥、铝加工件、工业盐、石膏	废水、工艺粉尘、余热、液碱、氯化氢

2）铝工业链的资源价值流核算

铝工业链资源价值流核算的基本原理类似于企业资源价值流核算，需要经过物量中心确定、成本内容界定、数据收集整理、成本分配等环节。只不过在工业链网络中，物量中心的确定需要根据每种资源绘制流动路径图，由于有可能存在同质企业，一个物量中心可能由多个企业组成，本节以铝元素流动为物质路线，按照六个部门确定相应的物量中心。在其资源价值流的核算中，相关成本项目的界定遵循资源价值流转会计理论，依然将材料成本分为主要材料、次要材料和辅助材料三块；而能源成本主要为水、电、煤、油、气等；系统成本包括人工、间接费用及其他直接费用等；废弃物处理成本主要为相应的人工及维护费用等；外部环境损害成本根据 LIME 系数与排放的废弃物类别确定。此外，成本分配方法需要根据正制品与负制品的流向进行分配。本节确定的六个物量中心具有不同的投入、产出及废弃物类别（表 7.4），因此需要根据 201×年×月获取的月度调研数据分别对各个物量中心的物量输入输出进行说明，见表 7.5～表 7.10。

表 7.5　生产物量中心物质输入与输出（月度数据）

	类别	序号	名称	单位	数量
输入端	原材料	1	铝土矿	吨	152.43
		2	碱粉	吨	75.30
		3	石灰石	吨	47.105
		4	无烟煤	吨	68.087
		5	洗精煤	吨	17.835 1
		6	生石油焦	吨	24.200 4
		7	沥青	吨	46.787
		8	残极	吨	387.598
		9	煤焦油	吨	98.758
		10	人造石墨	吨	190.29
		11	沥青焦	吨	11.053 1
		12	氧化铝	吨	664.8
		13	冰晶石	吨	143.68
		14	氟化铝	吨	887.953
		15	阳极净耗	吨	159.739 6
		16	炸药	吨	89.578
		17	雷管	发	18 581.833
		18	导火线	米	26 643.317
	能源	1	原煤	吨	156 098.20
		2	电	千瓦时	541 945 572.34
		3	水	立方米	627 301.49
		4	压缩空气	立方米	437 157.00
		5	重油	吨	236.683 3
		6	蒸汽	吨	186 217.93
		7	直流电	千瓦时	470 898 682.6
		8	柴油	吨	65.493

	类别	序号	名称	单位	数量
输出端	产品	1	阳极块	吨	23 948
		2	阴极块	吨	698.238
		3	铝产品	吨	34 331.747
		4	普铝矿	吨	21 583.23
		5	高铝矿	吨	14 403.89
		6	石灰石	吨	305 305.9
	废弃物	1	赤泥（氧化铝损失）	吨	120.530 2
		2	粉尘、烟气、渣	吨	135.166
		3	粉尘、烟气、渣	吨	40.288 3
		4	烟气、铝渣（铝损失）	吨	1 321.77
		5	尾矿	吨	2 068.51
		6	灰渣	吨	10 852

注：生产物量中心的输入与输出数据汇总了包头铝业与东方希望铝业两家企业的数据

表 7.6　消费物量中心物质输入与输出（月度数据）

类别		序号	名称	单位	数量	类别		序号	名称	单位	数量
输入端	原材料	1	碳素钢	吨	2 732	输出端	产品	1	精密模锻件	件	29 908
		2	合金钢	吨	2 896			2	铝合金型材	吨	238.98
		3	铝锭	吨	7 809			3	矿山锻件	件	8 644
		4	铝棒	吨	6 730			4	飞机锻件	件	9 853
		5	铝粉末、液态铝	吨	465.98			5	石油化工锻件	件	2 986
		6	金属坯料	吨	3 678.03			6	柴油机锻件	件	26 754
		7	废碳块等	吨	398.67			7	工程机械支重轮、链轨节、刮板、E 形螺栓等	件	23 787
		8	镁、铜、钛等及其合金	吨	679 873		废弃物	1	铝废料	吨	278.892
	能源	1	煤	吨	67 829			2	废水	吨	6 789.96
		2	电力	千瓦时	9 057 671			3	炉渣	吨	267.9
		3	水	吨	65 419			4	集成灰	吨	209.789
		4	天然气	立方米	8 659 100			5	边角料	吨	25.87
		5	油	吨	256			6	废气	吨	3 498.21

注：消费物量中心的输入与输出数据汇总了包头汇众铝合金锻造与内蒙古华云新材料两家企业的数据

3. BTLY 园区铝工业链的资源价值流投入产出分析

基于上述基础信息，针对上述各个物量中心的原材料及能源流入、产品及废弃物流出数量，可以分别计算输入端与输出端（包括正制品与负制品）相应的成本流。需要注意的是，本节以铝元素流为主线，且不同产出（不同的正制品、不同的负制品）的含铝比例不同，因此需要根据主要投入和产出物质的数量及其相应的转化系数转换为铝元素的价值流。比如，粉煤灰的铝含量约为 49%，脱硅溢流的铝含量约为 9.99%等，限于篇幅，相应的转化结果不再呈现。于是，根据上述各个物量中心的物量信息，按照成本项目（材料成本、能源成本及系统成本）及产出流向（正制品和负制品）分别核算价值流。本节省略具体的计算过程，采用价值型资源价值流投入产出表（表 7.11）反映其测算结果。需要特别说明的是，事实上 BTLY 园区铝工业链的物质流转过程可以借助实物型资源价值流投入产出表反映，但每个部门的物质输入与输出种类繁多，且各部门之间大相径庭，如此以来就导致实物型投入产出表的行、列数非常多，生成的投入产出表的篇幅过大。基于此，本节只呈现价值型资源价值流投入产出表。

表 7.7　中间物量中心物质输入与输出（月度数据）

	类别	序号	名称	单位	数量		类别	序号	名称	单位	数量
输入端	原材料	1	铝合金	吨	1 087.6	输出端	产品	1	电子元件	件	267 489
		2	碳素钢	吨	2 879.06			2	高致密稀土铝合金汽车轮毂	只	276 431
		3	合金钢	吨	890.478			3	电子专用材料	吨	10.87
		4	废旧电器	吨	15.902			4	电子产品	件	27 896
		5	铝型材	吨	37.943			5	电子材料	吨	267.78
		6	中间合金	吨	26.37			6	汽车铝合金轮毂	只	675 561
		7	化工材料	吨	23.89			7	铝箔	吨	26.897
		8	油漆粉末	吨	1.098			8	铝型材散热器	件	23 658
		9	包装物	吨	2.897		废弃物	1	废水	吨	86.832
		10	打磨物料	吨	6.76			2	硫酸废弃物	吨	30.78
		11	量具	件	2 679			3	废乳化液	吨	27.3
		12	橡胶	吨	12.98			4	炉渣	吨	278.9
	能源	1	天然气	立方米	975 562			5	集成灰	吨	78.90
		2	煤	吨	35.876			6	废清洗液	吨	67.09
		3	电力	千瓦时	7 890 270			7	漆雾及有机废气	吨	289.05
		4	水	吨	143.67			8	SO_2	吨	165.6

注：中间物量中心的输入与输出数据汇总了成基电子与一阳轮毂两家企业的数据

表 7.8　资源再生物量中心物质输入与输出（月度数据）

	类别	序号	名称	单位	数量		类别	序号	名称	单位	数量
输入端	原材料	1	铝土矿	吨	196.12	输出端	产品	1	液体铝重熔	吨	137.89
		2	碱粉	吨	9.61			2	铝锭	吨	775.4
		3	石灰石	吨	6.128 9			3	铝合金压铸件	吨	67.98
		4	冰晶石	吨	39.65			4	铸轧	吨	24.362
		5	生石油焦	吨	98.92			5	合成聚合氯化铝	吨	23.897
		6	沥青	吨	10.89			6	硫酸铝	吨	6.987
		7	铝灰	吨	689.34			7	铝导杆	吨	14.876
		8	铝渣	吨	673.49			8	脱履铝	吨	28.467
		9	人造石墨	吨	27.253						
	能源	1	煤	吨	312.319		废弃物	1	铝渣	吨	31.98
		2	电	千瓦时	350 660			2	赤泥	吨	166.8
		3	焦炭	吨	30.587			3	电子工业废气	吨	4.56
		4	天然气	立方米	10 706			4	尾气	吨	5.57
		5	水	吨	102.86			5	残极	吨	9.97
		6	重油	吨	57.47			6	焦油	吨	11.34
		7	蒸汽	吨	30.1			7	粉尘、渣	吨	45.6

注：资源再生物量中心的输入与输出数据汇总了成功铝业与吉泰铝业两家企业的数据

表 7.9　废弃物回收物量中心物质输入与输出（月度数据）

	类别	序号	名称	单位	数量		类别	序号	名称	单位	数量
输入端	原材料	1	铝废料	吨	472.8	输出端	产品	1	五金交电	件	47 678
		2	铝渣	吨	279.75			2	有色金属	吨	3 654.5
		3	工艺废料	吨	197			3	铝废料	吨	256.8
		4	废塑料	吨	657			4	废旧金属	吨	135
		5	废纸	吨	621.67			5	炉料	吨	1 769
		6	废钢铁	吨	839.9			6	水暖配件	件	1 397
		7	废棉废麻	吨	35						
		8	废化纤	吨	29						
		9	碎玻璃	吨	12		废弃物	1	废渣	吨	1 768
		10	废橡胶	吨	37			2	废水	吨	186
	能源	1	水	吨	278			3	SO_2	吨	125
		2	电	千瓦时	165 876						
		3	气	立方米	187 932						
		4	煤炭	吨	287						

注：废弃物回收物量中心的输入与输出数据主要是包头平远物资回收一家企业的数据

表 7.10　废弃物再生物量中心物质输入与输出（月度数据）

类别		序号	名称	单位	数量	类别		序号	名称	单位	数量
输入端	原材料	1	石灰石	吨	9 362	输出端	产品	1	水泥	吨	1 098 785.775
		2	页岩	吨	199.9			2	石膏	吨	5 500
		3	煤矸石	吨	1 942			3	液氨	吨	170
		4	赤泥	吨	1 053			4	精甲醇	吨	12 000
		5	生料	吨	17 025			5	醇后气	吨	11 100
		6	熟料	吨	9 300			6	硫黄	吨	2 000
		7	石膏	吨	4 500			7	碳酸氢铵	吨	3 490
		8	混合材	吨	390						
		9	水	吨	10 400						
		10	纯碱	吨	257		废弃物	1	粉尘	吨	12 156.869
		11	脱硫剂（栲胶、$NaVO_3$等）	吨	6.604			2	CO_2	吨	736 430
		12	催化剂	吨	4.5			3	SO_2	吨	306.9
	能源	1	烧成用煤	吨	7 080			4	NO_x	吨	1 246.2
		2	电力	千瓦时	1 515 900			5	尿素合成残液	吨	300
		3	油	吨	26			6	污水	吨	1 325
		4	气	立方米	138 332						
		5	无烟煤	吨	1 320						

注：废弃物再生物量中心的输入与输出数据汇总了资盛化建水泥、华海化工及广源化工三家企业的数据

此外，在铝工业链各部门产生的负制品中，除再利用及再生的部分负制品之外，剩余部分直接外排会引起外部环境损害。因此，本书根据 LIME 系数对这一部分负制品产生的外部环境损害价值做进一步核算，结果如表 7.12 所示。

表 7.11 BTLY 园区铝工业链资源价值流投入产出表（价值型）（单位：万元）

投入		生产部门 正制品	生产部门 负制品	消费部门 正制品	消费部门 负制品	中间部门 正制品	中间部门 负制品	资源再生部门 正制品	资源再生部门 负制品	废弃物回收部门 正制品	废弃物回收部门 负制品	废弃物再生部门 正制品	废弃物再生部门 负制品	合计	最终产出	总产出
中间投入（共生性投入）	生产部门	0	0	36 565.67	13 439.24	86 218.2	1 545.5	0	8 218.2	0	218.28	0	1 545.5	147 750.59	390 000	537 750.59
	消费部门	0	1 087.6	0	0	5 762.6	1 243	0	7 623.78	0	699.56	0	0	16 416.54	220 000	236 416.54
	中间部门	5 436.56	0	0	1 221.07	0	0	0	1 205.54	0	5 762.78	0	323.55	13 949.5	145 632	159 581.5
	资源再生部门	4 212.05	0	0	0	1 497	0	0	0	0	2 453.9	0	0	8 162.95	398 700	406 862.95
	废弃物回收部门	0	0	0	0	0	0	0	0	0	0	1 087.6	0	1 087.6	12 200	13 287.6
	废弃物再生部门	0	0	0	0	0	0	2 567.89	0	0	0	0	0	2 567.89	23 630	26 197.89
	合计	9 648.61	1 087.6	36 565.67	14 660.31	93 477.8	2 788.5	2 567.89	17 047.52	0	9 134.52	1 087.6	1 869.05	189 935.07		
初始投入（非共生性投入） 直接价值投入	原材料成本	3 530.97	1 765.57	9 438.6	936	44 783.19	144.97	102.23	87.78	122.05	51.91	7 890.36	74.56	68 928.19		
	燃料及动力成本	810	657	636.8	85.36	144.6	32.3	42.21	36.67	421.23	41.04	1 458.5	67.54	4 433.25		
	系统成本	1 373.23	978	336.46	1 297.2	473.87	14.3	25.67	53.21	24.56	45.80	7 697.2	96.78	12 416.28		
	生产成本合计	5 714.2	3 400.57	10 411.86	2 318.56	45 401.66	191.57	170.11	177.66	567.84	138.75	17 046.06	238.88	85 777.72		
外部价值项目	期间费用	辅表														
	经济附加值															
	外部环境损害价值															
	外部价值合计															
总投入*		19 850.98		63 956.4		141 859.53		19 963.18		9 841.11		20 241.59		275 712.91		

*此处计算的总投入只包括中间投入与初始投入中的直接价值投入部分，不包括外部价值项目

表 7.12　BTLY 园区铝工业链外部环境损害价值

部门	废弃物	LIME 值/(日元/千克)	LIME 值/(元/千克)	数量/吨	环境损害值/万元
生产部门	赤泥	1.18	0.17	20.530 2	0.349
	烟尘	1.74	0.25	75	1.875
	灰渣	0.695	0.10	780	7.8
	小计				10.024
消费部门	废水	1.45	0.21	1 789	37.57
	烟灰	1.74	0.25	109.78	2.74
	炉渣	0.695	0.10	167	1.67
	废气	2.11	0.307	1 450.21	44.52
	小计				86.5
中间部门	废水	1.45	0.21	16	0.336
	硫酸废弃物	0.591	0.086	10.78	0.092 7
	炉渣	0.695	0.10	78.9	0.789
	SO_2、有机废气	2.11	0.307	189	5.8
	小计				7.107 7
资源再生部门	赤泥	1.18	0.17	26	4.42
	电子工业废气	2.11	0.307	4.56	0.14
	焦油	0.591	0.086	2.43	0.020 9
	残极	0.421	0.06	1.9	0.011 4
	小计				4.592 3
废弃物回收部门	废渣	0.695	0.10	268	2.68
	废水	1.45	0.21	96	2.016
	SO_2	2.11	0.307	125	4.625
	小计				9.321
废弃物再生部门	粉尘	1.74	0.25	2 156	53.9
	CO_2、SO_2、NO_x	2.11	0.307	1 659	50.931 3
	残液	1.18	0.17	150	2.55
	污水	8.18	1.19	836	99.484
	小计				206.865 3
	合计				324.410 3

注：日元与人民币的汇率按 6.68 计算

7.4.4　BTLY 园区铝工业链的资源价值流转评价及优化

基于前文关于园区资源价值流投入产出分析的方法，结合 BTLY 园区的物质流和价值流信息，可以进一步对 BTLY 园区工业链进行深度分析。BTLY 园区作为内蒙古自治区循环经济重点发展单位，尤其是在我国制造强国战略第一个行动纲领——《中国制造 2025》提出绿色制造和智能制造等重大工程以来，以优化配置资源和产业布局提高园区资源的利用效率，以园区内企业的清洁生产为主要方式进一步开展循环经济，上述方式成为园区产业结构优化的主要途径。从 BTLY 园区整体层面来看，园区企业的生态关联度和总关联度是衡量企业间相互关系及其密切程度的重要指标。BTLY 园区总体上是以铝为中心进而延伸至电力行业、建材行业及铸造行业的工业代谢类型，其生态工业链主要为 5 条，产品约为 40 余条，且园区有企业 136 家，进而可分别估算其生态关联度和总关联度：

$$C_e = \frac{L_e}{[S(S-1)/2]} = \frac{5}{[136(136-1)/2]} = 0.000\ 545$$

$$C_t = \frac{(L_e + L_p)}{[S(S-1)/2]} = \frac{(5+40)}{[136(136-1)/2]} = 0.004\ 902$$

将计算结果与国内其他园区（表 7.13）进行比较可以发现，BTLY 园区企业的生态关联度与总关联度均较低，说明 BTLY 园区内企业数量虽多，但并没有形成真正意义上的共生网络，园区内企业之间相互利用副产品、废品的连接关系还处于较低的水平。此外，由于涉及物质种类过多，本书不考虑资源化率。

表 7.13　国内其他典型园区生态关联度与总关联度

园区	S(园区内企业数量)	L_e（生态工业链）	C_e（生态关联度）	L_t（总工业链）	C_t（总关联度）
贵港生态工业园	15	20	0.190	22	0.210
南海生态工业园	21	25	0.119	35	0.167
石河子生态工业园	6	6	0.400	7	0.467
鲁北生态工业园	12	20	0.303	31	0.470
沱牌酿酒生态工业园	7	9	0.429	10	0.476

企业间的关联度从物质流转的角度揭示了园区在整体规划中存在的缺陷，以及潜在的“补链”空间。在此基础上，本节进一步从生态效率的角度分析其流转效率。根据式（7.13）和式（7.14）可依次计算各环节的资源效率和环境效率，结果如表 7.14 所示。

表 7.14　BTLY 铝工业链各部门的资源效率与环境效率

项目	生产部门	消费部门	中间部门	资源再生部门	废弃物回收部门	废弃物再生部门
	包头铝业、东方希望铝业	包头汇众铝合金锻造、内蒙古华云新材料	成基电子、一阳轮毂	成功铝业、吉泰铝业	包头平远物资回收	资盛化建水泥、华海化工、广源化工
资源效率/（元/吨）	65 182.16	90 011.15	185 108.35	114 010.16	30 965.29	3 756.15
环境效率/（元/吨）	675.88	1 344.59	1 276.87	807.88	389.66	498.67

注：①由于数据获取存在难度，本书在测算正制品价值时，只考虑了中间投入、初始投入的价值，以及外部价值项目中的外部环境损害价值部分，未考虑期间费用与经济附加值；②在测算资源效率时，由于资源投入种类繁多，本书根据各种资源的正制品转化率汇总得到；③部分数据涉及商业机密，本书在测度时采取了预估方法，必然导致计算结果与实际存在出入，特此说明

从整个铝工业链的资源效率可以看出，不同节点企业的产出价值截然不同，中间部门的成基电子和一阳轮毂、资源再生部门的成功铝业和吉泰铝业相对较高，而废弃物再生部门、废弃物回收部门及生产部门的资源效率相对较低，这表明 BTLY 园区中围绕铝材的深加工行业及精加工行业具有更高的价值产出。环境效率从另一维度揭示了单位产值的环境污染程度，计算结果显示，以包头铝业和东方希望铝业为代表的铝生产企业、以包头平远物资回收为代表的废弃物回收部门，以及水泥建材企业是废弃物排放的“重灾区”，单位产值具有更高的废弃物输出水平。

基于上述分析，BTLY 园区应重点从以下几个方面进行优化：第一，在强化铝电联营的基础上，大力发展以电力和铝材为基础的铝深加工产业，加大对电子加工、铝材精加工等企业的引入力度，引导企业转向附加值高的产品研发，不断延伸产业链条。第二，适当提高企业引进门槛，有针对性地根据工业链条上的薄弱环节引进相应企业，以主导企业为核心，加强企业之间的生态耦合和资源共享，尤其是企业之间废弃物的交换，应通过“补链”来满足主导产业链生产的辅助材料需求。第三，BTLY 园区应进一步采取铝工业静脉产业链与动脉产业链融合的方式，减少环境污染，提高经济效益。其中，静脉产业链有助于铝生产过程中的废渣、废气及废水的消化和转化，动脉产业链则有助于铝材深加工，提高产品额附加值。

7.5　本章小结

以物质集成、能量集成、水集成为逻辑起点的工业园区资源价值流分析，显著区别于企业资源价值流分析之清洁生产的思想基础。以三维模型为基础，本章将组织层级由企业延伸至园区，针对当前生态工业园“循环”与“经济”难两全的难题，明确了园区资源价值流分析在物质生命周期维度的时空边界，并借助分室模型揭示了园区企业之间的食物链网机理，构建了适合于园区系统集成理念的资源价值流投入产出分析方法体系。在此基础上，以 BTLY 园区具有代表性的铝工业链为例进行了案例验证，为园区资源价值流分析提供了应用指引。

第 8 章　基于三维模型的国家（区域）资源价值流转探析

国家（区域）层面的资源价值流分析虽然是“物质流-价值流”二维分析工具在组织层级上的进一步延伸，但其本质依旧是从循环经济物质代谢的角度描绘相应价值流转的过程。因此，物质流与价值流依然是国家（区域）资源价值流核算的两条主线。物质流维度（技术层面的物理、化学计量单位）是物质资源全生命周期流动而形成的从摇篮到坟墓的流动链条，如前文所述，宏观尺度的物质流分析是该方法最典型、最常见的应用，用来度量某一国家或区域的可持续发展水平。与微观企业和中观园区不同，宏观尺度的物质流分析通常涉及资源开采、生产加工、产品制造、产品使用、废弃物循环再生、最终丢弃，以及产品进口与出口的全过程，通过对一定地域边界的物质输入与输出进行量化分析，并计算代谢吞吐量来测度经济活动对环境的影响。价值流维度（经济层面的货币计量单位）以某特定物质（如铝、铁、铅等元素）流转为对象，针对国内工业废弃物建立大型再生资源基地，针对社区居民产生的生活废弃物建立城市矿产基地，优化再生资源的回收利用成本，也考察伴随元素进出口流动而形成的货币价值流动链，是相对物质流维度而开展的深入剖析物质资源循环过程中价值流量与流向的过程。本章内容将视域扩大到国家（区域）层面，以元素的流转为主线，尝试构建国家（区域）层面的资源价值流分析方法体系。

8.1　问题的提出

党的十八届五中全会将可持续发展提升至绿色发展高度，党的十九大进一步强调绿色发展理念将是“十三五”规划和《中国制造 2025》实现经济转型升级的强劲“绿色动力”，在全国层面推进制造业的绿色转型升级成为题中之义。物质流与价值流具有共同的理论基础——系统论，显然国家（区域）也是物质流、价值流及信息流等要素形成的集成系统，资源价值流分析作为解决国家（区域），乃至全球资源环境问题的重要方法论，能有效剖析物质流、价值流及信息流在国家（区域）系统内部各个环节之间的流转与传导过程。正如第 4 章提到的，国家（区域）资源价值流分析也具有独特的政策导向和启示意义，资源价值流分析运用于国家（区域）宏观层面的目的是透视物质流转路线在各个环节的经济效益与环境效益，进而促进资源的高效利用，服务于国家（区域）财政、税收及生态补偿制度的出台。但是，国家（区域）层面的资源价值流分析仍然有诸多具体问题需要解决。

（1）从国家全局的高度实现物质流与价值流融合，是开展国家（区域）层面资源价值流分析的保证。流程制造业是资源价值流分析研究的主要对象，通常，这些产业对象也与国家（区域）的战略性产业、资源安全息息相关，如铝矿、铁矿等重要领域及其衍生产业不仅关系到产业安全，也广泛影响国家（区域）经济安全的方方面面。随着资源日渐趋于枯竭，环境恶化形势逐渐加剧，全球范围内的资源掠夺战已经悄然打响。因此，维护基础性战略资源在供应、加工、使用等过程的安全，寻求物质投入与价值产出相匹配，一方面要从物量的角度认识到物质资源的输入、存储、转化及输出情况，另一方面，也要从价值量的角度剖析和控制伴随物质流转过程的经济效益与环境效益。国家（区域）层面资源价值流分析方法是针对物质资源的社会流动过程的解析，强化物质流与价值流高度融合的理论研究是推动该方法应用于具体资源物质的基石。

（2）物质流与价值流的耦合程度是评价产业、经济体可持续发展水平的重要指标，单纯的国家（区域）物质流分析剥离了物质与价值的联系，无法从整体和结构上刻画国家（区域）层面物质与价值的传导过程及转换效率。国家（区域）层面的物质流分析秉承投入与产出思想，从流向、流量两方面反映了物质代谢过程。衡量物质流循环效果的指标有直接物质投入量、物质总需求量及物质总消耗量等绝对量指标，以及循环倍数、废弃物排放强度等相对指标，但缺乏与物质流耦合的价值流投入产出分析，物质投入产出和价值投入产出不匹配导致经济系统缺乏开展技术-经济一体化评价的基础。物质流和价值流以价格为纽带相伴而生，任何一个产业的物质流与价值流都是相互影响、相互制约和相互促进的关系。国家（区域）层面的资源价值流分析不仅要考虑进出口贸易活动所引起的国家（区域）投入与产出的情形，还要考虑“黑箱”内部的企业、园区、居民等有机组织间因生产、消费、废弃等活动联系起来而形成的结构性资源价值流，综合内部循环与外部循环过程中物质流与价值流之间的转化、传导及代谢过程。

8.2　国家（区域）资源价值流分析框架

国家（区域）层面的资源价值流分析以元素流为对象。元素（element）是物质的基本组成成分，元素的运动和转化过程即为元素流，元素流分析即特定物质流分析，评估元素生命周期对工艺、产品和环境在不同过程中产生的影响及负担，其研究对象以单一或多个金属元素最为典型，如铝（Al）、铅（Pb）、铁（Fe）、铜（Cu）等，这也与资源价值流分析以流程制造业为对象相吻合。现实中，这些元素并不会单独存在，而是以化合物的形式服务于社会生产活动，如氧化铝（Al_2O_3）、铅矿（P_bCO_3）、赤铁矿（Fe_2O_3）、硫酸亚铜（Cu_2SO_4）等，虽然物质形态会随化学反应而改变，但元素始终不会消失，只是元素组成发生了变化。国家（区域）资源价值流分析过程一般包括四个步骤：①从时间和空间两个维度界定具体研究对象的系统边界，确立进行相应元素价值流分析的目的及意义；②解析特定元素由于人类的生产和消费而带来的全生命周期社会流动过程及其价值代谢过程；③确定资源价值流分析方法，在获取所需数据资料的基础上进行相关指标的测算；④深入分析计算结果，挖掘潜在原因，提出相应改进思路。

8.2.1　国家（区域）资源价值流分析的时空定位

资源价值流分析方法论由企业、园区向国家（区域）等更高组织层级的扩展，与人们对物质流循环系统的渐进认识深度完全一致。超循环理论（hypercycle theory）[①]从生物化学和分子生物学的角度揭示了客观世界循环演化的各种规律，如可以将生物化学中的循环过程分为转化反应循环（第一层）、催化反应循环（第二层）及超循环（第三层），但其本质与自然界的物质循环有异曲同工之处。近似地，可将企业层面的物质流循环看成一种自我再生的转化反应循环；可将园区层面的物质流循环看作一种带有自我复制过程的催化反应循环；而国家（区域）层面的物质循环更类似于一种除了自我再生和自我复制之外，还可以进行自我选择、优化的，向更高层次的复杂方向进化的超循环过程。国家（区域）层面的资源价值流分析研究也基于物质流的超循环过程而展开，不仅要认识国家（区域）层面的物质流循环，还要推动物质社会流动的良性循环和消除不利于社会经济发展的恶性循环。基于上述现实及理论问题，本章将在企业和园区资源价值流分析方法体系的基础上进一步探索国家（区域）层面的资源价值流分析框架体系。

随着组织边界的扩大，国家（区域）层面的资源价值流分析方法所面临的循环系统也更加复杂。根据物质流决定价值流的基本规律，国家（区域）物质流分析仍是价值流分析的起点，而物质流分析涉及的系统边界直接关系到物质代谢主体的吞吐物质量。与企业、园区类似，国家（区域）资源价值流分析的时空定位仍旧可以分为时间系统边界与空间系统边界，其中，时间系统边界依赖于所考察的时间跨度，空间系统边界主要是国家（区域）地理范围的设定。相对特殊的是，在给定的国家（区域）尺度情形下，对应时空模型（图 8.1）的时间和空间轴也趋于离散化，时间轴的跨度更与工业链代谢过程涵盖的生命周期息息相关，包含完整的物质循环路线，而不能单纯定义为一月、一年等；空间轴因物质流经生产、加工制造、使用、报废与回收、进出口等环节之后不再具有地域集聚

① 超循环理论起源于 20 世纪 70 年代，由德国著名的生物物理学家曼弗雷德·艾根提出，自然界的各种生命现象存在由酶的催化作用所推动的各种循环过程，基层循环又构成更高层次的循环，即超循环，它是催化循环在功能上通过循环耦合联系起来的一种循环。

的特点（如针对工业废弃物而建立的大型再生资源基地、针对社区居民产生的生活废弃物而建立的城市矿产基地等），相对比较分散，这与企业和园区截然不同。

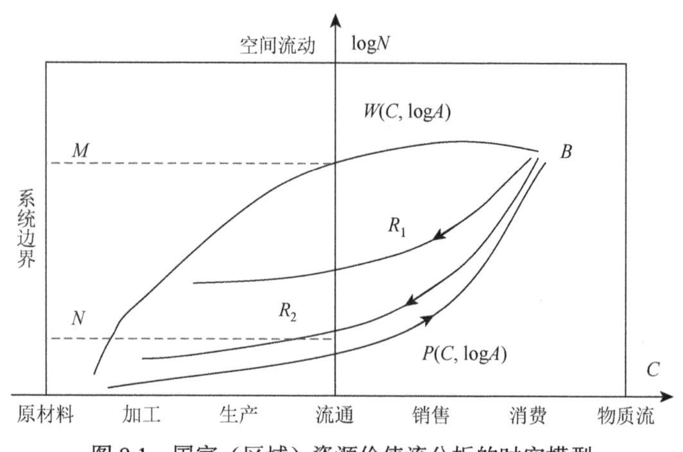

图 8.1　国家（区域）资源价值流分析的时空模型

图 8.1 中，曲线 P 与曲线 W 的含义同前，M 和 N 分别为废弃物总量和产品污染物的环境影响控制线。考虑到逆向物流是国家（区域）层面资源价值流分析的重要组成部分，曲线 R_1 代表加工→生产→流通→销售环节可回收物质流的价值，曲线 R_2 代表流通、销售及消费环节（包含进口与出口）的产品回流到加工、生产环节的产品流。在国家（区域）层面资源价值流分析面对的超循环系统中，元素流循环并不是处在一个封闭的系统内，而是处于一个开放的系统中，通过源源不断地与外界进行交换——输出所余和摄入所需来维持该循环的正常运转。国家（区域）层面的资源价值流分析既关注国内经济系统与环境之间的物质代谢，也关注国内经济系统与国外之间的物质输入与输出，并将物质流与价值流纳入到同一个框架内（图 8.2），应用资源价值流转会计方法量化物质流循环的经济价值，为优化国家（区域）物质流路线和降低 I_P（正制品资源价值流环境影响）和 I_W（负制品资源价值流环境影响）提供价值统计数据支持。

8.2.2　国家（区域）层面资源价值流流转过程解析

1. 国家（区域）层面的物质流分析

国家（区域）层面的大循环是生产与消费之间的循环经济，要在社会范围内形成“自然资源→生产→消费→二次资源”，主要是要从社会整体循环的角度大力发展废弃物调剂和资源回收产业。肖序等（2017a）指出，宏观层面资源价值流分析的对象是特定元素流，一般以铝元素、铁元素、铜元素、铁元素、铅元素等战略性重金属元素最为典型。国家（区域）层面的物质流（元素流）分析基本框架是资源价值流分析的基础，起源于社会代谢论和工业代谢论的经济系统物质流分析（economic-wide material flow analysis，EW-MFA）以质量守恒为基础将物质分为输入、贮存和输出三部分，基本的整体分析框架如图 8.3 所示。将国家（区域）作为分析对象时，对国家（区域）整体的物质输入量与输出量进行分析便涉及进口与出口，而国家（区域）内部通常需要按照行业部门进行分解，同时行业部门之间存在着物质流动，图 8.4 描绘了一个国家（区域）主体包括国际贸易物流和国内产业代谢物流的完整物质流动。

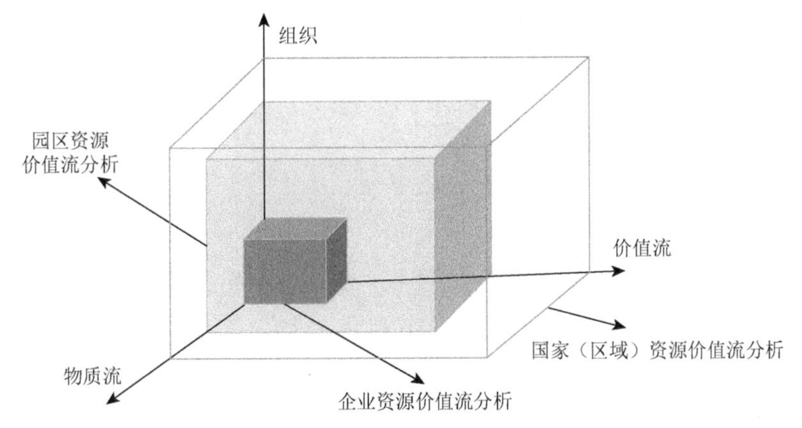

图 8.2　国家（区域）资源价值流分析在三维模型中的定位

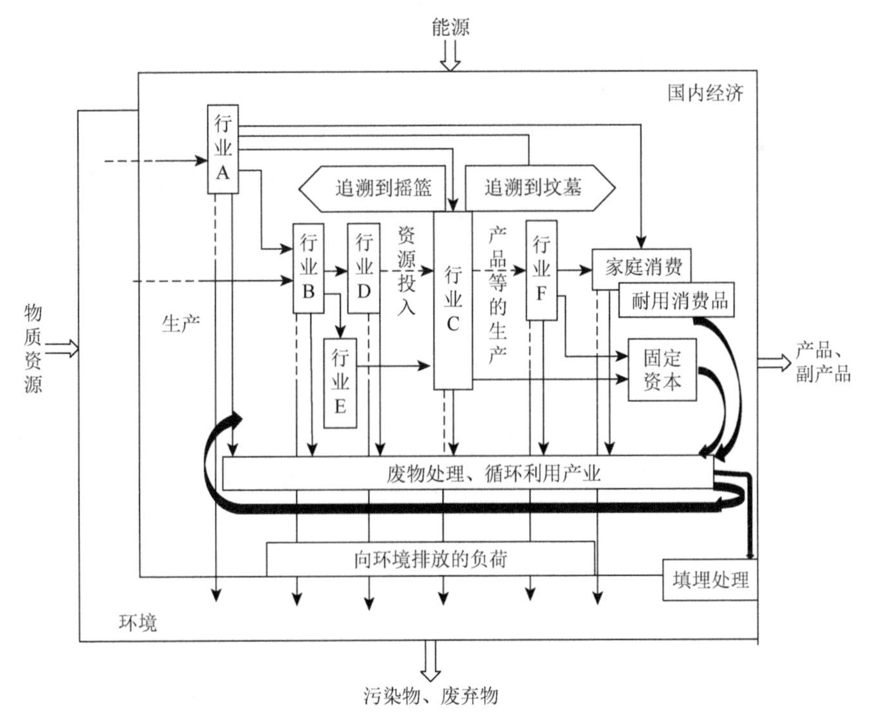

图 8.3　国家（区域）物质流分析基本框架

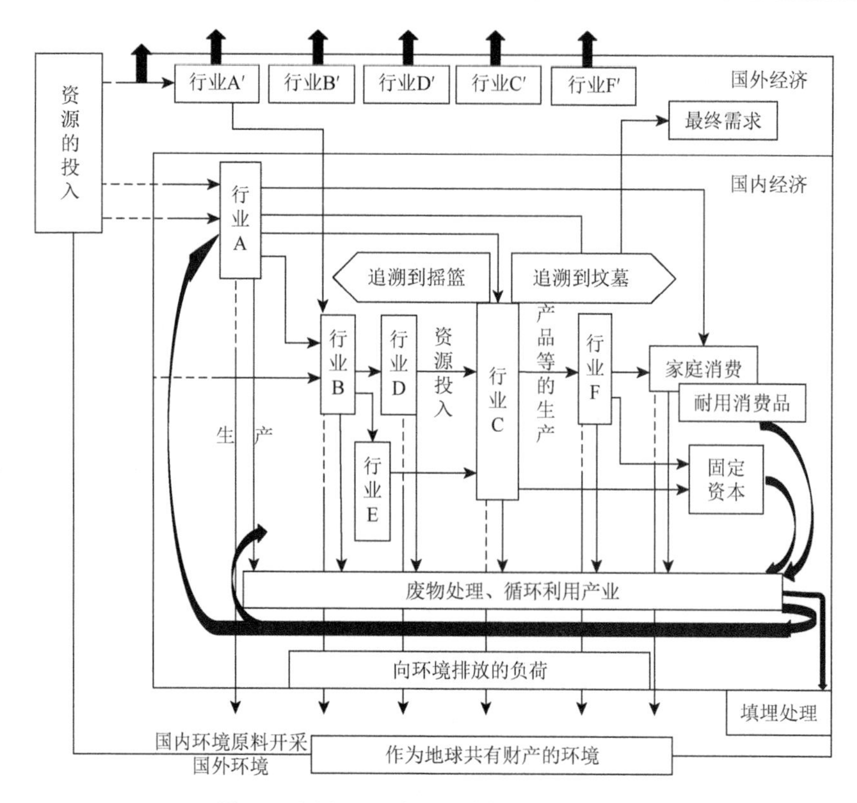

图 8.4　国家（区域）完整的物质流动情况

在进行国家（区域）物质流核算时，可将从输入端流入国家（区域）经济系统的物质分为两部分——直接物质输入与隐藏物质流入（为获取直接物质输入而动用的环境物质）；输入国内的物质一部分转化为物质存储，一部分经过消费后成为返回自然环境的废弃物，也有一部分出口至其他国家和区域；输出端的物质输出总量分为三部分——国内隐藏流、国内物质输出、出口物质。国家（区域）层面的物质（元素）流划分为直接流与衍生流两部分，其核算框架如图 8.5 所示。

然而，EW-MFA 方法并不适合国家（区域）内部特定元素流的分析，如图 8.4 中国家（区域）内部各部门之间的元素流动情况，此时存量与流量分析方法更为适用，尤其是为了满足本章拟对特定金属元素进行资源价值流分析的需求，需要借鉴存量与流量的国家（区域）物质流分析方法，在界定时间窗口及系统边界的基础上，采用定点观察法，跟踪统计既定时间段内进入国家（区域）经济系统和进入产品生命周期各阶段子系统的物质量和价值量。对于国家（区域）层面金属元素的物质流分析而言，特定元素循环的整个生命周期过程一般划分成四个阶段，即生产、加工与制造、金属制品使用或消费、废弃与回收，且各个阶段对应于不同的行业部门（图 8.4），该分析方法既观察各阶段之间的元素流量与流向，也关注各阶段流入和流出国家（区域）经济系统的元素流状况。

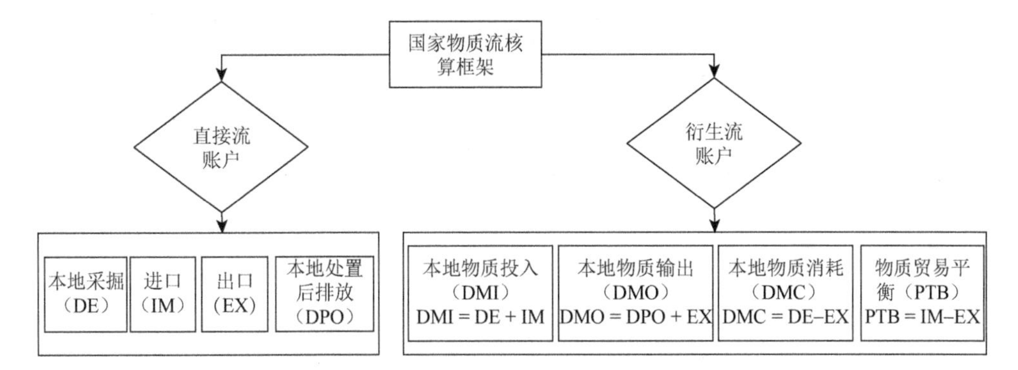

图 8.5　国家（区域）物质流核算框架

DE——domestic extractive；IM——import；EX——export；DPO——domestic post-disposal output；DMI——domestic material input；DMO——domestic material output；DMC——domestic material cost；PTB——physical trade balance

2. 再生资源基地与城市矿产的引入

由于城市矿产在为工业生产提供替代原生资源等方面的重要地位，以及资源再生工业基地在破解废旧物资、生活垃圾低排放处理及循环利用等难题方面产生的积极意义，城市矿产基地、资源再生工业基地与工业部门、生态工业园共同组成了国家（区域）内部物质流转的主要载体。据统计，截至 2015 年，国家先后分六批次在全国建成了 50 家环保达标、辐射作用强的“城市矿产”示范基地（表 8.1）。资源再生基地主要针对废铝料、废铜料、废钢料等金属资源，尤其是一些稀贵金属资源，使有限的资源得到无限的再生，通过拉长产业链、提升价值链，肇庆市亚洲金属资源再生工业基地（广东）、台州金属资源再生产业基地（浙江）、杭州钱江新城资源再生基地（浙江）等一大批再生资源基地成为金属再生资源供应与产品-原料共生互补的重要阵地。

表 8.1　国家“城市矿产”示范基地名单

批次	“城市矿产”示范基地名称
第一批（7家）	天津子牙循环经济产业区、宁波金田产业园、湖南汨罗循环经济工业园、广东清远华清循环经济园、安徽界首田营循环经济工业区、青岛新天地静脉产业园、四川西南再生资源产业园区
第二批（15家）	上海燕龙基再生资源利用示范基地、广西梧州再生资源循环利用园区、江苏邳州市循环经济产业园再生铅产业集聚区、山东临沂金升有色金属产业基地、重庆永川工业园区港桥工业园、浙江桐庐大地循环经济产业园、湖北谷城再生资源园区、大连国家生态工业示范园区、江西新余钢铁再生资源产业基地、河北唐山再生资源循环利用科技产业园、河南大周镇再生金属回收加工区、福建华闽再生资源产业园、宁夏灵武市再生资源循环经济示范区、北京绿盟再生资源产业基地、辽宁东港再生资源产业园
第三批（6家）	广东赢家再生资源回收利用基地、滁州报废汽车循环经济产业园、新疆南疆城市矿产示范基地、山西吉天利循环经济科技产业园区、黑龙江东部再生资源回收利用产业园区、永兴循环经济工业园

续表

批次	“城市矿产”示范基地名称
第四批（12家）	荆门格林美城市矿产资源循环产业园、鹰潭（贵溪）铜产业循环经济基地、江苏如东循环经济产业园、台州金属资源再生产业基地、中航工业战略金属再生利用产业基地、四川保和富山再生资源产业园、洛阳循环经济园区、贵阳白云经济开发区再生资源产业园、福建海西再生资源产业园、厦门绿洲资源再生利用产业园、青岛新天地静脉产业园、山东临沂金升有色金属产业基地
第五批（6家）	烟台资源再生加工示范区、内蒙古包头铝业产业园区、兰州经济技术开发区红古园区、克拉玛依石油化工工业园区、哈尔滨循环经济产业园区、玉林龙潭进口再生资源加工利用园区
第六批（4家）	江苏戴南科技园区、江西丰城资源循环利用产业基地、湖北大冶有色再生资源循环利用产业园、陕西再生资源产业园

资料来源：国家发改委、财政部官网

3. 基于国家（区域）物质流动的价值流代谢分析

由上文可知，国家（区域）整体层面的物质流分析形成了较为成熟的框架体系，加之逐渐趋于完备的各类国家经济统计年鉴、国家环境统计年鉴及环境损害信息等，因此，国家总体层面的资源价值流信息相对容易得到。然而，国家（区域）内部行业部门之间的物质代谢与价值代谢关系还需要借助资源价值流分析工具得以实现，这既是本章的研究重点，也是本章的研究意义所在。

特定元素流是国家（区域）资源价值流分析的对象，不同元素在生产、消费过程中的流动路径截然不同，为了使分析更加具体且延续前文分析企业、园区资源价值流转的特征，本章在解析国家（区域）资源价值流转过程时也以铝元素为例加以说明。为便于解析铝元素在社会经济系统中的流动过程，本章借助国家（区域）层面铝元素的静态图景（图 8.6）对铝元素的全生命周期进行说明。如图 8.6 中的虚线框所示，铝元素流可以划分为生产、加工与制造、使用、报废与再生四个阶段，每个阶段又由若干个子阶段或流程组成，且每个子阶段生产出不同的含铝产品，对这些含铝产品做进一步的细分，大致包括四类：铝土矿与初级铝产品、中间铝产品、铝制品、铝废料与铝再生产品（或铝循环产品）。

价值流计算的基础是元素流，在循环经济资源价值流分析中，绘制铝元素在整个循环运动过程中的价值流转情形，在理论上是完全能够实现的。含铝产品由多种元素组成，显然每一种元素也是产品价值的载体且能将其分摊至各个组成元素上。举例说明，若元素 $A_1, A_2, \cdots, A_n$ 是产品 A 的组成元素，则产品 A 的价值可以根据 A_1 元素在整个产品 A 中的比例分担相应的价值。当然，A 产品流经不同生命周期阶段时，其自身的价值可能上升或下降，且 A 产品的元素构成也会发生变化，那么 A_1 元素的价位也将发生相应的改变。在此过程中，A_1 元素的价位也在一定程度上反映了工艺经济系统对产品 A 的代谢或加工程度，A 产品的价值越高，说明其加工程度也越高，本环节增加的工业附加价值也就越多。通常情况下，元素 A_1 主要依附于四种产品形态——天然资源、半成品、产品和产品使用后排放的废弃物。无论是生产加工阶段的哪个环节，正制品与负制品相伴而生，A_1 元素的价位也由有效利用价值（流入正制品）和废弃物损失价值（流入负制品）两部分组成，从输入端而言，A_1 元素的价位也等于材料成本与间接加工成本之和。从物质投入阶段到产品使用阶段，A_1 元素的价位一直呈上升趋势，直到废弃阶段，含 A_1 元素的产品被废弃后仅有少量被回收用于二次生产，此时元素 A_1 的价位自然也会相应下降，只能按照废弃物的价值来测算 A_1 元素的价位。除了回收部分之外，还有部分废弃物无法回收再利用，此时 A_1 元素的价位只能通过废弃物处置成本来反映（负值）。

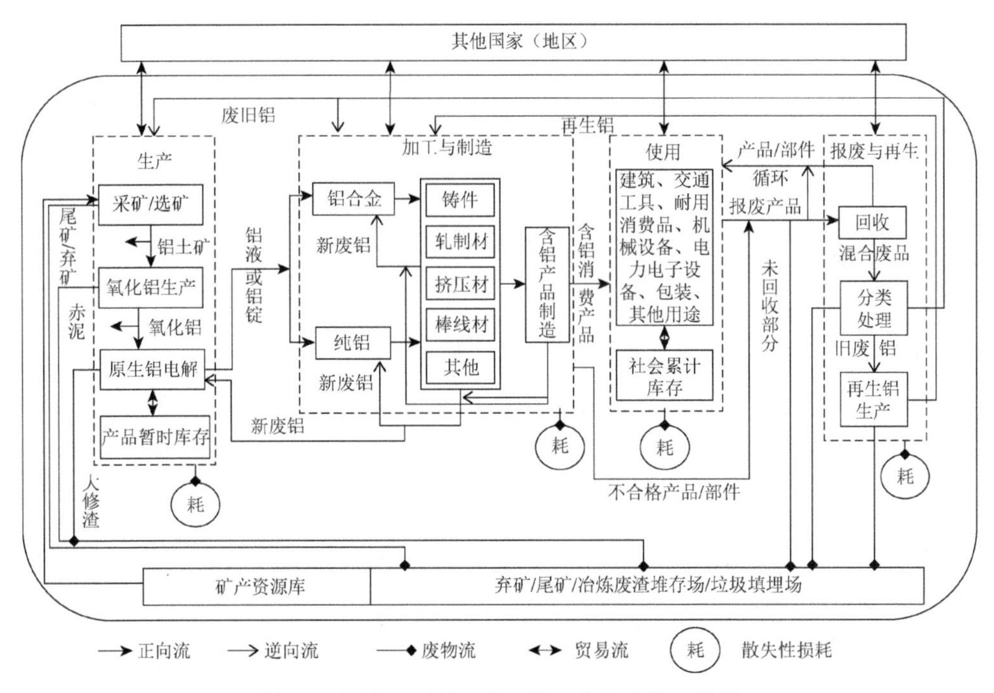

图 8.6　国家（区域）层面铝元素流的静态图景

因此，含铝物质在具体的循环流动过程中，一定质量的铝元素流入或者流出某一生命周期阶段（可能由多个子系统组成）时的价值量，可以用该股铝元素的价位来表示。换言之，即为该种含铝物质的价值（万元）除以该含铝物质中铝元素的质量（吨），于是得到铝元素的价位，单位为“万元/吨”。此外，在铝元素的全生命周期流转中，除了各个阶段直接的铝元素损失之外，还会因为直接的废弃物排放带来间接的环境损害（尤其以生产加工阶段和废弃阶段最为严重），称其为外部环境损害价值，这也是资源价值流核算的重要项目之一。根据资源价值流分析的原理，铝元素的循环流动也存在相应的价值循环流动。于是，各个经济系统中每股铝元素的价值流可以表示为：铝元素的流量（质量）×本阶段铝元素的价位（不同阶段含铝产品中铝元素的比重不同，价位也不同）。于是，在全生命周期铝元素物质流图景的基础上，可以绘制出国家（区域）层面上铝元素的价值流图，如图 8.7 所示。

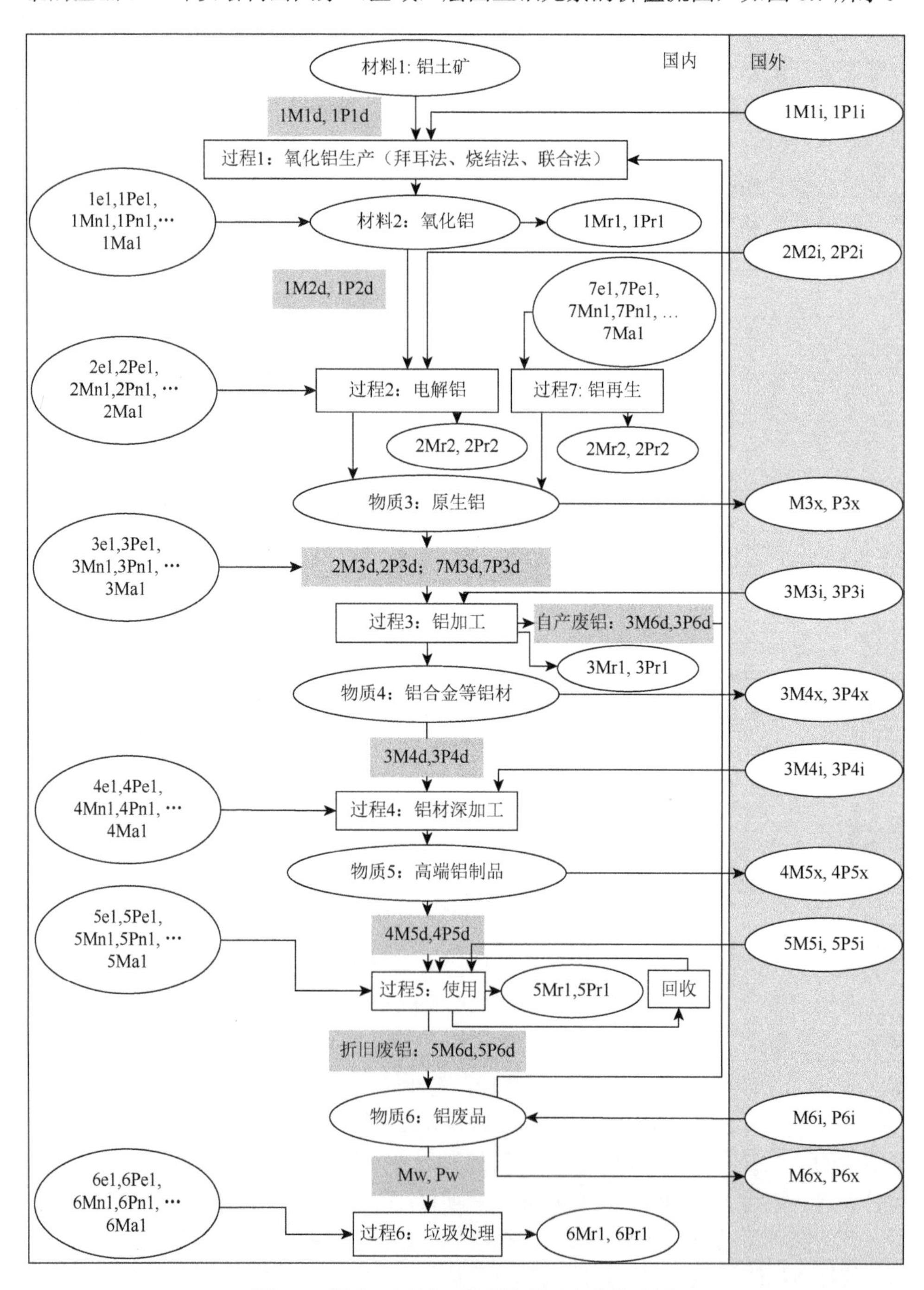

图 8.7　国家（区域）层面的铝元素价值流图

图 8.7 中，铝元素全生命周期的价值链由氧化铝生产、电解铝、铝加工、铝材深加工、使用、垃圾处理及铝再生 7 个主要环节组成。其中，椭圆表示铝元素的表现形式，矩形表示铝元素的转化环节，图中相关字母及符号的具体含义见表 8.2。铝元素从最初的铝土矿到铝材制品乃至最终的再生循环利用，价值流与铝元素流始终是并行的过程，铝元素的循环流转伴随着价值流动和价值增值。铝元素价值流在生产加工阶段体现为物料投入的材料成本、系统成本、能源成本等，正制品和负制品成为成本的分担对象，正制品进入下一生产环节或销售环节，价值随之转移，负制品相应形成了内部资源损失价值；铝制品销售阶段的价值体现在价格与经济附加值中，价格和经济附加值越大，价值流越显著；生产阶段或消费阶段的废弃物一部分表现为材料投入进入再生环节，价值通过材料成本转移，另一部分进入环境系统中产生了外部环境损害价值。

表 8.2 符号的具体含义

符号	含义	符号	含义
e	能源投入，如电力、天然气、煤等	Mx	出口物量
Mn	辅助材料投入	Mw	废弃物处置数量
Ma	大气中的材料	Mr	代指废料、工业排放物或有价值的副产品等负制品，如炉渣、赤泥、二氧化硫等，根据 LIME 系数可计算外部环境价值
Mi	进口物量	*yMti*	表示物质 *y* 进入过程 *t*
Md	产品输往国内市场	*yPti*	表示物质 *yMti* 输入量所对应的价值

8.3 国家（区域）层面“元素流-价值流”分析模型及方法

在前述分析的基础上，本节进一步将国家（区域）层面的价值流与物质流（元素流）纳入到同一分析框架内，从投入产出的视角对二者进行并行分析，构建适用于国家（区域）层面资源价值流分析的投入产出模型，并围绕特定元素在全生命周期各节点的价值流动情况，以及元素循环与价值循环对相应经济部门所产生的影响进行定量分析。

8.3.1 国家（区域）元素价值流投入产出模型

无论针对何种层级的经济系统（组织边界），资源价值流会计一贯遵循在整体上从输入端与输出端考察“黑箱”物质流和价值流的思路，并进一步使用从“黑箱”内部结构分析物质流与价值流代谢依存关系的方法，这决定了投入产出这一结构性方法与资源价值流分析具有内在一致性。目前，国家（区域）经济系统的物质流分析也尝试基于物质投入产出表（physical input-output table，PIOT），从整体上描述经济系统与外部环境物质代谢的输入与输出问题，但其内部的物质代谢依存关系并没有得到应有的关注。然而，由前文的功能定位可知，国家（区域）层面资源价值流分析的重点在于综合考虑经济系统内在结构，以及物质（元素）和价值在国家（区域）内部行业部门之间的分配、使用和转化情形。这也表明，将投入产出分析方法引入国家（区域）资源价值流分析既有互补性又有理论价值性。

物质（元素）流动将国家（区域）经济系统与环境联系起来，国家（区域）经济系统运转所需的矿物质、能源、生物质等资源来自环境系统，经过国家（区域）经济系统的生产和消费过程转换后形成的废弃物最终排向环境系统，特定时间段内进入国家（区域）经济系统的各股物质流流量都可以按其成分换算为 A 元素的流量。PIOT 包含了国家（区域）经济系统的所有物质流，且与传统的价值型投入产出表（value input-output table，VIOT）具有相同的生产活动分类，因此，以国家（区域）为对象的资源价值流投入产出模型框架可以视为由一系列二维综合型投入产出表组成的三维投入产出表，如图 8.8 所示。

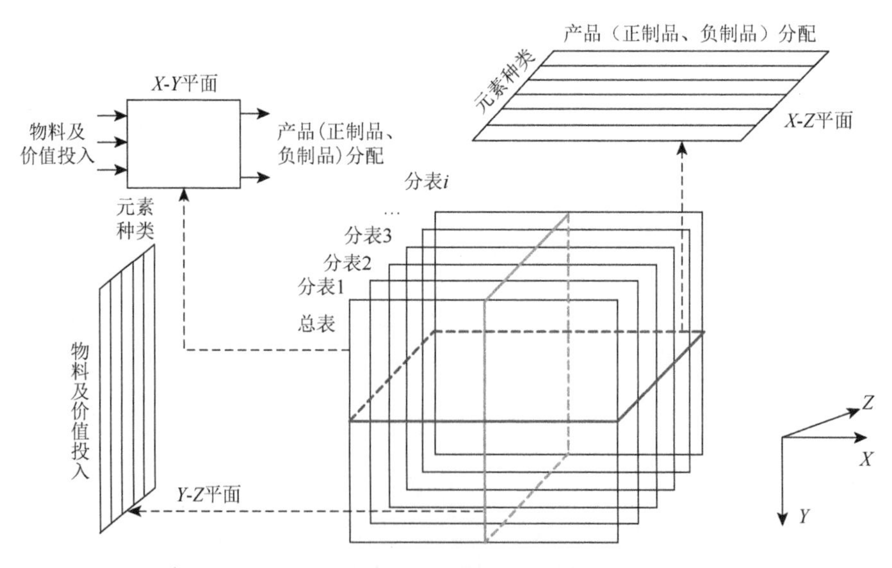

图 8.8　国家（区域）层面的三维资源价值流投入产出模型框架

资料来源：根据徐一剑和张天柱（2007）的研究改进得到

图 8.8 关于国家（区域）层面的资源价值流三维投入产出模型框架中，X 轴表示产品的分配部门，Y 轴表示物料及成本价值的投入部门，Z 轴表示元素类型，

X、Y、Z 两两组合形成三个具有不同含义的平面。模型框架由一张总表、i 张分表构成，一类元素用一张分表（见 X-Y 平面）反映，总表是所有元素的汇总。在此基础上，可以构建国家（区域）元素流的混合型资源价值流投入产出表（总表与分表具有相同的结构），如表 8.3 所示。

表 8.3　国家（区域）层面的元素资源价值流投入产出表（混合型）

投入		产出										
					最终使用							
		部门 1	…	部门 n	正制品			负制品				总产出
					产品输出	存量变化	再利用	再生	废弃物 1	…	废弃物 t	
中间投入	部门 1	$Z_{1,1,k}$	…	$Z_{1,n,k}$	$e_{1,k}$	$S_{1,k}$	$\mathrm{ru}_{1,k}$	$\mathrm{re}_{1,k}$	$w_{1,1,k}$	…	$w_{1,t,k}$	$x_{1,k}$
	⋮	⋮	⋮	⋮	⋮	⋮	⋮	⋮	⋮	⋮	⋮	⋮
	部门 n	$Z_{n,1,k}$	…	$Z_{n,n,k}$	$e_{n,k}$	$S_{n,k}$	$\mathrm{ru}_{n,k}$	$\mathrm{re}_{n,k}$	$w_{n,1,k}$	…	$w_{n,t,k}$	$x_{n,k}$
初始投入	竞争性投入 部门 1	$G_{1,1,k}$	…	$G_{1,n,k}$								
	竞争性投入 ⋮	⋮	⋮	⋮								
	竞争性投入 部门 n	$G_{n,1,k}$	…	$G_{n,n,k}$								
	非竞争性投入	$f_{1,k}$	…	$f_{n,k}$								
	本地采掘	$d_{1,k}$	…	$d_{n,k}$								
	初始投入合计	$x_{1,k}$	…	$x_{n,k}$								
	初始投入价值	$Q_{1,k}$	…	$Q_{n,k}$								
附加项	外部环境损害价值	$\mathrm{ED}_{1,k}$	…	$\mathrm{ED}_{n,k}$								
	经济附加值	$V_{1,k}$	…	$V_{n,k}$								
	平衡项	$b_{1,k}$	…	$b_{n,k}$								
	隐流	$h_{1,k}$	…	$h_{n,k}$								

注：该表中的“竞争性投入”是指本经济系统完全能生产，但仍需从其他部门调入的投入；“非竞争性投入”是指本经济系统完全不能生产，需要从其他国家（区域）调入的投入（进口）

表 8.3 为混合型国家（区域）资源价值流投入产出模型，价值与物质需要借助产品的价格与原品中元素的质量进行转换（图 8.7）。总体上可将表 8.3 分为四个部分：“中间投入×中间产出”部分反映了元素流转形成的国家（区域）经济系统内部各部门之间的关系；“中间投入×最终使用”部分反映了产出的最终去向；“初始投入×中间产出”部分反映了中间产出的一次投入，根据物质投入量和价格可以计算相应的价值量；附加项主要包括平衡项（不计入投入的部分）、隐流（未

进入经济系统而直接流入环境的部分）、经济附加值及外部环境损害价值，外部环境损害价值主要由负制品产出中的废弃物产生。总表与各个分表之间存在着显著的平衡关系，总表中的各个元素是所有分表相应元素的汇总。表 8.3（总表与分表结构一致）中也存在一定的平衡关系，初始投入（$r_{j,k}$）部分可以表示为

$$r_{j,k}=\sum_{i=1}^{n}G_{i,j,k}+f_{j,k}+d_{j,k} \tag{8.1}$$

其中，i，j 表示部门；k 表示元素类型。当各项初始投入采用价值计量时，$r_{j,k}=\sum_{i=1}^{n}Q_{i,k}$；当各项初始投入采用物量计量时，$r_{j,k}=\sum_{i=1}^{n}x_{i,k}$。

对于中间投入与产出部分，可表示为式（8.2），其既可以采用货币计量，也可以采用物量计量：

$$x_{i,k}=\sum_{j=1}^{n}Z_{i,j,k}+e_{i,k}+s_{i,k}+\mathrm{ru}_{i,k}+\mathrm{re}_{i,k}+\sum_{j=1}^{t}w_{i,j,k} \tag{8.2}$$

四个附加项项目 $\sum_{i=1}^{n}\mathrm{ED}_{i,k}$、$\sum_{i=1}^{n}V_{i,k}$、$\sum_{i=1}^{n}b_{i,k}$ 及 $\sum_{i=1}^{n}h_{i,k}$ 也可以根据需要采用具体的计量属性。需要重点说明的是，外部环境损害价值是进行资源价值流核算的重要部分，主要源于中间生产部门和负制品产出中的放弃物部分，具体的核算方法在资源价值流会计原理中已有相应阐述。

上述三维投入产出模型框架及投入产出表结构为开展国家（区域）层面的资源价值流分析奠定了基础，但不同的元素具有不同的流转路径，需要具体分析。本书对国家（区域）层面的资源价值流进行投入产出分析，主要以特定金属元素为对象，因此，本章依旧以铝元素为例加以说明。基于前文关于铝元素代谢的全生命周期阶段划分——生产、加工与制造、使用、报废与再生，并结合图 8.6，本节抽象了国家（区域）层面铝元素的投入产出数量关系图（图 8.9）。

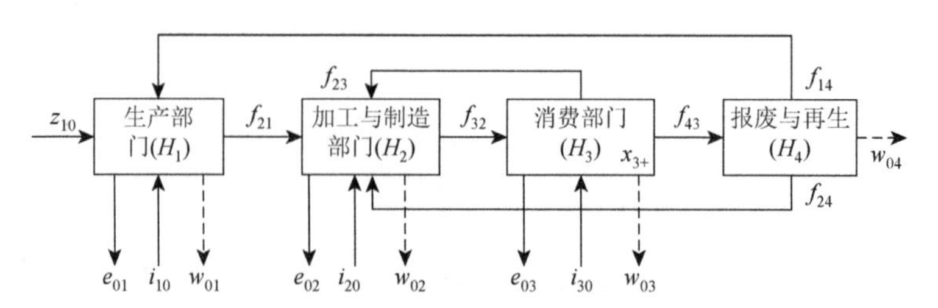

图 8.9　国家（区域）层面铝元素流的投入产出数量关系

实线代表正制品的投入或产出；虚线代表负制品的产出

在铝元素的投入产出数量关系中，z_{10} 表示国内铝开采量；i_{10}、i_{20} 及 i_{30} 表示生产部门、加工与制造部门、消费部门的铝进口量；e_{01}、e_{02} 及 e_{03} 表示生产部门、加工与

制造部门、消费部门的铝出口量；w_{01}、w_{02}、w_{03} 及 w_{04} 表示生产部门、加工与制造部门、消费部门及报废与再生部门的废铝排放量；f_{14}、f_{24} 及 f_{23} 分别表示再生铝投入到生产部门和加工与制造部门的量、消费部门流回加工与制造部门的铝；x_{3+}表示消费部门库存的变化量。于是，国家（区域）层面的铝元素流转矩阵 T 如表 8.4 所示。

表 8.4　国家（区域）层面的铝元素流转矩阵

T	z_{10}	i_{10}	i_{20}	i_{30}	H_1	H_2	H_3	H_4	e_{01}	e_{02}	e_{03}	x_{3+}	w_{01}	w_{02}	w_{03}	w_{04}
z_{10}	0	0	0	0	0	0	0	0	0	0	0	0	0	0	0	0
i_{10}	0	0	0	0	0	0	0	0	0	0	0	0	0	0	0	0
i_{20}	0	0	0	0	0	0	0	0	0	0	0	0	0	0	0	0
i_{30}	0	0	0	0	0	0	0	0	0	0	0	0	0	0	0	0
H_1	z_{10}	i_{10}	0	0	0	0	0	f_{14}	0	0	0	0	0	0	0	0
H_2	0	0	0	0	f_{21}	0	f_{23}	f_{24}	0	0	0	0	0	0	0	0
H_3	0	0	0	0	0	f_{32}	f_{33}	0	0	0	0	0	0	0	0	0
H_4	0	0	0	0	f_{41}	f_{42}	f_{43}	f_{44}	0	0	0	0	0	0	0	0
e_{01}	0	0	0	0	e_{01}	0	0	0	0	0	0	0	0	0	0	0
e_{02}	0	0	0	0	0	e_{02}	0	0	0	0	0	0	0	0	0	0
e_{03}	0	0	0	0	0	0	e_{03}	0	0	0	0	0	0	0	0	0
x_{3+}	0	0	0	0	0	0	x_{3+}	0	0	0	0	0	0	0	0	0
w_{01}	0	0	0	0	w_{01}	0	0	0	0	0	0	0	0	0	0	0
w_{02}	0	0	0	0	0	w_{02}	0	0	0	0	0	0	0	0	0	0
w_{03}	0	0	0	0	0	0	w_{03}	0	0	0	0	0	0	0	0	0
w_{04}	0	0	0	0	0	0	0	w_{04}	0	0	0	0	0	0	0	0

8.3.2　国家（区域）元素价值流投入产出分析方法

构建国家（区域）资源价值流投入产出模型的目的在于，以元素流为基础，从投入与产出视角描绘国家（区域）经济系统的资源价值流流转过程，与特定元素全生命周期各环节的外部环境损害价值相结合，将元素流转的物量信息与价值信息相结合，构筑资源消耗、环境负荷与经济绩效相结合的评价模式。根据本书第 5 章的研究思路，国家（区域）层面也借助生态效率指标进行资源流转的可持续性评价，与企业和园区的生态效率评价方法类似，评价指标主要包括经济系统内各部门投入端的资源效率指标和产出端的环境效率指标。

1. 资源效率

资源效率是衡量国家（区域）经济系统可持续发展的重要指标之一。就国家（区域）整体层面而言，资源效率是经济社会发展的价值量（即 GDP 总量）和自然资源（包括能量物质资源与生态环境资源）消耗的实物量比值，其计算公式可表示为资源效率＝经济社会发展（价值量）/资源环境消耗（实物量）。但从国家（区域）层面的元素全生命周期流转角度来讲，资源效率可以界定为产值与资源消耗量的比值，且资源价值流核算中的价值流项目正好能满足产值核算的数据需求，反映每投入一单位资源（元素）所能够得到的产值，用以衡量国家（区域）经济系统内特定经济活动使用资源的效率。

本节基于资源价值流核算的数据基础，通过资源效率分析与评价，可以明晰经济产出与资源（元素）投入的相关关系。若单位产值所耗资源（元素）越少，则意味着潜在废弃物越少，资源效率也就越高。结合国家（区域）层面资源流转的特征，引入资源再生部门和城市矿产基地，使生产、加工与制造部门的资源投入多了一种途径——再生资源投入或二次资源投入，本节对资源效率进行如下推导：

$$\begin{aligned}
\text{资源效率} &= \frac{\text{产值}}{\text{资源投入量}} \times 1 = \frac{\text{产值}}{\text{资源投入量}} \times \frac{\text{资源投入量}}{\text{资源投入量}} \\
&= \frac{\text{产值}}{\text{能源投入量}+\text{原材料投入量}} \times \frac{\text{外购新资源量}+\text{自产新资源量}+\text{回收利用量}}{\text{资源投入量}} \\
&= \frac{1}{\dfrac{\text{能源投入量}}{\text{产值}}+\dfrac{\text{原材料投入量}}{\text{产值}}} \\
&\quad \times (\text{外购新资源投入率}+\text{自产新资源投入率}+\text{再生资源投入率}) \\
&= \left(\frac{1}{\dfrac{1}{\text{能源效率}}+\dfrac{1}{\text{原材料效率}}} \right) \\
&\quad \times (\text{外购新资源投入率}+\text{自产新资源投入率}+\text{再生资源投入率})
\end{aligned} \tag{8.3}$$

其中，再生资源投入率可以进一步推导：

$$\begin{aligned}
\text{再生资源投入率} &= \frac{\text{外购再生资源量}+\text{自回收二次资源量}}{\text{资源投入量}} \\
&= \frac{\text{循环利用量}}{\text{总产量}} \times \frac{\text{总产量}}{\text{总投入量}} \\
&= \text{资源回收率} \times \text{投入产出比} \\
&= \frac{\text{循环利用量}}{\text{二次资源再生量}} \times \frac{\text{二次资源再生量}}{\text{总产量}} \times \frac{\text{总产量}}{\text{总投入量}} \\
&= \frac{1}{\text{再生资源化率}} \times \text{回收再资源化率} \times \text{投入产出比}
\end{aligned} \tag{8.4}$$

对应式（8.3），国家（区域）层面的资源效率即为

$$R_{pi} = \frac{1}{\frac{1}{N_{si}} + \frac{1}{Y_{si}}} \times (\mathrm{WR}_{ri} + \mathrm{ZR}_{ri} + \mathrm{ER}_{ri}) \tag{8.5}$$

然而，国家（区域）层面元素流的资源效率测度公式为

$$R_{pi} = \frac{1}{\frac{1}{Y_{si}}} \times (\mathrm{WR}_{ri} + \mathrm{ZR}_{ri} + \mathrm{ER}_{ri}) = Y_{si} \times (\mathrm{WR}_{ri} + \mathrm{ZR}_{ri} + \mathrm{ER}_{ri}) \tag{8.6}$$

其中，Y_{si} 表示原材料效率；WR_{ri} 表示外购新资源投入率；ZR_{ri} 表示自产新资源投入率；ER_{ri} 表示再生资源投入率。对于国家（区域）层面元素流的资源效率而言，主要以金属元素为对象，相应的金属元素载体也主要是含有金属的产品，因此，国家（区域）层面的资源价值流核算即元素的价值流核算，不涉及能源投入问题。

2. *环境效率*

环境效率强调经济效益和环境效益的双赢，是环境会计体系的基本概念之一。相对于资源效率侧重于输入端，环境效率更侧重于输出端，即在追求产品输出数量和质量的同时，也力求以最小的产品全生命周期环境负荷作为制约条件，也就是在资源使用的全过程内（从摇篮到坟墓）将资源使用及废弃物排放降至最低。对于国家（区域）层面的资源价值流分析而言，环境效率评价所涵盖的范围包括：对产品全生命周期的环境影响评价、消耗资源量及相应环境保全活动、废弃物排放量及减少措施、产品运输等带来的环境影响及减轻方案和其他环境风险的评价，与元素流的全生命周期分析相吻合。

本节将环境效率指标引入国家（区域）的元素价值流分析体系，能从不同角度分析国家（区域）经济系统内经济效益与环境效益的相关关系，促进各阶段的经济活动减少或避免环境成本，提升利润，建立相对优势，增强绿色竞争力。鉴于此，基于国家（区域）层面元素流转的环境效率可表示为

$$Ee_i = \left(\mathrm{EVAV}_i \times \frac{1}{\mathrm{DEDV}_i}\right)^{-1} = \mathrm{EVAP}_i^{-1} \times (1 - \mathrm{RD}r_i)^{-1} \tag{8.7}$$

其中，下标 i 表示元素所处的生命周期阶段；Ee_i 表示环境效率，即经济附加值/环境污染物排放量；EVAV_i 表示单位附加价值的外部损害价值，即污染物外部损害价值/附加值；DEDV_i 表示单位废弃物的外部环境损害价值，即污染物外部损害系数；EVAP_i 表示单位附加价值的污染物产生量，即污染物产生量/经济附加值；$\mathrm{RD}r_i$ 表示废弃物回收处置率，即回收处置量/污染物产生量。

8.4　中国铝元素的资源价值流实证分析

铝是地壳含量（约为8%）中仅次于氧和硅的物质，据统计，截止到2019年，全球已探明的铝储量约为 3 000 000 万吨，占全球资源量的比重约为 29.3%～40.0%。中国铝土矿探明储量位居世界第六位，基础储量约10亿吨，占世界的3.3%。随着中国铝工业的迅速崛起，氧化铝、电解铝生产技术已达到国际水平，自2007年起我国已成为世界第一大氧化铝生产国。鉴于铝在我国经济系统中的重要地位，本节延续前文的案例研究对象，仍然选择以铝元素为例进行实证分析。

8.4.1　中国铝元素物质流分析

基于前文关于国家（区域）层面下元素价值流分析的方法体系，本节尝试打开中国铝资源产业系统的“黑箱”，观察铝资源全生命周期各阶段的元素流。秉承前文对铝工业代谢四个阶段的界定，本节以我国 20×5 年的数据[①]为例进行重点介绍，其他年度同 20×5 年的分析思路。

1. 生产阶段

铝工业的生产阶段主要涵盖选矿与采矿、电解两个子系统，该系统的输入包括自产铝土矿、净进口氧化铝和回收利用废杂铝三部分，输出分为原铝（本地）、尾矿、熔渣及铝资源出口等部分。于是，根据已有统计资料可以计算得到 20×5 年生产阶段的铝元素流输入输出情况，如表 8.5 所示。

表 8.5　20×5 年生产阶段铝元素流的输入与输出情况（单位：万吨）

环节	输入		输出	
	含铝物质	含铝量	含铝物质	含铝量
采矿与选矿	铝土矿开采	571.75	尾矿	189.98
	铝土矿进口	68.80	下一环节（加工与制造）	816.59
	自产氧化铝	450.57		
	氧化铝/氢氧化铝净进口	366.02		

① 本节铝元素流的数据来自《中国有色金属工业年鉴》（20×6）及谢达成（2008）、陈伟强等（2008）、楼俞和石磊（2008）的研究成果。

续表

环节	输入		输出	
	含铝物质	含铝量	含铝物质	含铝量
电解	原铝直接输入	64.28	下一环节（自产原铝）	780.60
	上环节输入	816.59	存量	4.65
	废弃物回收	65.59	外排	103.96
	循环利用	5.58		

注：生产阶段各种含铝物质的含铝量为：氧化铝 53%，氢氧化铝 35%，铝土矿 60%

2. 加工与制造阶段

本阶段是对生产阶段的原铝产出进行铝加工及铝合金加工，形成铝产品及铝合金产品的过程。本阶段涉及的输入包括上一环节的自产原铝、杂产铝、再生铝、进口原铝等，加工环节与制造环节也存在输入与输出的关系，因难以剥离，本书暂不考虑，输出以铝产品、废铝回收及出口为主。于是，根据已有统计资料可以计算得到 20×5 年加工与制造阶段的铝元素流输入与输出情况，如表 8.6 所示。

表 8.6　20×5 年加工与制造阶段铝元素流的输入与输出情况（单位：万吨）

环节	输入		输出	
	含铝物质	含铝量	含铝物质	含铝量
加工：铝加工/铝合金	自产原铝	780.60	净出口末段锻轧非合金铝	70.90
	杂产铝	62.83	铝半成品	不详
	净进口末段锻轧铝合金	2.73	合金半成品	不详
	废弃物回收	131.17		
制造：铝产品/铝合金	铝半成品	不详	铝产品出口	5.75
	合金半成品	不详	铝产品产出（消费）	894.93
			废弃物（循环/回收）	116.25

注：加工与制造阶段各种含铝物质的含铝量为：非合金铝 100%，铝合金 90%，铝材 90%

3. 使用阶段

铝的广泛用途致使含铝产品的种类繁多且难以分类，相对而言，建筑、交通工具、机械设备、耐用消费品、包装、电力电子设备及其他行业等七个行业是根据铝用途的标准划分而来的。在使用阶段，消费部门既拉动对了铝产品的需求，也成为铝废弃物的主要来源之一。铝存量是指国家内部投入使用与报废含铝产品中铝总量之间的差额。根据已有统计资料可以计算得到 20×5 年使用阶段的铝元素流输入与输出情况，如表 8.7 所示。

表 8.7　20×5 年使用阶段铝元素流的输入与输出情况（单位：万吨）

项目	输入		输出	
	含铝物质	含铝量	含铝物质	含铝量
国民经济各行业	铝产品输入总量	798.77	废弃铝排放	60
	其中：		出口	36.06
	建筑行业消费	280.13	存量	702.71
	交通运输消费	128.52		
	电器电力消费	100.80		
	耐用品消费	84.83		
	机械制造	71.81		
	包装材料消费	54.88		
	其他消费	77.80		

注：使用阶段各种含铝物质的含铝量统一按 70%计算

4. 报废与再生阶段

进入消费系统的铝制品都有一定的寿命，达到报废年限之后将退出经济系统，按其去向可以分为：进入废弃物填埋场、进入自然环境系统及再生加工后回收进入循环阶段。在废铝的循环利用过程中，经过回收、处理、熔炼等一系列铝再生环节，得到的再生铝成为生产、加工与制造环节铝材投入的重要来源。表 8.8 汇总了报废与再生阶段铝材的输入与输出中含铝量情况。

表 8.8　20×5 年报废与再生阶段铝元素流的输入与输出情况（单位：万吨）

项目	输入		输出	
	含铝物质	含铝量	含铝物质	含铝量
各种废铝	废弃总量	60	外排	15
	包括：		再生利用	196.76
	城市固体废弃物			
	建筑废弃物			
	电子废弃物			

续表

项目	输入		输出	
	含铝物质	含铝量	含铝物质	含铝量
各种废铝	汽车废弃物			
	危险废弃物			
	工业废弃物			
	污水污泥			
	进口废铝	151.76		

注：报废与再生阶段各种含铝废弃物的含铝量按均值 66.67%计算

基于铝元素四个阶段的社会流动过程，以及对各个阶段输入与输出铝产品含铝量的测算，本书可以绘制 20×5 年我国铝元素的社会循环流图（图 8.10）。

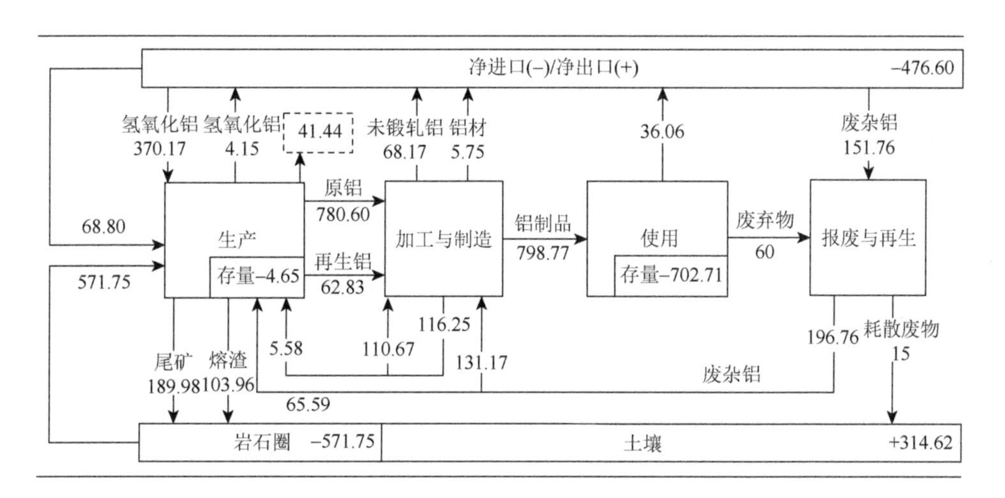

图 8.10　中国 20×5 年铝元素社会流动（单位：万吨）

8.4.2　国家（区域）层面铝元素的价值流核算

在中国铝元素流分析的基础上，本节将进一步以铝元素的价位理论为依据，对铝元素在铝工业产品生命周期的各个节点上的变化过程进行定量分析，将含铝产品视为价值流的载体，计算相应的价值流，从而形成中国铝工业内铝元素流与价值流的一体化分析框架体系。于是，根据图 8.8 中所构建的国家（区域）层面金属元素的资源价值流投入产出模型，以及中国 20×5 年铝元素的社会流动情况，结合相应铝的价位，可以测算得到中国 20×5 年铝元素的价值流情况（此处不反映计算过程，参照图 8.7 的基本原理），相应的投入产出表如表 8.9 所示。

表 8.9　国家尺度铝元素的资源价值流投入产出表（20×5 年）（单位：万元）

投入		产出									
		生产部门	加工与制造部门	消费部门	废弃再生部门	最终使用					总产出
						正制品		负制品			
						产品输出	存量变化	再利用	再生	废弃物	
中间投入	生产部门	0	10 928 400	0	0	10 928 400	65 100	0	0	881.82	21 922 781.82
	加工与制造部门	18 972	0	14 318 880	0	15 545 280	0	348.75	0	0	29 883 480.75
	消费部门	0	0	0	20 400	576 960	12 783 360	0	20 400	0	13 401 120
	废弃再生部门	22 300.6	44 597.8	0	0	66 898.4	0	0	0	5 100	138 896.8
初始投入	竞争性投入	2 290 076	0	0	0						
	非竞争性投入	30 616	43 680	0	51 598.4						
	本地采掘	194 395	628 300	0	0						
	初始投入价值	2 515 087	671 980	0	51 598.4						
附加项	外部环境损害价值	10 585.98	98 115	50 640	12 660						
	经济附加值	4 384 556	5 976 696	2 680 224	27 779						

注：本表不考虑隐流和平衡项；部分输入与输出铝产品的价位：氧化铝 2 800 元/吨，原铝 13 000 元/吨，铝矿石 340 元/吨，铝合金 16 000 元/吨，杂产铝 10 000 元/吨，废铝回收 3 000 元/吨；外排废铝渣的 LIME 系数为 100 元/吨，废弃铝金属的 LIME 系数为 844 元/吨

8.4.3　中国铝元素流转分析及评价

前文对 20×5 年我国铝元素的社会流动进行了测算，并应用资源价值流会计就其对应的价值流进行了计算，从而得到了 20×5 年我国铝元素流转的物量信息与价值信息，为开展基于生态效率的资源价值流评价提供了数据基础。于是，本节内容将重点围绕 20×5 年铝元素的生态效率进行测算，并进行相应评价。

1）资源效率测度

资源效率从我国铝工业内部的输入端揭示了价值量与资源环境消耗之间的关系，其计算方法见式（8.3）。

（1）生产阶段的资源效率（R_1）计算如下：

$$
\begin{aligned}
\text{资源效率}（R_1）&=\text{产值}/\text{资源投入量}\\
&=(10\ 928\ 400+65\ 100+4\ 384\ 556)/(571.75+68.80+450.57+366.02\\
&\quad+64.28+816.59+65.59+5.58)=6383.11
\end{aligned}
$$

（2）加工与制造阶段的资源效率（R_2）计算如下：

$$资源效率（R_2）= 产值 / 资源投入量 = (15\,545\,280+5\,976\,696)/(780.60+62.83+2.73+131.17)=22\,021.20$$

（3）使用阶段的资源效率（R_3）计算如下：

$$资源效率（R_3）= 产值 / 资源投入量 = (576\,960+12\,783\,360+2\,680\,224)/8.77=20\,081.56$$

（4）报废与再生阶段的资源效率（R_4）计算如下：

$$资源效率（R_4）= 产值 / 资源投入量 = (66\,898.4+27\,779)/(60+151.76)=447.10$$

2）环境效率测度

环境效率侧重于从输出端揭示铝元素流带来的经济效益与环境负荷之间的关系，其计算方法见式 7.7。具体而言，环境效率 =（外部环境损害价值÷经济附加值）$^{-1}$/（外部环境损害价值/废弃物排放量）。

（1）生产阶段的环境效率（E_1）计算如下：

$$环境效率（E_1）=(10\,585.98\div 4\,384\,556)^{-1}\div[10\,585.98\div(189.98+103.96)] = (0.002\,4)^{-1}\div 36.014=11.5696$$

（2）加工与制造阶段的环境效率（E_2）计算如下：

$$环境效率(E_2)=(98\,115\div 5\,976\,696)^{-1}\div(98\,115\div 116.25)=(0.016\,4)^{-1}\div 844=0.072\,2$$

（3）使用阶段的环境效率（E_3）计算如下：

$$环境效率（E_3）=(50\,640\div 2\,680\,224)^{-1}\div(50\,640\div 60)=(0.018\,9)^{-1}\div 844=0.062\,7$$

（4）报废与再生阶段的环境效率（E_4）计算如下：

$$环境效率（E_4）=(12\,660\div 27\,779)^{-1}\div(12\,660\div 15)=(0.455\,7)^{-1}\div 844=0.002\,6$$

通过上述关于生态效率指标的测算，资源效率与环境效率的测算结果可以呈现在图 8.11 中。根据指标属性，当四个点趋近于角平分线（图中虚线）且数值越大时，效果越优。纵向比较铝元素流生命周期的四个阶段可以看出，生产、报废与再生阶段均具有较低的资源效率，即单位资源投入的产值较小，说明这两个阶段的资源投入量虽然较大，但并没有产生非常显著的经济效益，生产阶段的资源效率相对略高，这与本阶段的产出物质为原铝有关；从环境效率来看，报废与再生阶段作为废铝的再生处理环节，对含铝废弃物的降解处置及其再资源化，极大地降低了环境负荷，但是这一阶段的经济附加值较低，相比之下，生产阶段虽然是废弃物排放的主要环节，但其经济附加值也较高。加工与制造阶段是铝元素实现价值攀升的重要阶段，较高的资源效率说明本环节对资源的依赖程度较低，价值增值源于技术驱动，较低的环境效率说明含铝废弃物排放量较低；同理，从使用阶段的资源效率可以看出，铝是国民经济体系的重要材料投入，也能带来较高的产出，环境效率较低说明含铝废弃物的外排量相对较少。

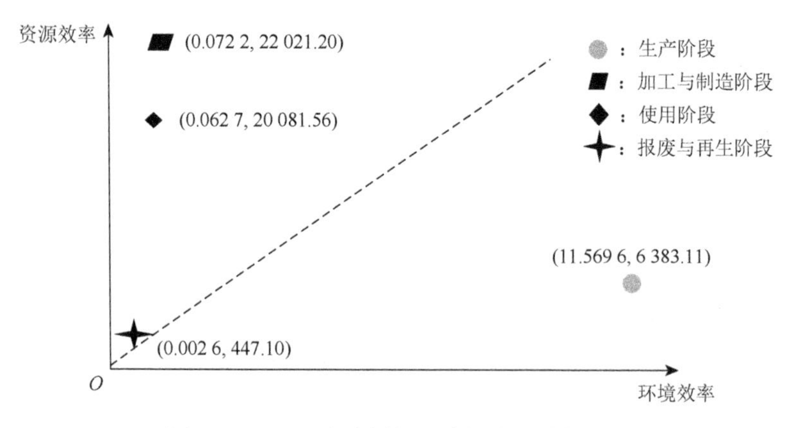

图 8.11　20×5 年中国铝元素的生态效率评价

上述关于铝元素的资源价值流分析及生态效率的评价结果，对我国进一步优化铝元素在国家层面的流转具有重要启示。第一，持续强化循环经济的“减量化”原则。通过企业层面的清洁生产技术改进、园区层面的物质集成和国家层面的再生铝加工工程，降低铝资源投入对国民经济发展的制约，通过资源的高效利用，尽可能从源头上降低生产过程对铝矿石的需求和损耗。第二，进一步挖掘铝工业系统二次资源循环与再生的潜力。从铝矿开采、选矿、加工到铝制品消费，均伴随着大量的含铝废弃物外排，这是环境污染的重要来源，而目前我国对进口氧化铝、铝矿石的需求量逐渐增大，因此可以通过加大回收和再生铝加工力度来缓解进口依赖；同时，国家应进一步加大对城市矿产基地和铝再生基地的建设投入，通过税收和财政扶持政策加大对废铝回收利用行业的建设力度。第三，微观企业、中观园区及宏观国家层面的资源价值流管理，是对铝元素全生命周期实施经济效益与环境效益监控、保障铝工业持续发展的绿色防护工具。对元素流转路径的跟踪、包括经济附加值在内的价值流分析，以及外部环境损害衡量，有助于全国铝工业有效开展与低碳经济及循环经济相关的生产经营活动，实现节能降耗、资源及环境效率提高、废物回收利用等经济效益和社会效益目标，促使我国工业朝绿色化和高附加值方向发展。

8.5　本 章 小 结

本章内容将资源价值流分析的研究边界由企业和园区层面上升至国家（区域）

层面的高度，以特定金属元素的社会流动为研究对象，进一步探索了宏观国家（区域）元素流动与价值流转之间的内在逻辑。基于国家（区域）资源价值流分析的时空定位、物质流（元素流）与价值流的互动影响规律，搭建了国家（区域）层面资源价值流分析的框架，在此基础上，将投入-产出分析引入国家（区域）资源价值流分析，构建了适用于国家（区域）元素价值流分析的投入产出模型框架和投入产出表，并就如何开展生态效率评价重新界定了相应的测度方法，进一步地，以 20×5 年我国铝工业系统的铝元素流转数据为例进行了实证分析。

第四篇 政 策 保 障

第 9 章　多维资源价值流管理及其保障机制

价值流分析是当前具有代表性的新生代环境管理工具之一，而标准化管理是价值流分析的最高形态，也是价值流分析经过多年研究与发展的必然趋势，代表着价值流分析从单一的环境管理工具向系统性的标准化管理体系的升华。从不同的学科视角出发会对价值流分析的标准化管理产生不同的理解：从循环经济学的意义来讲，价值流分析标准化管理应使 3R 原则贯穿组织的生产经营活动，使组织活动达到环境友好的状态；从工业生态学的意义来讲，价值流分析标准化管理通过对组织内部物质流、能源流、价值流的研究，构建符合生态系统运行规律的企业间工业共生系统；从经济学的意义来讲，价值流分析标准化管理是对企业经济效益、环境效益和社会效益的有机统一；从管理学的意义来讲，价值流分析标准化管理是在组织进行环境管理的过程中，对应用价值流分析所需的资源、方法、流程的合理规范与组织，以实现组织环境管理水平的提升。本章尝试初步构建多维资源价值流标准化管理的框架体系，并从多角度提出推进资源价值流标准化进程的保障措施。

9.1　标准化管理总体思路

9.1.1　标准化原理

“标准化”是科学管理和现代管理的基石。早在 20 世纪 20 年代初，科学管理创始人泰勒就提出标准化是实现科学管理的重要基础。标准化引领创新，扎根在企业、行业、国家等不同层面的组织活动中，为组织的各项管理活动提供准则和指南。由于“标准”在功能、形式和内容上的多样性和复杂性，当前国际上对“标准”和“标准化”的定义暂未达成一致，具有代表性的定义有如下三个（唐任伍和陆跃祥，2004）。

（1）桑德斯定义。桑德斯在《标准化的目的与原理》一书中提出，“标准化是为了所有相关方的利益，特别是为了促进最佳的、全面的经济效益，并适当考虑产品的使用条件与安全要求，在所有有关方面的协作下，进行有秩序的特定活动所制定并实施各项规定的过程”。同时，他指出“标准”是“经公认的权威机构批准的一个个标准化工作成果。它可以采用以下形式：①文件形式，内容是记述一系列必须达到的要求；②规定基本单位或者物量常数，如安培、米等”。

（2）日本工业标准定义。日本工业标准 JISZ8101《品质管制术语》中把“标准化”定义为“制定并贯彻标准的有组织的活动”。而“标准”则被定义为“为使有关人员之间能公正地得到利益或方便，出于追求统一和通用化的目的，而对物体性能、能力、配置、状态、动作、程序、方法等所做的规定”。

（3）国际标准化组织定义。国际标准化组织与国际电工委员会认为，“标准化”是“对实际与潜在问题做出统一规定，供共同和重复使用，以在预订的领域内获得最佳秩序的活动”，并指出“标准”是“由一个公认的机构制定和批准的文件，它对活动或活动的结果规定了规则、导则或特性值，供共同和反复使用，以实现在预定领域内最佳秩序的效益”。

本书采用的是我国国家标准化管理委员会对“标准化”的定义，此定义基于国际标准化组织定义修改而成。国家标准 GB/T20000.1-2014《标准化工作指南 第 1 部分：标准化和相关活动的通用词汇》将“标准”定义为：通过标准化活动，按照规定的程序经协商一致制定，为各种活动或其结果提供规则、指南或特性，供共同使用和重复使用的文件。同时，将“标准化”定义为：为了在既定范围内获得最佳秩序，促进共同效益，对现实问题或潜在问题确立共同使用和重复使用的条款以及编制、发布和应用文件的活动。英国标准化专家桑德斯在其《标准化的目的与原理》一书中提出标准化活动的七项原理，将标准化活动概括为“制定—实施—修订—再实施”的循环过程。在七项原理中，桑德斯强调了标准化活动的预防性特征，认为“标准化不仅是为了减少当前的复杂性，也是为了预防将来产生不必要的复杂性”，并且着重突出了实施标准与修改标准在标准化活动中的重要性。日本政法大学教授松浦四郎于 1972 年出版的著作《工业标准化原理》全面、系统地阐述了标准化活动的基本规律并提出了十九项标准化原则，从简化性、预防性、社会性、互换性和动态性等角度提炼出了标准化活动内涵，同时针对标准化活动效益评价提出了“在拟标准化的诸多项目中确定优先顺序是标准化评价的第一步”“用精确的数值定量评价经济效果，仅仅对于使用范围狭窄的具体产品才有可能”。

我国标准化研究虽起步较晚，但经过数十年的研究，也不乏学者在标准化原理上提出独到见解。陈文祥在《标准化原理与方法》一书中将重复利用效应、经验累积规律和熵增加原理三者相结合，从新的视角论述简化原理作为标准化的基本原理，同时指出标准化管理中应遵循优化原则、动态原则、超前原则、系统原则、反馈原则等。常捷教授在 1982 年提出标准化“八字”原理，即统一、简化、协调和选优，认为“统一是目标，协调是基础，简化、优选是统一、协调的原则和依据”。我国著名标准化专家李春田对标准化活动规律加以总结和归纳，提出“简化”、“统一”、“协调”和“最优化”四项原理，并提出包括系统效应原理、结构优化原理、有序发展原理、反馈控制原理在内的四项标准系统管理原则。由于标准系统的动态开放特性，其发展模式遵循阶梯发展原理，意味着标准化活动过程是呈倒四边形的上升模式。根据桑德斯原理，标准化过程分为制定标准（P）、实施标准（D）、对标准实施进行检查（C）和修改标准（A）四个阶段，随着标准系统根据内外部动态环境变化而不断持续改进，进而形成了反复循环上升的 PDCA 过程模式。

循环经济的开展必定会对组织环境管理提出更高要求，组织改善自身环境管理的水平很大程度上依赖于标准的指导。当前国际上流行的 ISO 14000 环境管理体系标准在管理环节和边界范围上都有明显的局限，而资源价值流分析体系可适用于各层级组织，且其管理内容涵盖分析、核算、评价和决策控制全管理环节。因此，本书在现有资源价值流分析研究的基础上提出标准化管理思路，其目的在于：①通过提炼循环经济价值流的规律，建立适合不同行业、类型、规模和组织的循环经济价值流标准化管理体系，规范组织在导入、实施、检查和改进价值流分析体系时的流程步骤，减少组织构建和应用价值流分析时所产生的复杂性和不确定性，为组织提升环境管理水平提供体系支撑。②通过建立统一的价值流分析标准体系，推动价值流分析中核算、评价、决策和控制等功能的充分发挥，帮助组织达到“资源投入量降低、循环利用率提高、环境污染量减少和经济价值增值”的目标，并有效调整体系运行中出现的偏差，确保价值流分析标准化管理体系有序运行。③通过对现有价值流分析的研究和实践经验进行标准化，将价值流分析由环境管理工具上升到环境管理体系的高度，在使其成功经验得以复制和推广的同时实现组织经济、环境和管理效益的持续改进。

资源价值流分析系统整合了循环经济学、工业生态学、环境会计学、管理学等多种学科的理论知识，呈现出多学科交叉属性。在此基础上，通过进一步融合标准化原理，可将资源价值流分析标准化管理定义为：“以循环经济学、工业生态学和环境管理会计学为基础，融合系统工程理论与方法，明确、统一和规范价值流分析标准化管理的对象和要素，从企业、园区和国家（区域）等层面将价值流分析的运行规律、管理机理和组织原理进行有机整合，以价值流分析为纽带构建企业内部、企业之间乃至区域内的资源循环路线，充分发挥价值流分析标准化管理体系的分析、核算、评价和决策控制职能，推动组织生产运营活动达到经济效益、环境效益和社会效益的最优状态。”

9.1.2　目标与原则

循环经济资源价值流分析标准管理体系为组织内的循环经济物质流和价值流管理提供通用框架，其可以作为各级组织物质流和价值流的核算、价值流计算结果的评价与根据物质流对价值流进行优化控制的依据。资源价值流管理标准重点关注于如何为循环经济决策提供信息支持，是环境管理会计的主要工具之一，旨在弥补现行环境管理标准和循环经济标准存在的不足，为组织的循环经济实践提供信息支持，其所提供的信息不仅包括组织内部的经济价值损失，也关注对外部环境和资源所造成的损害。构建的标准体系包括适应范围、标准的目的和原则、基本要素和标准的实施步骤，并对此过程中所使用的基本工具和方法予以标准化规定。本书所指标准的根本目的并非用于第三方认证，而是旨在提供一种研究工具和管理方法。

价值流分析标准化管理体系是一种完整的环境管理体系，是用来建立组织“环境和经济可持续发展”的方针和目标，并实施和实现这些目标的一系列相互关联要素的集合。在应用层面，价值流分析标准化管理体系以获得企业、园区乃至国家（区域）上生产经营范围内的“经济-社会-环境”协调发展的最优化状态为基本目标，以科学、技术和实践经验的综合成果为基础，对组织生产经营的流程和结果，构建共同的和重复使用的价值流计算、分析、评价、决策和控制体系，并通过管理体系的施行，采取措施改进，使组织的环境管理、内部和外部相关方的共同效益达到最佳。构建资源价值流分析标准化管理体系，使得价值流分析从最初使用工具逐渐转变为管理模式，其目标不仅涵盖对组织资源流转进行分析及核算，还包括在组织层面通过环境方针及战略、实施评价和控制及持续改进，使组织的环境管理有序化程度达到最佳状态，使组织内部和外部相关方的共同效益达到最佳，促进经济、社会和环境三维效益的最大化。将环境治理嵌入企业的整体管理系统，将价值流分析的标准化管理与组织的战略和决策相结合，最终实现环境和经济的目标。具体如下。

（1）资源和能源的合理利用。通过资源价值流计算标准、分析标准、评价标准的实施，增加组织在资源和能源利用上的透明度，诊断、分析并核算组织内部资源损失成本和环境损害成本，从生产源头、过程及末端对组织运营施加控制，推动组织的资源及能源利用与循环经济 3R 原则相吻合。

（2）经济效益的最大化。运用资源价值流分析计量与组织材料、能源和人力等相关联的成本和环境信息，为降低资源损失成本和环境损害成本打下基础；通过实施标准化的工艺和管理流程，提高组织的生产效率；通过构建有效沟通和信息集成共享的平台，加强组织的财务、技术、环保等部门协同运作，提高管理运营效率。资源价值流分析所得数据可为组织开展环境管理、产品生态设计、质量控制及供应链管理提供关键性的决策数据。

（3）外部环境损害的最小化。通过资源价值流分析定位组织目前与未来潜在的环境污染问题，识别重要环境因素并定量其所造成的外部环境损害成本。及时采取措施进行修正和预防，把生产活动和预期产品消费活动对环境的负面影响减到最小，最大程度避免组织环境负债，推动组织的可持续发展。

（4）组织管理水平的提升。资源价值流分析标准化管理体系负责制定并实施组织环境管理的方针及目标，以全生命周期视角识别组织活动、产品及服务中已存在或者潜在的环境影响因素，提高组织环境管理意识。整合、协调组织内部各项资源，加强不同部门之间的信息交流。通过构建分析、核算及评价标准体系，指导价值流分析在组织中的构建、实施和效果评价。构建决策控制标准体系纠正组织运营偏差，基于 PDCA 标准化管理模式不断优化企业整体运营水平，提高管理效率和水平。

理论上，资源价值流分析适用于所有在生产经营过程中会利用到物料和能源的企业，涉及冶炼业、制造业、服务业及其他行业。资源价值流分析同样可以应用到各种类型、规模的企业，无论企业当前是否已经建立环境管理体系，无论其处在发达国家还是发展中国家。当前，资源价值流分析的应用主要集中在单个企业或组织，但资源价值流分析的应用范围也可以延伸至多个企业之间（供应链、工业园区），在中观乃至宏观层面为开展循环经济、实施绿色生产提供指引。实践上，以上述基本目标为前提，企业可根据自身行业特性、所处环境和发展战略等，设定适合自身发展的具体经济和环境管理目标。

资源价值流分析标准管理体系的建立，除遵循相关的法律法规和自愿性约束条例以外，还需遵循以下 6 个原则：①自愿原则。资源价值流分析标准管理体系不是强制的，允许组织自愿采用。②广泛适用原则。通过对资源价值流分析方法的总结、概括与提炼，精炼成一系列的指导标准，适用于所有使用原材料和能源的产业，并适用于不同类型和规模的组织，可应用于单个机构，也可从一个供应链内扩展到多个组织。③灵活性原则。资源价值流分析标准管理体系提供一系列指导性的核算、分析、评价和控制的方法，但并未明确提出组织环境绩效的绝对要求、改善工艺流程和治理环境污染的具体方法。因此，组织可根据自身的技术和环境绩效管理水平，综合考虑成本效益并采用最佳适用改进方案。④全过程管理原则。价值流分析标准管理体系从源头进行物质循环，强调系统的全过程管理，强调生产过程中的资源流转与价值循环，控制废弃物和污染的产生，加强组织现场的环境因素管理。⑤持续改进原则。组织建立和实施资源价值流分析标准管理体系不可能一蹴而就，而是在实施中不断改进，即 PDCA 循环的持续改进机制。⑥兼容性原则。作为一种自愿性、推荐性的管理体系，资源价值流分析标准管理体系可在组织原有的管理模式上进行嵌入，并与组织现存管理体系相互兼容和配合。

9.1.3　定位与功能

1. 标准的定位

资源价值流分析标准管理体系依据“物质流-价值流”的内在互动影响规律，

对原有资源价值流分析方法进行提炼和标准化，具有管理和标准的双重属性（图 9.1）。首先，资源价值流分析标准管理体系是对环境管理会计的延伸，包含环境管理会计的基本理论和方法，并延伸至组织的全过程管理，其本质是一种标准化的环境管理体系，具备管理体系的基本要素（计算、诊断、分析、决策和控制），为组织的环境管理提供依据。其次，资源价值流分析标准管理体系也是一种环境管理体系的标准化，具备标准的基本属性，包括理论标准和管理流程的标准化。前者指对相关概念、成本费用确认、评价决策、管理要求等的标准化；后者指资源价值流分析标准管理体系运行中所涉及的工作步骤、顺序和流程的标准化，并在相关管理流程中细化为物质流和价值流，通过规定的流程标准，协调组织内部的各个事项，提高管理的效率和有效性。

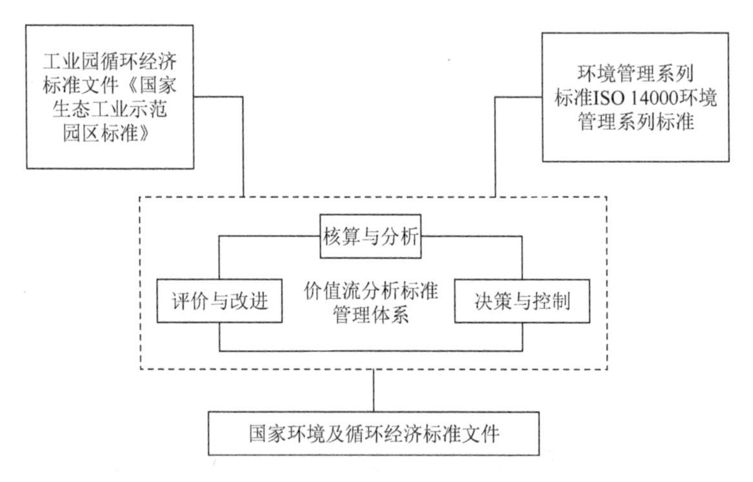

图 9.1　循环经济资源价值流分析标准的定位

循环经济标准体系的关注点主要在于对实施效果的验证和评价方面，包括企业层面、区域层面和社会层面的循环经济指标要求，或者在农作物深加工、煤炭产品综合利用、钢铁冶炼、热电联产、新型煤化工、新型工业材料等行业实施循环经济的要求，以及节能、节水、节材和废物再利用、资源化等循环经济标准体系或技术支撑性标准（田金平等，2012），包括基础标准、行业循环经济控制技术标准、测试方法标准循环经济工程设施运行维护标准、技术规范标准、工艺技术标准、产品标准、生产管理标准等（诸大建和朱远，2013），但是对于如何实施循环经济、如何提升循环经济的效果，以及采用何种方法和手段来提升循环经济实施效果还存在盲区。在循环经济标准体系的基础上，结合价值流分析及现有的标准 ISO 14051，在组织内标准化应用而产生的价值流分析研究方法解决了以上问题，其在循环经济标准体系中的定位如图 9.1 所示。在定位上，价值流分析标准管理体系本质上是一种标准化环境管理体系，具备管理体系的组织结构、策划活动、职责、程序、过程和资源等基本要素，可为组织的环境管理提供依据。同时，价值流分析标准管理体系也是环境管理体系的标准版，具备标准的重复性、普适性、规范性等基本属性，可作为 ISO 14000 系列的补充与扩展，是一种推荐性、自愿性、协调性的参考标准。

资源价值流分析标准体系与其他标准体系（如循环经济标准、环境管理标准、清洁生产标准、节能标准、环境保护标准等）有着广泛而密切的联系，其部分标准借鉴了其他的标准体系，或者参照其他标准体系的要求制定，以确保与其他国际、国家标准的共融性和自身的可执行性。

2. 标准的功能

资源价值流分析基于流量管理思想，将物质流转过程划分为资源投入阶段、资源利用阶段和资源产出阶段，在物量层面可视化资源投入量、资源利用效率和废弃物排放量的数据，并核算资源有效利用成本、资源损失成本、环境损害成本等价值信息，以“经济-环境”视角对组织生产经营现状进行分析和诊断。如图 9.2 所示，资源价值流分析标准管理体系的四项功能作用于组织现状分析，优化组织现有物质流与价值流，实现经济效益与环境效益的改善。其中，标准在资源价值流会计目标的实现与维持上起着重要作用，通过标准化将提炼其理论方法和实践经验，以降低组织在实践中的复杂性与不确定性。

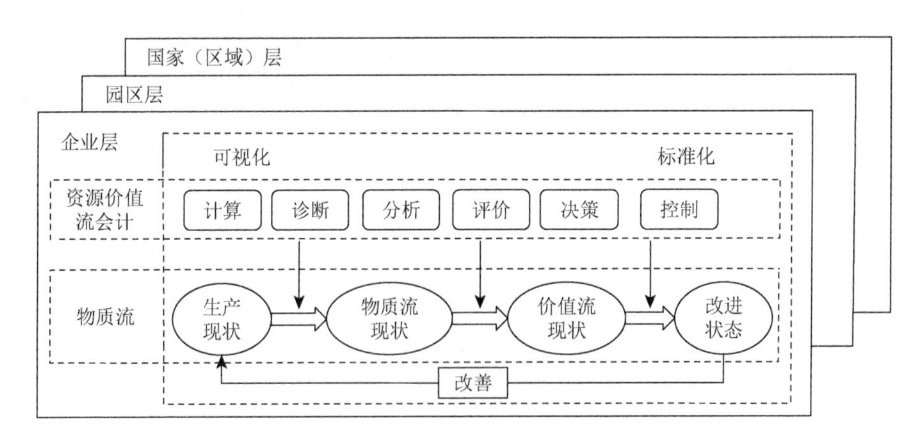

图 9.2　循环经济资源价值流分析标准的功能

（1）计算与诊断功能。提供具体的计算、分析和诊断等技术性和经济性分析方法，追踪资源的物质流动和价值流转；核算资源有效利用物量和价值、废弃物损失物量和价值、废弃物外部环境损害成本，提供数据支撑。

（2）分析与评价功能。具备核算、分析、评价、决策和控制等管理要素，为企业提供完整而持续的内部和外部改善决策参考。

（3）决策与控制功能。具备标准的基本属性，为组织环境管理和循环经济的运行提供参照，及时调整体系运行中出现的偏差，确保组织的环境管理体系有序运行、环境和经济绩效持续改进。

（4）持续改进功能。着力于组织内部绩效提升和外部环境效益改善，通过PDCA 循环管理模式，分阶段、分目标、分层次进行管理，促进组织的绩效改进。

9.2　标准化管理框架体系

资源价值流分析标准体系框架可以划分为价值流分析标准体系、价值流分析流程体系和价值流分析应用指南三部分，代表着资源价值流分析标准化的重点领域。具体而言，价值流分析流程体系由计划、分析、核算、评价和控制组成，是价值流分析功能的体现，组织在应用价值流分析时应依次遵循这五个步骤以发挥价值流分析功能的效用。价值流分析流程体系是标准体系的需求方，因此标准体系根据流程体系而设立，并与流程体系一一对应。应用指南是在价值流分析标准体系的基础上，分别针对不同组织层面而设立的指南性文件，推动价值流分析在不同组织层面的应用。

（1）标准体系。此处的标准体系是指标准方法体系，即在进行物质流和价值流分析时所使用的方法等，同样可以分为物质流分析标准体系和价值流分析标准体系。物质流计算涉及输入输出系统物质资源的数量和流量的计算，因此，物质流分析标准体系包括输入、输出、废弃的物质品种、数量流、熟练规模、质量等级等，并包括如何将各种物质标准化，计算其物质流转效率的方法。价值流分析标准体系则包括如何设置物量中心，将物质流分析中的数量信息与价格信息相结合，转化为成本信息，并将成本在正、负制品之间分配，以获得价值流分析数据，最终用于评价与优化决策的整个过程。标准体系是价值流分析标准化管理的基本要素，具有目的性、协调性、相关性、层次性等系统管理特征，其标准体系主要划分为企业标准体系、行业标准体系、园区标准体系和国家标准体系四个层次（图 9.3）。

（2）流程体系。流程体系是关于“物质流-价值流”二维分析中应用流程的设置。该体系可分为物质流和价值流两大部分，按照物质流决定价值流、价值流优化物质流的思路进行标准体系管理，其流程设置也可以分为物质流流程和价值流流程。在进行物质流分析时，因为要涉及输入输出系统数据的收集和使用，以及对物质流转线路和路径的描绘，所以可以将物质流流程区分为数据流程、组织结构流程和物质流分析方法流程。其中，数据流程是指在进行物质流分析时数据收集和整理的程序和方法，并对物质流分析进行标准化处理；组织结构流程是指对收集的物质流转数据，按照生产组织的方式进行组合，最后按照物质流分析的固有程序和方法进行分析的整个应用过程。价值流分析是在物质流分析的基础上，对物质流数据进行转换，计算对应的经济数据和环境货币化信息的过程。由于在生态工业园内生产组织方式的多样性和生产环节的复杂性，为了实现管理活动的高效性，价值流分析不是按照生产环节而是按照物量中心来组织价值流计算分析活动，因此，在价值流分析活动之初，应当按照物质流的组织结构特征来设置物量中心，并按照价值流独有的方法和程序对其数据进行分析计算。

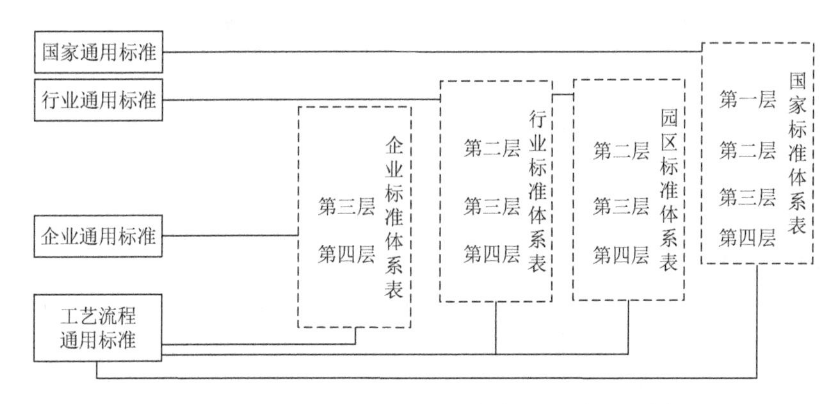

图 9.3　循环经济资源价值流分析标准体系层次结构

核算标准是基础，核算为评价体系提供数据信息，评价体系利用其所提供的信息为优化决策提供服务，优化决策系统提出优化思路并实施后，需要核算体系计算其优化的效果，并评价优化前后循环经济的改善效果。资源价值流分析标准化流程体系可进一步细分为核算流程、评价流程、决策流程和控制流程。在核算流程中，涉及物质流转中的输入输出数据的分类与统计的流程化，流转过程中节点或物量中心设置的流程化、输出产品等成本数据计算的流程化等。在评价流程中，可以从总体式和结构式评价入手，总体式评价主要是从组织全局的角度评价其价值流转数据的优劣性，结构式评价则是深入组织内部，从多角度、多层次研究其价值流转数据优劣的原因，并为循环经济优化决策提供方向性指引。对于决策流程，其重心是对备选方案的全面分析，一般包括原因分析、改造方案的产生与汇总和方案的筛选。在控制流程中，通常包括五个要素：系统过程、过程特征、计量系统、比较与分析，该过程中设置标准值是尤为重要的一环。

（3）应用指南。应用指南旨在为企业、园区或国家（区域）层面的循环经济物质流和价值流管理提供通用的框架。其可以作为各级组织物质流和价值流的核算、价值流计算结果的评价和物质流对价值流的优化控制的依据，也可以作为其他同类型组织循环经济建设和优化的参考依据。以生态工业园区为例，生态工业园循环经济价值流管理应用指南重点关注于为循环经济决策提供信息，是环境管理会计的主要工具之一，旨在弥补现行环境管理标准和循环经济标准中存在的不足，为生态工业园的循环经济实践提供信息支持。具体而言，通过对园区内物质和资源的流动路径和数量的标准化描绘，利用价值流核算工具进行标准化计算，获得资源的损失成本和废弃物污染程度的价值量化信息，并从总体和结构两个方面对园区内的资源流动效率进行标准化评价，利用评价结果，按照标准化模式进行优化决策和控制，其提供的信息和管理的标准程序等适应于工业园循环经济管理实践，可以作为园区机构和管理者提升资源流动效率和循环经济效果的一种技术依据和参考依据。

9.3　标准化管理的保障机制

推进循环经济资源价值流分析标准化是一项复杂的系统工程。从标准化管理内容来看，涉及标准制定、标准创新、标准结构优化及标准改进等一系列内容，而相应标准是制定、实施和维持需要相匹配的支撑体系、配套设施和保障机制。从参与主体来看，资源价值流分析标准化管理涉及工厂、企业、园区、社会公众、政府、支撑机构等，尤其是对理性经济人组织而言，在参与发展循环经济资源价值流分析标准化管理的过程中往往对自身的活动进行收益与成本分析，当其标准化管理的收益大于所付出的成本时，各主体会自觉主动加入到标准化管理链中。因此，在实施循环经济资源价值流分析标准化管理的过程中，要积极分析各相关参与主体的动机，建立以价值流分析标准化管理链为纽带，将企业、园区、国家、政府和社会公众串联起来的政策保障机制。

9.3.1　组织保障

有效推动循环经济资源价值流分析标准化管理的实施需要建立起一整套适应其参与各方的组织与协调机制。针对企业、园区和国家（区域）三个不同层级的组织，如何根据自身行业特性、规模及类别来落实循环经济资源价值流分析标准化管理，显然需要围绕其自身循环经济发展的主要目标与制约因素，对组织保障机制与协调机制进行合理安排。

1. 充分发挥标准化管理协会的支撑作用

实施循环经济资源价值流分析标准化管理需要复杂的技术要求和在较长的标准管理链上进行协同实施，而单纯地依靠企业或者园区个体发展循环经济显然难以满足标准化管理的需求，这就需要国家标准化管理委员会引导企业、园区及国家（区域）层面积极发展各种标准化协会、研究会等标准合作组织，积极开展循环经济资源价值流分析标准的制定与实施工作，从整体层面提升我国循环经济标准化水平（刘洪斌，2008）。通过国家标准化管理委员会的推动，不断优化循环经济标准体系，把政府单一供给的标准体系转变为由政府主导制定的标准与市场主体自主构建的标准共同构成的新型循环经济标准体系。充分发挥企业在标准化中的作用，根据企业的生产特性与目标构建循环经济管理与技术标准。各层级标准化协会、标准合作组织及标准研究会能把独立分散的企业有机联系起来，并通过企业间的工业生态关系形成企业或者产业族群，实现企业与企业间的循环发展与管理，从而推动促进循环经济发展战略的顺利实施。国家标准化管理委员会及其附属机构在推动循环经济发展战略的实施过程中具有非常重要的协调与联结作用，通过广泛吸收国外相关标准制定的经验，积极参与国际标准制定活动，能有效地将资源价值流分析标准与广阔的国内外市场、企业与园区等其他循环经济实施主体的利益关系相连接，充分发挥开拓循环经济资源价值流分析标准在时间、空间和组织层的功能，为循环经济资源价值流分析标准的制定、实施、维持和改进提供专业保障体系。企业可通过标准化合作组织、专业技术协会及其他组织的支持与帮助，不断提高对循环经济资源价值流分析、应用技巧和实施流程的基本认识，从而提升企业循环经济管理水平。专业技术协会通过价值流分析信息资源共享、技术普及宣传，进而为与循环经济资源价值流分析相关的专业人员提供技能专长发挥的平台，有助于解决企业在循环经济发展过程中的缺技术、缺资金、缺市场、缺信息等现实问题（李峰，2013）。

2. 深入改革组织各方协调机制

标准反映各方共同利益，各类标准之间需要衔接配套。很多标准技术面广、产业链长，特别是一些标准涉及部门多、相关方立场不一致，协调难度大。由于缺乏权威、高效的标准化协调推进机制，越重要的标准越“难产”。有的标准实施效果不明显，相关配套政策措施不到位，尚未形成多部门协同推动标准实施的工作格局。造成这些问题的根本原因是现行标准体系和标准化管理体制是 20 世纪 80 年代确立的，政府与市场的角色错位，市场主体活力未能充分发挥，既阻碍了标准化工作的有效开展，又影响了标准化作用的发挥，因此，必须切实转变政府标准化管理职能，深化标准化工作改革。

1）完善政府在标准化管理的引导职能

由于循环经济是 3R 原则相统一的过程，并且循环经济的开展过程中呈现显著的正外部性特征，为实现发展循环经济带来生态环境和社会收益，政府作为社会公共利益的代表者和最大保障者就必须推进循环经济标准的制定，实现循环经济发展战略的经济效益、生态环境效益和社会效益目标的三者统一。循环经济资源价值流分析作为一种新的方法体系，其实践过程中需要政府通过财政、税收和技术标准等为其推广和应用提供必要的政策、法律、技术和资金支持，引导和鼓励企业及园区引入价值流分析标准化管理体系。在政府积极完善对循环经济的引导职能过程中，要明确政府在循环经济标准制定中的角色界限，避免由于政府的过度包办、直接命令和指挥而影响企业、园区等标准实施主体应用价值流分析标准管理体系的积极性。在推动循环经济发展战略实施的过程中，做好政府的管理和服务中的科学定位，尊重和鼓励企业、园区循环经济发展意愿和参与积极性。具体来看，中央政府主要在宏观调控方面负责推进循环经济的发展规划和政策制定，其可以加大对目标企业和园区循环经济的财政、税收和政策优惠，在严格遵循国家关于农业循环经济的法律、法规、制度的基础上，根据企业产业特性、规模和类别，制定和完善循环经济资源价值流分析标准管理体系的导入及实施流程。与此同时，积极构建农业循环经济资源价值流分析的评价指标体系，从而对组织层级的时间及空间边界进行准确定位，真正体现政府在引导循环经济标准发展中的积极角色（李长友，2010）。

2）完善循环经济政策调节机制

进入 21 世纪以来，我国积极推动循环经济发展，将其作为落实科学发展观、转变经济发展方式的重要措施，并在各个层面积极推广。2008 年 8 月，我国正式出台《中华人民共和国循环经济促进法》，通过法律手段，将循环经济发展实践中积累的有效措施上升为基本制度和管理办法予以规范。我国先后发布重点行业清洁生产技术导向目录，资源节约综合利用和环境保护技术目录，重点行业循环经济支撑技术、循环经济技术、工艺和设备名录等，为企业提供技术上的指导。此外，我国连续多年开展循环经济重点工程试点，不断推动循环经济工作的落地。

从“十一五”开始，我国深刻认识到为追求经济高速发展所付出的巨大资源和环境代价，并把节能减排写入五年规划，制定了具体的节能减排目标。在实际工作中，我国不断推出或更新相应的实施方案或指导目录，如节能低碳技术推广管理暂行办法、重点节能技术推广等。经过多年努力，我国的节能减排工作取得了一定成果，但仍面临严峻挑战，特别是经济进入新常态，淘汰落后产业、实现产业转型升级的压力更大。2012 年 11 月，党的十八大对生态文明建设做出了全面部署，形成“五位一体”的布局并写入党章。2015 年 9 月，《生态文明体制改革总体方案》发布，提出了改革的任务书、路线图，为加快推进生态文明体制改革提供了重要遵循和行动指南。“十三五”规划中，首次将生态文明建设写入五年规划。

从循环经济到节能减排，再到生态文明，其共同的特点是对环境问题的关注、对可持续发展的促进，而这些理念与资源价值流标准化管理体系的理念在本质上是一致的。循环经济相关的政策是资源价值流标准化管理体系的政策支撑，应从大政策背景推动资源价值流标准化管理体系的建立，提高其形势紧迫性，促进其推广与应用。此外，基于政策而提出的相关先进技术、设备和先进的试点经验，为决策与控制标准提供明确的改造标杆与参考，为其改造提供备选方案。虽然循环经济的相关政策已实施多年，也积累了一定的成功案例和经验，但在推广上却存在困难。首先，未形成统一的经验模式和标准，难以直接复制到不同企业或行业；其次，虽公布了很多技术和设备指导目录，但并未详细列明该技术的参数、成熟程度、减排指数、运行环境、改造成本等内容，使得企业难以进行技术和设备的改造，甚至有的企业改造后并不启动；再次，不同政策，如循环经济和节能减排都公布了很多指导方案，但本质上重复性较高，特别是技术、设备等目录数量繁多，难以有效甄别适合企业的方案，且详细方案的获取渠道有限；最后，未形成统一的管理和改进模式，一旦政策热度退却，难以持续坚持与推广。

因此，我国应继续加大对循环经济、节能减排、生态文明等政策的推动力度，将环境保护与经济发展的协调作为我国的发展重点。在管理模式和运行标准上，价值流标准管理体系具有完善的计算与诊断、决策与控制、评价与改进体系，能有效辅助企业进行循环经济改造，推动相关政策和成果经验的应用与推广。但在技术、设备的使用指导上，国家应继续加大力度进行研究，深入分析该技术或设备的参数、成熟程度、减排指数、成本效益等内容，为价值流标准管理体系运行提供技术指导。此外，应筛选颁布指导目录，进一步放开获取技术或设备信息的渠道，减少企业价值流标准管理体系运行的障碍和成本，提高效率。

9.3.2　政策保障

1. 加强标准化研究

我国于 2001 年成立国家标准化管理委员会，强化标准化工作的统一管理，但标准实行至今，存在标准缺失、老化滞后、交叉重复矛盾、合理性不足和协调推进机制不完善等问题，已严重制约我国的发展。2015 年，国务院先后发布《深化标准化工作改革方案》和《国务院办公厅关于加强节能标准化工作的意见》，标准化研究进入新的阶段。

除了国家层面的推动以外，很多学者对相关标准的研究也较为深入，但我国尚缺少自下而上的申请渠道。与之对比，发达国家的相关政策较为完善，如 MFCA 起源于德国，并在德国、日本等国深入研究和应用，形成一定的理论和实践基础后，由相关学者和机构联合提议，最终形成 ISO 14051 标准（刘滨等，2005）。与 MFCA 类似，在我国，资源价值流分析方法经过肖序教授团队近十年的研究，形成了完整的方法体系，并在冶金、造纸、化工、水泥等行业进行了应用研究，同时在相关企业开展了实地运用，积累了成功经验。本书将资源价值流分析的理念和方法加以提炼和拓展，形成了涵盖计算与诊断、决策与控制、评价与改进的全过程标准化管理体系，具备标准的基本要素和功能。若能加以研究和拔高，得到国家或相关部门的标准认定，将极大提高资源价值流标准化管理体系的应用范围，提高企业的接受程度，促进其运行与推广。

因此，我国应继续加强标准化研究，特别是标准化的征集机制、申请渠道、审核流程等，为资源价值流标准化管理体系及其他学者或企业提出的先进标准提供认证渠道，促进先进经验的实施与推广。

2. 改革行业评价标准

我国作为发展中大国，在经济高速发展阶段对钢铁、煤炭、电力、水泥、有色金属等资源的需求较大，产生了严重的资源浪费和环境损害。究其根本，是行业评价标准的缺少导致我国发展只关注产量和经济效益，而忽视了环境效益。随着我国经济增速的放缓，在各工业产业转型发展的背景下，我国极为重视冶金、煤炭、建材、造纸等强污染性、高能耗、高成本等产业的节能减排、技术升级和环境友好改善，而这部分行业也面临新环境的机遇与挑战。目前我国已经制定了钢铁、水泥、燃煤发电、造纸等多个行业的清洁生产评价指标体系，但其仅在生产技术层面进行规范，在推广与应用力度上仍显不足（贤琳等，2010）。

资源价值流标准化管理体系立足于国家和企业发展的现实需求，从企业内部资源节约和高效利用出发，延伸至外部环境损害成本的计量与评价，符合当前企业转型升级和节能减排的迫切需求，具有重要的实践应用意义。但资源价值流标准化管理体系仅提供标准化的理论、模式和指南，具体行业的实际运行还需参考行业评价标准，从行业和企业实际出发，针对性、灵活性地运行价值流标准管理体系。因此，我国应继续从工业生产领域的行业评价标准改革出发，改变以往只唯经济、不注重资源消耗与环境保护的单一绩效评价模式，从资源、环境及经济绩效等多方面综合评判企业或工业园，建立科学合理的综合绩效评价机制、循环经济激励机制与环境管理模式，促进价值流标准管理体系与行业、企业的有机结合和有效运行（李建磊等，2005）。

目前，我国的经济、工业转型改革进入深水期，对技术和人才的需求极为迫切，特别是对环保技术和理念有深刻认识的管理人才。但是，目前我国的教育模式仍需改善，大学以前的培养方式基本为应试教育，到大学以后设置的专业过于细分，更多的是培养某一方面的技术人才，缺乏不同专业的交叉培养，也缺少不同知识交汇、讨论的平台，不利于培养具有多学科基础、技术和管理技能及可持续发展战略眼光的综合性人才。资源价值流标准化管理体系融合了会计学、工业生态学、控制学等多个学科，在运行中需要企业生产车间、财务部门、信息部门和管理部门的有效协调，在实际运行中对人才素质的要求较高，需要其掌握或理解工业、经济、管理等方面的基本知识。此外，在决策与控制环节中，若不具有基本的知识，也难以可持续发展的眼光看待问题，难以实现企业的长远、健康发展。因此，政府、企业、科研院所等应联合起来，形成“产学研”发展的一体化模式，加大各方面的环保科研投入，加强多学科融合培养，普及基本的科学知识和管理知识，培育具有可持续发展战略眼光的技术和管理人才。

3. 加大财税政策扶持

目前，我国环境相关的财税政策主要集中在循环经济试点申报、节能减排项目补贴等方面，并设立循环经济发展专项资金进行支持。目前的财税政策存在途径少、资金少、透明度低等问题，难以普及到普通企业，而当前我国处于经济发展的新常态，经济增长将持续缓和，各大行业处于发展低谷期和战略转型阵痛期。在国家层面上，我国正大力推动循环经济、生态文明和节能减排的发展，加大力度淘汰落后产能，提高企业技术和管理改造升级的要求。因此，企业不仅自身发展受限、盈利降低，而且还承担着国家层面节能减排的压力。

资源价值流标准化管理体系的运行，主要通过计算和诊断企业运行过程中物质流和价值流所存在的问题，通过物质循环、先进技术或设备的改造升级，实现循环经济的目标。但资源价值流标准化管理体系的运行对组织人员、部门协同的要求较高，且改造方案对资金需求较大，在改造期对企业的经营获利也有影响，若没有国家的财税支持，企业难以自发采用资源价值流标准化管理体系，更不用说将其有效运行。因此，在企业经济效益下滑与国家环保要求提高的情况下，我国应加大财税政策扶持力度，完善各项财政补贴、税收优惠、专项资金支持等政策，协助企业渡过难关，辅助企业开展节能减排等技术研究、设备改造和管理提升等活动，为资源价值流标准化管理体系的运行扫清资金障碍。

9.3.3 技术保障

在循环经济资源价值流分析标准管理体系的构建过程中，制定和实施标准需要较高水准的技术投入、“三化同步”推进与政策支持，并且要求循环经济战略实施主体企业、园区和政府协同努力。标准引领创新，而创新带动着标准的推进与发展。循环经济发展战略实施的基本条件是技术创新，而资源价值流分析标准通过在组织环境管理层面上的创新使得企业在循环经济背景下兼顾经济效益与环境效益的协调统一。因此，循环经济资源价值流分析标准管理体系的战略实施需要完善的技术保障体系作为支撑。

1. 建立产学研合作机制

推动循环经济资源价值流分析标准化管理过程中的理论方法创新、实践及应用和对其实施主体的培训需要建立和完善企业及园区相应的引导机制，通过机制引导和鼓励企业及园区才能落实标准的实践应用，实现标准效益，进而达到企业或者园区高效、生态、绿色和可持续发展的状态。标准实施主体要充分结合自身实际情况，高度重视自身内部循环经济发展过程中的能源、资源、生态环境与经济效益的重大战略问题研究，明确推动循环经济发展的工作重点和目标，采取有效措施制订并完善循环经济发展规划，切实推进循环经济发展中的经济效益、环境效益及社会效益的协同提升。构建完善的企业及园区循环经济科技创新体制，最重要的是将企业及园区生产工艺流程、循环经济技术与价值流分析各项流程和活动相衔接与耦合，使循环经济资源价值流分析充分带动企业环境管理水平、环境管理方法创新与循环经济改进技术的优化。因此，这就要求循环经济资源价值流分析的研究与开发人员同循环经济资源价值流分析标准的实施主体之间建立一种新型的、利益共同的、沟通便捷的联动机制，促进循环经济资源价值流分析方法与循环经济发展战略实施的紧密结合。在循环经济资源价值流分析标准化管理的实施过程中，根据产业链上单一企业或者企业相互间的影响关系，以产品生命周期为主线，围绕循环经济资源价值流分析标准实施过程中所遇到的困难，整合科研院所等科技研究推广资源，构建政府积极引导、科教结合、产学研协作的围绕循环经济产业价值链上下游实现无缝对接的技术创新链条与平台，引导循环经济资源价值流分析标准的顺利应用。

2. 完善标准创新机制

循环经济发展的重要支撑在于标准创新。在面临日益严峻的生产资源约束的条件下，标准创新所形成的新方法、新工艺、新理念是推动循环经济发展的关键力量。应完善标准创新体制，整合标准创新资源，深化循环经济标准创新体制改革，加强对科研机构和高等院校的财政资金与政策支持，建成中央、高校和地区科研院所有机结合、优势互补、联合协作的新型标准创新体系。现阶段，标准创新工作既要政府加大支持力度，又要秉承充分发挥市场机制作用的原则，调动企业的积极性、创造性，形成政府主导的、多元化的新型标准创新机制；既要积极适应全球标准构件的发展趋势，更要立足于我国发展的实际情况，积极对适用的先进方法、技术和理念进行大范围推广；既要提高循环经济标准自主创新研究水平，更要注重解决循环经济发展的现实问题；既要提高循环经济自主创新能力，还要有效引进和吸收、消化发达国家先进的循环经济技术与经验，缩小我国与先进国家的差距，充分发挥标准创新系统的整体功能作用并提升其效率，使标准创新实实在在地提升素质、效益和竞争力。

发展循环经济的目的是为了形成以低投入、低消耗、高产出、高效益、资源节约、环境保护为基本特征的可持续发展经济模式。现阶段，循环经济资源价值流分析标准化管理仍处于理论与方法层面的构建与完善阶段，在企业与园区的实际应用层面上还没有得到广泛、深入的推广，除了循环经济资源价值流分析自身方法体系还需进一步完善与扩充之外，推广力度不够、辐射力较弱，以及相应循环经济管理理念意识与基础设施的缺失都是重要原因（谢志明和易玄，2008）。在当前“智能制造 2025”的背景下，循环经济不可能仅限于单个企业内部的循环经济技术创新，更要充分考虑当前工业企业发展呈现出规模化、产业化、链条化的趋势中已经或者可能会出现的生态环境污染和破坏问题，并注重在生态保护的前提下提升企业经济效益，为此，要积极构筑循环经济科技促进机制，完善循环经济技术进步体系。循环经济发展战略实施的基本条件是创新，而标准是创新的重要成果展示。通过循环经济资源价值流分析标准化管理中的不断创新，推动循环经济在兼顾生态与经济效益的条件下得到可持续发展。因此，循环经济资源价值流分析标准化管理的实施需要制定完善的技术保障体系，通过对企业内部专业人员经常性的巡回技术培训与指导，切实帮助企业和园区解决标准实践过程中遇到的技术难题。在循环经济资源价值流分析的推广过程中要高度重视知识更新和培训，充分发挥标准化管理中人的能动作用，并以健全、先进的推广机制提高循环经济资源价值流分析的应用水平。加强对循环经济资源价值流分析标准化管理推广过程中的管理与示范，通过政府实现循环经济资源价值流分析的引导、服务和规范管理，使得循环经济资源价值流分析标准体系有序、有效地进行。同时，完善以企业推广单位为龙头，以园区推广单位为纽带，以生命周期思想为指导，在产业链及企业族群中进行扩展，构建循环经济企业、循环经济生态工业园区、循环经济产业链及循环经济技术服务组织相结合的循环经济资源价值流分析研发、试验、示范和推广一体化的综合服务体系，并且要有选择性地在不同行业、不同规模企业进行循环经济资源价值流分析标准化管理的试验和示范，组建一批高水准、高效益、强辐射的“循环经济资源价值流分析标准示范区”，同时加强对示范区企业员工的技术培训与帮助，及时总结推广示范区的成功经验，逐步以点代面，扩大循环经济资源价值流分析技术的推广范围。最后，加强对企业内涉及环境管理的技术、财务与管理人员循环经济资源价值流分析的培训与教育，提升专业人员的综合素质和技能，充分发挥技术推广机构等的教育与培训功能，积极培养本土型循环经济发展的实用人才，持续提高相关企业人员的循环经济知识与价值流分析标准化管理水平，为循环经济发展战略的梳理和实施提供人才基础。

3. *构建标准成果扩散体系*

任何先进的方法、技术和理念如果不能以标准形式及时推广，不能有效地转化为生产力，它的价值都是有限的。标准创新的社会价值体现在能否有效地将标准推广。循环经济资源价值流分析的标准化管理是一种学科综合性高、应用层面广的新型环境管理体系，其实施需要多方参与、协调推进，在循环经济资源价值流分析理论及方法稳步创新的基础上，更要高度重视其技术的推广与应用。其中，政府在制定循环经济发展战略过程中对价值流分析标准体系的推广与规划发挥着重要作用。为有效实现循环经济资源价值流分析标准化，需要组建精干、高效的循环经济技术咨询与服务队伍，完善价值流分析推广机制。一是要完善循环经济技术合作与联合推广体制。依托科研机构与企业各层级、多部门技术开发队伍的力量，积极完善循环经济科教结合、产学研合作的技术联合推广机制，充分发挥科研院校和科研机构在循环经济资源价值流分析方法的开发与推广中的积极作用，加大对其的推广力度。在方法推广的过程中，充分结合国际循环经济成果经验，充分发挥循环经济资源价值流分析示范企业和园区的带动作用。二是要注重与发达国家的交流与合作，认真做好发达国家先进管理理念、成果与经验的引进、消化、吸收和再创新工作。为了更好地提高循环经济管理水平，一定要做好相关的知识产权保护工作，以便激励科技人才进行技术开发的积极性。随着生态环境压力的持续增大，对循环经济技术的知识产权保护已经超越了技术知识产权保护本身的意义，而上升为经济发展方式转变和循环经济新技术开发能否有效实现的关键因素。这就要求各级政府积极鼓励科研院所科技人员对循环经济发展进行管理及技术创新，并加大执法力度进行知识产权的保护。长期以来，高校、科研院所的环境、生态科研人员的工作思路主要是进行科研项目立项、科技研究、项目验收、成果鉴定和申报科研奖，在各级科研机构的科研人员看来，能够获取政府部门设置的科研奖励才是对其科研成果最重要的认可，而没有把申请和注重知识产权保护作为其工作的重点内容。因此，各级政府应该在推动循环经济发展的过程中积极采取措施，提高科技人员的自主知识产权研发与产出能力。考虑设立国家农业科技知识产权基金，资助在农业循环经济技术开发过程中的优秀技术专利，作物新品种、新技术等，使循环经济技术的知识产权保护能够满足可持续发展的需要。在循环经济技术成果开发或者转让取得效益之后，及时启动知识产权保护体系，使科技研究人员的权益得到保护，并激励其进一步进行科技研究工作。

9.3.4　人才保障

循环经济资源价值流分析标准化管理需要针对会计学、环境学和工艺流程学等学科的专业人才进行技能培训，为循环经济资源价值流分析标准体系的落实提供人力资源基础。因此，循环经济发展所需要的专业技能人才可以在财政、人事等政策上给予倾斜，通过提供良好的发展环境和政策优势来吸引众多国内外的优秀人才。同时，各级政府应注重健全和完善循环经济发展观念与技能的培育机制，通过循环经济的培训提升企业人员的技能和循环经济意识。

1. 提升生态环保意识

企业是循环经济开展的中坚力量，企业对环境保护意识的强弱决定了循环经济实践的有效性。目前，仍有多数企业、社会公众和地方政府工作人员尚未牢固树立科学的循环经济发展理念，对其的认识仅限于口头、报告、媒体宣传等方面。为了推进循环经济发展战略的有效实施，各级相关职能部门需要从多个方面采取措施培养和提升全社会成员的生态环保意识，提高推动循环经济发展战略实施的效率。因此，要想确保循环经济建设的顺利开展和进行，在循环经济发展战略实施过程中，首先需要企业人员具备循环经济意识，树立发展循环经济理念，这就需要构建、完善循环经济宣传和培训机制，积极塑造循环经济价值观，绿色、生态、高效、环保的生产、生活和消费氛围及循环经济文化体系，逐渐转变企业人员的思想意识。加强基础教育的建设，提高基本文化知识和生态文明素养，构建完善的培训机制，根据循环经济的发展需要常年开设循环经济发展技能培训班，积极培养大批掌握循环经济理念的经营管理队伍。通过广泛的宣传讲座和有效的技能培训机制，企业人员及政府相关工作人员能够正确理解循环经济发展战略的内容、要求和深刻意义，从而提升广大企业、地方政府相关领导积极推动循环经济发展战略有效实施的技能和素质。

2. 培育科技人才队伍

为引领循环经济发展，各级政府官员应加强对科学发展观、生态文明和高效生态知识的学习，深刻理解和贯彻落实科学发展观。在正确意识形态的指引下才能更有效地构建经济发展体系，提升循环经济发展效率，这也是推动循环经济发展战略实施的途径和方法，是有效解决循环经济问题的正确方向。由于受到专业知识、科技信息和经济发展条件等诸多因素的限制，企业和地方基层政府工作人员对发展循环经济内容和思路的理解可能存在着狭隘性、片面性。发展循环经济需要吸引人才、培养人才和通过教育进行技能培训，为循环经济的发展提供基础。循环经济发展所需要的专业技能人才可以在财政、人事等政策上给予倾斜，通过提供良好的发展环境和政策优势来吸引众多国内外的优秀人才。同时，建议中部地区各级政府应注重健全和完善循环经济发展观念和技能的培育机制，通过各类循环经济的技术培训提升企业的技能和强化循环经济意识，积极打造一批循环经济理念先进的循环经济发展队伍。

人才是有效整合资金、技术与信息等资源，促进循环经济健康发展的核心要素。在推动循环经济发展实施过程中要积极完善人才供给与保障机制，加大对人才培育与激励的支持力度。受历史传统和经济发展条件的限制，我国劳动力的文化素质和技能素质还不能满足以绿色、生态、高效为特征的现代循环经济发展的要求。要根据循环经济的发展实际和规划要求，提高环境敏感性行业科技人才的培养质量；完善社会保障制度，依靠市场对人力资源进行优化配置，为发展循环经济提供人才保障。加大对外开放力度，创新高层次环境技术人才的引进、使用、激励等保障机制。应建立健全有利于绿色、生态环保的循环经济发展的政府工作和官员政绩的科学评价体系，鼓励各级政府在制订区域经济发展规划、发展政策和平时开展工作活动的过程中，积极向循环经济发展战略的有效实施倾斜。从政府层面做起，培养和提高企业、社会公众和基层政府工作人员的循环经济参与能力，使全社会树立起符合循环经济发展的现代理念，形成有效推动循环经济发展战略的动力机制。因此，地方政府要率先在日常工作过程中实行绿色采购，倡导企业、社会公众等全社会成员进行绿色、生态、环保的循环生产、消费；鼓励社会公众在消费时选择未被污染、有助于健康的绿色生态产品，从而增强全社会成员参与循环经济发展的信念。

参 考 文 献

陈东景，郑伟，郭惠丽，等. 2014. 基于物质流分析方法的生态海岛建设研究——以长海县为例. 生态学报，34（1）：154-162.

陈伟强，石磊，钱易. 2008. 2005 年中国国家尺度的铝物质流分析. 资源科学，（9）：1320-1326.

陈效逑，乔立佳. 2000. 中国经济—环境系统的物质流分析. 自然资源学报，15（1）：17-23.

陈兴荣. 1984. 一个被人们忽视的理论贡献——评述孙冶方的社会化大生产思想. 经济研究，（9）：72-74.

陈艳利，弓锐，赵红云. 2015. 自然资源资产负债表编制：理论基础、关键概念、框架设计. 会计研究，（9）：18-26，96.

陈长. 2011. 物质与环境再生产关系的理论与实证研究. 北京：经济管理出版社.

戴铁军. 2006. 企业内部及企业之间物质循环的研究. 沈阳：东北大学.

戴铁军，肖庆丰. 2017. 塑料包装废弃物的物质代谢分析. 生态经济，（1）：97-101.

戴铁军，赵迪. 2016. 基于物质流分析的京津冀区域物质代谢研究. 工业技术经济，35（4）：124-133.

邓明君. 2009. 物质流成本会计运行机理及应用研究. 中南大学学报（社会科学版），15（4）：523-532.

董逢谷. 1988. 企业投入产出模型的选择——如何集产品、部门、实物、价值于一表. 中南财经大学学报，（4）：94-96，45.

董家华，等. 2014. 环境友好的物质流分析与管理. 北京：化学工业出版社.

段宁，柳楷玲，孙启宏，等. 2008. 基于 MFA 的 1995—2005 年中国物质投入与环境影响研究. 中国人口 • 资源与环境，（6）：105-109.

冯巧根. 2008. 基于环境经营的物料流量成本会计及应用. 会计研究，（12）：69-76，94.

傅元略. 2004. 价值管理的新方法：基于价值流的战略管理会计. 会计研究，（6）：48-52，96.

高洪深，杨宏志. 1994. 工业企业投入产出分析的功能研究. 数量经济技术经济研究，（6）：55-62.

葛建华，葛劲松. 2013. 基于物质流分析法的柴达木循环经济试验区环境绩效评价研究. 青海社会科学，（2）：103-107.

关肇直. 1958. 拓扑空间概论. 北京：科学出版社.

国部克彦，伊坪德宏，水口刚. 2014. 环境经营会计. 北京：中国政法大学出版社.

吉利，苏朦. 2016. 企业环境成本内部化动因：合规还是利益？——来自重污染行业上市公司的经验证据. 会计研究，（11）：69-75，96.

孔海宁. 2016. 中国钢铁企业生态效率研究. 经济与管理研究，（9）：88-95.

雷明. 1999. 企业绿色投入产出核算. 经济科学，（6）：76-86.

雷明. 2001. 企业绿色投入产出核算——基于电力企业的研究和分析. 统计研究，（2）：44-51.

李秉全，宋瑞昆. 1988. 云锡公司投入产出模型编制中的若干方法论问题. 数量经济技术经济研究，（6）：62-65.
李峰. 2013. 我国中部农业循环经济发展战略研究. 武汉：武汉大学.
李刚. 2004. 基于可持续发展的国家物质流分析. 中国工业经济，（11）：11-18.
李建磊，徐晓明，金浩. 2005. 层次分析法在河北省可持续发展水平评价中的应用. 河北工业大学学报，（5）：31-36.
李长友. 2010. 我国循环经济的法制保障研究. 北京：中央民族大学.
李志斌，李敏芳. 2017. 企业生态管理控制系统基本理论框架研究. 会计与经济研究，（2）：41-53.
联合国国际会计和报告标准政府间专家工作组. 2003. 环境成本和负债的会计与财务报告. 刘刚，译. 北京：中国财政经济出版社.
梁赛. 2013. 多种政策对我国物质流和价值流变化的综合作用分析. 北京：清华大学.
刘滨，王苏亮，吴宗鑫. 2005. 试论以物质流分析方法为基础建立我国循环经济指标体系. 中国人口 • 资源与环境，（4）：32-36.
刘洪斌. 2010. 节能减排政府责任保障机制研究. 青岛：中国海洋大学.
刘凌轩，毕军，袁增伟. 2009. 物质流管理的时空模型框架及应用研究. 中国环境科学，（7）：780-784.
刘明辉，孙冀萍. 2016. 论“自然资源资产负债表”的学科属性. 会计研究，（5）：3-8，95.
刘三红. 2016. 生态工业园循环经济资源价值流标准研究. 长沙：中南大学.
刘尚希. 2016. 宏观经济、资产负债表与会计计量. 会计研究，（11）：3-5，95.
刘薇. 2009. 物质流成本分析模型的构建与应用. 北京：北京工商大学.
刘轶芳. 2008. 循环经济投入产出模型研究. 北京：中国科学院研究生院.
刘轶芳，佟仁城. 2011. 基于能值理论的循环经济投入产出模型的理论探讨. 管理评论，23（5）：9-17.
刘郁，陈钊. 2016. 中国的环境规制：政策及其成效. 经济社会体制比较，（1）：164-173.
楼俞，石磊. 2008. 城市尺度的金属存量分析——以邯郸市 2005 年钢铁和铝存量为例. 资源科学，（1）：147-152.
陆钟武. 2006. 物质流分析的跟踪观察法. 中国工程科学，8（1）：18-25.
罗丽艳. 2005. 循环经济：物质循环与价值循环的耦合. 天津社会科学，（2）：73-77.
罗喜英，王雨秋. 2017. 流程企业内部资源价值流三维动态分析模型研究. 生态经济，（7）：92-97.
毛洪涛，李晓青. 2008. 资源流成本会计探讨. 财会月刊（理论版），（4）：49-52.
毛建素，陆钟武. 2003. 物质循环流动与价值循环流动. 材料与冶金学报，2（2）：157-160.
美国会计学会. 1991. 基本会计理论. 文硕，王效平，黄世忠，译. 北京：中国商业出版社.
潘俊，沈晓峰，蔡飞君. 2016. 企业环境预算框架设计与应用策略——内嵌于全面预算体系的考量. 会计与经济研究，（6）：60-70.
彭焕龙，董家华，曾思远，等. 2017. 区域物质流的资源环境效率分析评价方法及应用研究——以广州市南沙区为例. 生态经济，（1）：38-42.
钱学森，等. 2007. 论系统工程（新世纪版）. 上海：上海交通大学出版社.
邱寿丰. 2009. 探索循环经济规划之道——循环经济规划的生态效率方法及应用. 上海：同济大学出版社.
沈洪涛，廖菁华. 2014. 会计与生态文明制度建设. 会计研究，（7）：12-17，96.
沈满洪，高登奎. 2008. 生态经济学. 北京：中国环境科学出版社.

孙冶方. 1982. 社会主义经济的若干理论问题. 北京：人民出版社.
孙莹丽. 2009. 基于模块化理论的产业价值链重构研究. 西安：西安电子科技大学.
唐任伍，陆跃祥. 2004. 标准化管理对中国管理的挑战. 经济管理，(7)：15-18.
陶在朴. 2003. 生态包袱与生态足迹——可持续发展的重量及面积观念. 北京：经济科学出版社.
田金平，刘巍，李星，等. 2012. 中国生态工业园区发展模式研究. 中国人口·资源与环境，22(7)：60-66.
田玉前，戴方钦，周章华，等. 2015. 基于投入产出模型的武钢炼铁系统能耗与节能潜力分析. 武汉科技大学学报，(6)：424-430.
佟仁城. 1995. 企业投入产出模型中可替代产品的处理方法. 系统工程理论与实践，(12)：53-59.
佟仁城，刘轶芳，许健. 2008. 循环经济的投入产出分析. 数量经济技术经济研究，(1)：40-52.
涂建明，邓玲，沈永平. 2016. 企业碳预算的管理设计与制度安排——以发电企业为例. 会计研究，(3)：64-71，96.
王达蕴，肖序. 2016a. ISO14001 环境管理体系标准的评价与展望. 湖南社会科学，(2)：155-159.
王达蕴，肖序. 2016b. 环境管理中的资源价值流分析标准化研究. 湘潭大学学报（哲学社会科学版），(2)：85-89.
王达蕴，肖妮，肖序. 2017. 资源价值流会计标准化研究. 会计研究，(9)：12-19.
王军. 2007. 循环经济的理论与研究方法. 北京：经济日报出版社.
王军，周燕，刘金华，等. 2006. 物质流分析方法的理论及其应用研究. 中国人口·资源与环境，16（4)：60-64.
王军锋. 2009. 基于代谢视角的物质经济代谢分析框架研究. 中国地质大学学报（社会科学版），9（2)：6-12.
王俊博，范蕾，李新，等. 2016. 基于物质流方法的中国铜资源社会存量研究. 资源科学，(5)：939-947.
王立彦，蒋洪强. 2014. 环境会计. 北京：中国环境出版社.
王普查，李斌. 2014. 基于循环经济的资源价值流成本会计创新研究. 生态经济，(4)：64-66，90.
王青云，李金华. 2004. 关于循环经济的理论辨析. 中国软科学，(7)：157-160，116.
王贤琳，张华，谢助新. 2010. 绿色制造企业一体化标准管理体系的框架结构及其实施的战略问题探讨. 机械工业标准化与质量，(12)：35-37.
王雅松，王红心. 2010. 模块化下价值链会计流程和理论框架构建的探讨. 商业会计，8（16)：74-75.
王志恒，贾长庆，冯勤华，等. 1996. 企业投入产出模型的建立与应用. 数量经济技术经济研究，(10)：73-76，72.
韦裕明. 1994. 市场经济与社会化大生产. 学术论坛，(5)：18-20.
吴春雷，张新民. 2017. 可持续发展与会计本质. 会计研究，(11)：38-44，96.
吴开亚. 2012. 物质流分析：可持续发展的测量工具. 上海：复旦大学出版社.
夏明，张红霞. 2013. 投入产出分析：理论、方法与数据. 北京：中国人民大学出版社.
肖序. 2010. 环境会计制度构建问题研究. 北京：中国财政经济出版社.
肖序，陈宝玉. 2015. 基于资源效率的“元素流-价值流”分析方法研究. 环境污染与防治，(12)：90-95.

肖序，金友良. 2008. 论资源价值流会计的构建——以流程制造企业循环经济为例. 财经研究，34（10）：122-132.
肖序，李震. 2018. 资源价值流会计：理论框架与应用模式. 财会月刊，（1）：16-20.
肖序，刘三红. 2014. 基于“元素流-价值流”分析的环境管理会计研究. 会计研究，(3)：79-87，96.
肖序，熊菲. 2010. 循环经济价值流分析的理论和方法体系. 系统工程，(12)：64-68.
肖序，熊菲. 2015. 环境管理会计的 PDCA 循环研究. 会计研究，(4)：62-69，96.
肖序，许松涛. 2013. 资产弃置义务会计：理论诠释与准则展望. 会计研究，(2)：9-14，94.
肖序，曾辉祥. 2017. 资源价值流会计三维分析框架探析. 会计之友，(16)：2-7.
肖序，周源. 2017. 林木资源价值流核算方法探究. 会计之友，(10)：29-34.
肖序，周志方. 2005. 环境管理会计国际指南研究的最新进展. 会计研究，(9)：80-85.
肖序，李成，曾辉祥. 2016a. MFCA 的生命周期视角扩展：机理、方法与案例. 系统工程理论与实践，36（12）：3164-3174.
肖序，李成，曾辉祥. 2016b. 垃圾焚烧发电的资源价值流分析——以 A 发电厂为例. 系统工程，34（12）：53-61.
肖序，曾辉祥，李世辉. 2017a. 环境管理会计“物质流-价值流-组织”三维模型研究. 会计研究，(1)：15-22，95.
肖序，张凯欣，曾辉祥. 2017b. 基于 PDCA 循环的造纸企业资源价值流分析. 化工进展，36(3)：1093-1100.
肖序，甄婧茹，曾辉祥. 2017c. 基于 MFCA 的废弃物回收优先排序方法及应用研究. 科技进步与对策，34（9）：43-51.
谢达成. 2008. 我国铝资源产业物质流分析. 上海：上海交通大学.
谢德仁. 2002. 企业绿色经营系统与环境会计. 会计研究，(1)：48-53，47.
谢志明，易玄. 2008. 循环经济价值流研究综述. 山东社会科学，(9)：66-68.
熊菲. 2017. 钢铁企业资源协同价值流分析框架构建——基于化解过剩产能的视角. 财会月刊，(8)：59-62.
胥丽娜. 2016. 基于 MFA 与 DEA 模型的环境效率评价方法. 统计与决策，(12)：77-80.
徐玖平，蒋洪强. 2003. 企业环境成本计量的投入产出模型及其实证分析. 系统工程理论与实践，(11)：36-41.
徐玖平，蒋洪强. 2006. 制造型企业环境成本的核算与控制. 北京：清华大学出版社.
徐一剑，张天柱. 2007. 基于三维物质投入产出表的区域物质流分析模型. 清华大学学报（自然科学版），(3)：356-360.
徐一剑，张天柱，石磊，等. 2004. 贵阳市物质流分析. 清华大学学报（自然科学版），44（12)：1688-1691，1699.
阎达五. 2004. 价值链会计研究：回顾与展望. 会计研究，(2)：3-7，96.
杨欢进. 1994. 反思“社会化大生产”. 河北大学学报（哲学社会科学版），(4)：5-10.
杨世忠. 2016. 环境会计主体：从“以资为本”到“以民为本”. 会计之友，(1)：14-17.
杨世忠，曹梅梅. 2010. 宏观环境会计核算体系框架构想. 会计研究，(8)：9-15，95.
杨雪锋，王军. 2011. 循环经济：学理基础与促进机制. 北京：化学工业出版社.
杨忠直，孔鹏志，李博英. 2016. 循环经济产业系统的分室模型与模拟. 管理科学学报，(11)：

54-62.
袁增伟，毕军. 2010. 产业生态学. 北京：科学出版社.
张帆，夏凡. 2015. 环境与自然资源经济学. 3 版. 上海：格致出版社，上海三联书店，上海人民出版社.
张健. 2016. 资源循环型生产过程的物质流建模与仿真. 北京：经济科学出版社.
张健，勾丽明，黄培锦，等. 2016. 流程型制造业的动态物质流反馈模型研究. 工业工程与管理，（1）：17-22，28.
张先治，李静波. 2016. 环境会计与管理控制整合研究. 财经问题研究，（11）：82-89.
赵丽萍，万小娟，张紫璇. 2017. 现行成本核算体系与 MFCA 的整合及应用. 会计之友，（11）：11-15.
郑玲，肖序. 2010. 资源流成本会计控制决策模式研究——以日本田边公司为例. 财经理论与实践，31（1）：57-61.
郑忠，黄世鹏，龙建宇，等. 2017. 钢铁智能制造背景下物质流和能量流协同方法. 工程科学学报，（1）：115-124.
周宏春. 2016. 生态价值核算回顾与评价. 中国生态文明，（6）：54-61.
周守华，陶春华. 2012. 环境会计：理论综述与启示. 会计研究，（2）：3-10，96.
周志方，肖序. 2010. 国外环境财务会计发展评述. 会计研究，（1）：79-86，96.
周志方，肖序. 2013. 两型社会背景下企业资源价值流转会计研究——基于循环经济视角. 北京：经济科学出版社.
朱爱萍，傅元略. 2016. 价值链理论研究述评. 当代会计评论，9（2）：189-203.
朱彩飞. 2008. 可持续发展研究中的物质流核算方法：问题与趋势. 生态经济（学术版），（1）：114-117.
诸波，李余. 2017. 基于价值创造的企业管理会计应用体系构建与实施. 会计研究，（6）：11-16，96.
诸大建. 2007. 中国可持续发展总纲（第 20 卷）——中国循环经济与可持续发展. 北京：科学出版社.
诸大建. 2009. 循环经济 2.0：从环境治理到绿色增长. 上海：同济大学出版社.
诸大建. 2017. 最近 10 年国外循环经济进展及对中国深化发展的启示. 中国人口·资源与环境，27（8）：9-16.
诸大建，邱寿丰. 2006. 生态效率是循环经济的合适测度. 中国人口·资源与环境，16（5）：1-6.
诸大建，朱远. 2013. 生态文明背景下循环经济理论的深化研究. 中国科学院院刊，（2）：207-218.
Anderson M S. 2007. An introductory note on the environmental economics of the circular economy. Sustainability Science，2（1）：133-140.
Ayres R U. 1978. Resources，Environment and Economics：Applications of the Materials/Energy Balance Principle. New York：John Wiley & Sons.
Ayres R U，Kneese A V. 1969. Production，consumption and externalities. American Economic Review，59（3）：282-297.
Bartolomeo M，Bennett M，Bouma J J，et al. 2000. Environmental management accounting in Europe：current practice and future potential. European Accounting Review，9（1）：31-52.
Bierer A，Götze U，Meynerts L，et al. 2015. Integrating life cycle costing and life cycle assessment

using extended material flow cost accounting. Journal of Cleaner Production，108：1289-1301.

Binder C R，Hofer C，Wiek A，et al. 2004. Transition towards improved regional wood flows by integrating material flux analysis and agent analysis：the case of Appenzell Ausserrhoden，Switzerland. Ecological Economics，49：1-17.

Bornhöft N A，Sun T Y，Hilty L M，et al. 2016. A dynamic probabilistic material flow modeling method. Environmental Modelling & Software，76：69-80.

Boulding K E. 1966. The economics of the coming spaceship earth. Environmental Quatity in a Grouting，58（4）：947-957.

Bringezu S，Schutz H. 1996. Der okologische rucksack des ruhrgebiete. Wuppertal：Wuppertal Institute.

Brown J，Tregidga H. 2017. Re-politicizing social and environmental accounting through Rancière：On the value of dissensus. Accounting，Organizations and Society，61：1-21.

Brown R J，Yanuck R R. 1985. Introduction to Life Cycle Costing. Atlanta：Fairmont Press Incorporated.

Brunner P H，Rechberger H. 2004. Practical Handbook of Material Flow Analysis. Boca Raton：Lewis Publishers，CRC Press.

Burritt R L，Christ K L. 2017. The need for monetary information within corporate water accounting. Journal of Environmental Management，201：72-81.

Burritt R L，Saka C K. 2006. Environmental management accounting applications and eco-efficiency：case studies from Japan. Journal of Cleaner Production，14（14）：1262-1275.

Burritt R L，Schaltegger S. 2010. Sustainability accounting and reporting：fad or trend?. Accounting，Auditing & Accountability Journal，23（7）：829-846.

Burritt R L，Schaltegger S，Zvezdov D. 2011. Carbon management accounting：explaining practice in leading German companies. Australian Accounting Review，21（1）：80-98.

Byrne S，O'Regan B. 2016. Material flow accounting for an Irish rural community engaged in energy efficiency and renewable energy generation. Journal of Cleaner Production，127：363-373.

Chen B，Chen G Q. 2006. Ecological footprint accounting based on emergy—a case study of the Chinese society. Ecological Modelling，198（1/2）：101-114.

Christ K L，Burritt R L. 2015. Material flow cost accounting：a review and agenda for future research. Journal of Cleaner Production，108：1378-1389.

Christ K L，Burritt R L. 2016. ISO 14051：a new era for MFCA implementation and research. Revista de Contabilidad，19（1）：1-9.

Christ K L，Burritt R L. 2017. Water management accounting：a framework for corporate practice. Journal of Cleaner Production，152：379-386.

Courtonne J Y，Alapetite J，Longaretti P Y，et al. 2015. Downscaling material flow analysis：the case of the cereal supply chain in France. Ecological Economics，118：67-80.

Daft R L. 2011. Theory and Design of Organization. 10th. Beijing：Tsinghua University Press.

DiMaggio P J，Powell W W. 1983. The iron cage revisited：institutional isomorphism and collective rationality in organizational fields. American Sociological Review，48：147-160.

di Maio F，Rem P C，Baldé K，et al. 2017. Measuring resource efficiency and circular economy：a market value approach. Resources，Conservation and Recycling，122：163-171.

D'Onza G，Greco G，Allegrini M. 2016. Full cost accounting in the analysis of separated waste collection efficiency：a methodological proposal. Journal of Environmental Management，167：59-65.

Du T，Shi T，Liu Y，et al. 2013. Energy consumption and its influencing factors of iron and steel enterprise. Journal of Iron and Steel Research，International，20（8）：8-13.

Duchin F. 1992. Industrial input-output analysis：implications for industrial ecology. Proceedings of the National Academy of Sciences of the United States of Merica，89：851-855.

Eurostat. 1997. Material Flow Accounting：Experience of Statistical Offices in Europe. Luxembourg：Economic Statistics and Economic and Monetary Govergence.

Fakoya M B，van der Poll H M. 2013. Integrating ERP and MFCA systems for improved waste-reduction decisions in a brewery in South Africa. Journal of Cleaner Production，40：136-140.

Feng Z J，Yan N L. 2007. Putting a circular economy into practice in China. Sustainability Science，2（1）：95-101.

Ferrández-García A，Ibáñez-Forés V，Bovea M D. 2016. Eco-efficiency analysis of the life cycle of interior partition walls：a comparison of alternative solutions. Journal of Cleaner Production，112：649-665.

Fleischman R K，Schuele K. 2006. Green accounting：a primer. Journal of Accounting Education，24（1）：35-66.

Gao T M，Shen L，Shen M，et al. 2016. Analysis of material flow and consumption in cement production process. Journal of Cleaner Production，112：553-565.

Geissdoerfer M，Savaget P，Bocken N M P，et al. 2017. The circular economy—a new sustainability paradigm?. Journal of Cleaner Production，143：757-768.

Geng Y，Zhang P，Côté R P，et al. 2009. Assessment of the national eco-industrial park standard for promoting industrial symbiosis in China. Journal of Industrial Ecology，13（1）：15-26.

Gray R. 2010. Is accounting for sustainability actually accounting for sustainability…and how would we know? An exploration of narratives of organisations and the planet. Accounting，Organizations and Society，35（1）：47-62.

Guenther E，Endrikat J，Guenther T W. 2016. Environmental management control systems：a conceptualization and a review of the empirical evidence. Journal of Cleaner Production，136（A）：147-171.

Guenther E，Jasch C，Schmidt M，et al. 2015.Material flow cost accounting—looking back and ahead. Journal of Cleaner Production，108：1249-1254.

Gundes S. 2016. The use of life cycle techniques in the assessment of sustainability. Procedia-Social and Behavioral Sciences，216：916-922.

Guyonnet D，Planchon M，Rollat A，et al. 2015. Material flow analysis applied to rare earth elements in Europe. Journal of Cleaner Production，107：215-228.

Hammer M，Giljum S，Bargigili S. 2003. Material Flow Analysis on the Regional Level：Questions，Problems，Solutions. Hamburg：Hamburg University.

Harris J M，Roach B. 2013. Environmental and Natural Resource Economics：A Contemporary

Approach. 3rd. New York：M.E. Sharpe.

Hunkeler D. 2016. Life cycle assessment（LCA）：a guide to best practice. The International Journal of Life Cycle Assessment，21（7）：1063-1066.

Hyršlová J，Vágner M，Palásek J. 2011. Material flow cost accounting（MFCA）—tool for the optimization of corporate production processes. Business Management and Education，9（1）：5-18 .

IFAC. 2005. International Guidance Document Environmental Management Accounting. New York.

ISO. 2011. ISO 14051：Environmental management—Material Flow Cost Accounting—General Framework. Geneva.

ISO. 2017. ISO 14052：Environmental Management—Material Flow Cost Accounting—Guidance for Practical Implementation in A Supply Chain. Geneva.

Jasch C. 2006. Environmental management accounting（EMA）as the next step in the evolution of management accounting. Journal of Cleaner Production，14（14）：1190-1193.

Kagawa S，Inamura H，Moriguchi Y. 2004.A simple multi-regional input-output account for waste analysis. Economic Systems Research，16（1）：1-20.

Kasemset C，Chernsupornchai J，Pala-Ud W. 2015. Application of MFCA in waste reduction：case study on a small textile factory in Thailand. Journal of Cleaner Production，108：1342-1351.

Kim Y B，An H T，Kim J D. 2015. The effect of carbon risk on the cost of equity capital. Journal of Cleaner Production，93：279-287.

Kleijn R，Huele R，van der Voet E. 2000. Dynamic substance flow analysis: the delaying mechanism of stocks，with the case of PVC in Sweden. Ecological Economics，32（2）：241-254.

Kokubu K，Kitada H. 2015. Material flow cost accounting and existing management perspectives. Journal of Cleaner Production，108：1279-1288.

Kokubu K，Campos M K S，Furukawa Y，et al. 2009. Material flow cost accounting with ISO 14051. ISO Management Systems，（January-February）：15-18.

Larrinaga C. 2014. Carbon accounting and carbon governance. Social and Environmental Accountability Journal，34（1）：1-5.

Leontief W. 1970. Environmental repercussions and the economic structure：an input-output approach. The Review of Economics and Statistics，52（3）：262-271.

Lim S R，Park J M. 2007. Environmental and economic analysis of a water network system using LCA and LCC. AIChE Journal，53（12）：3253-3262.

Lohmann L. 2009. Toward a different debate in environmental accounting：the cases of carbon and cost-benefit. Accounting，Organizations and Society，34（3/4）：499-534.

Long Q Q. 2015. Three-dimensional-flow model of agent-based computational experiment for complex supply network evolution. Expert Systems With Applications，42（5）：2525-2537.

Mahmoudi E，Jodeiri N，Fatehifar E. 2017. Implementation of material flow cost accounting for efficiency improvement in wastewater treatment unit of Tabriz oil refining company. Journal of Cleaner Production，165：530-536.

Martin S A，Cushman R A，Weitz K A，et al. 1998. Applying industrial ecology to industrial parks：an economic and environmental analysis. Economic Development Quarterly，12（3）：218-237.

Martthews E，Amann C，Bringezu S. 2000.The Weight of Nations：Material Outflow from Industrial Economics. Washington D C：World Resource Institute.

Mathews M R. 1995. Social and environmental accounting：a practical demonstration of ethical concern?. Journal of Business Ethics，14：663-671.

Maunders K T，Burritt R L. 1991. Accounting and ecological crisis. Accounting，Auditing & Accountability Journal，4（3）：9-26.

Meadows D，Randers J，Meadows D. 1972. Limits to Growth：The 30-Year Update. Chelsea：Chelsea Green Publishing.

METI. 2007. Guide for Material Flow Cost Accounting. Tokyo：Ministry of Economy，Trade and Industry.

Milne M J. 1991. Accounting，environmental resource values，and non-market valuation techniques for environmental. Accounting，Auditing & Accountability Journal，4（3）：81-109.

Müller K，Holmes A，Deurer M，et al. 2015. Eco-efficiency as a sustainability measure for kiwifruit production in New Zealand. Journal of Cleaner Production，106：333-342.

Nakajima M，Kimura A，Wagner B. 2015. Introduction of material flow cost accounting（MFCA）to the supply chain：a questionnaire study on the challenges of constructing a low-carbon supply chain to promote resource efficiency. Journal of Cleaner Production，108：1302-1309.

Nakamura S，Kondo Y. 2002. Input-output analysis of waste management. Journal of Industrial Ecology，6（1）：39-63.

Passetti E，Tenucci A. 2016. Eco-efficiency measurement and the influence of organisational factors：evidence from large Italian companies. Journal of Cleaner Production，122：228-239.

Patten B C. 1978. Systems approach to the concept of environment. Ohio Journal of Science，78：206-222.

Poter M E. 1985.Competitive Advantage. New York：Free Press.

Prox M. 2015. Material flow cost accounting extended to the supply chain—challenges，benefits and links to life cycle engineering. Procedia CIRP，29：486-491.

Qu Y，Liu Y K，Nayak R R，et al. 2015. Sustainable development of eco-industrial parks in China：effects of managers' environmental awareness on the relationships between practice and performance. Journal of Cleaner Production，87：328-338.

Rajput N，Kaura R，Khanna A. 2013.Water disclosure practices in Indian companies：a road less travelled. Research Journal of Social Science & Management，12（5）：132-144.

Riebel P. 1994. Core features of the "Einzelkosten-und Deckungsbeitragsrechnung". European Accounting Review，3：515-546.

Rieckhof R，Bergmann A，Guenther E. 2015. Interrelating material flow cost accounting with management control systems to introduce resource efficiency into strategy. Journal of Cleaner Production，108：1262-1278.

Roberts B H. 2004.The application of industrial ecology principles and planning guidelines for the development of eco-industrial parks：an Australian case study. Journal of Cleaner Production，12（8/9/10）：997-1010.

Sarkar R，Pal T K，Shome M. 2016. Material flow and intermixing during friction stir spot welding of steel. Journal of Materials Processing Technology，227：96-109.

Schaltegger S，Zvezdov D. 2015. Expanding material flow cost accounting. Framework，review and potentials. Journal of Cleaner Production，108：1333-1341.

Schaltegger S，Bennett M，Burritt R. 2006. Sustainability Accounting and Reporting. Netherlands：Springer Netherlands.

Schaltegger S，Viere T，Zvezdov D. 2012. Tapping environmental accounting potentials of beer brewing：Information needs for successful cleaner production. Journal of Cleaner Production，29/30：1-10.

Schmidt M. 2015. The interpretation and extension of Material Flow Cost Accounting（MFCA）in the context of environmental material flow analysis. Journal of Cleaner Production，108：1310-1319.

Schmidt-Bleek F，Friedrich S，Bringezu S. 1998. MAIA-Einfuhrung in die Material-Intensitats-Analysis nach dem MIPs-Konzept. Boston：Birkhauser Verlag.

Scott W R，Davis G F. 2007. Organizations and Organizing：Rational，Natural，and Open System Perspectives. Upper Saddle River：Pearson Prentice Hall.

Sevigné-Itoiz E，Gasol C M，Rieradevall J，et al. 2015. Methodology of supporting decision-making of waste management with material flow analysis（MFA）and consequential life cycle assessment（CLCA）：case study of waste paper recycling. Journal of Cleaner Production，105：253-262.

Signori S，Bodino G A. 2013. Water management and accounting：remarks and new insights from an accountability perspective. Studies in Managerial and Financial Accounting，26：115-161.

Singh S，Bakshi B R. 2014. Accounting for emissions and sinks from the biogeochemical cycle of carbon in the U.S. economic input-output model. Journal of Industrial Ecology，18（6）：818-828.

Song T，Yang Z S，Chahine T. 2016. Efficiency evaluation of material and energy flows，a case study of Chinese cities. Journal of Cleaner Production，112：3667-3675.

Spracklen D V. 2016. China's contribution to climate change. Nature，531（7594）：310-311.

Stephen P R，Mary C. 2012. Management. 11th ed. Beijing：Renmin University of China Press.

Sulong F，Sulaiman M，Norhayati M A. 2015. Material Flow Cost Accounting（MFCA）enablers and barriers：the case of a Malaysian small and medium-sized enterprise（SME）. Journal of Cleaner Production，108：1365-1374.

Sundin E，Svensson N，McLaren J，et al. 2001. Materials and energy flow analysis of paper consumption in the United Kingdom，1987—2010. Industrial Ecology，5（3）：89-105.

Swain B，Kang L，Mishra C，et al. 2015. Materials flow analysis of neodymium，status of rare earth metal in the Republic of Korea. Waste Management，45：351-360.

Takase K，Kondo Y，Washizu A. 2005. An analysis of sustainable consumption by the waste input-output model. Journal of Industrial Ecology，9（1/2）：201-219.

Tan K H，Chung L，Shi L，et al. 2017. Unpacking the indirect effects and consequences of environmental regulation. International Journal of Production Economics，186：46-54.

Tian J P，Liu W，Lai B J，et al. 2014. Study of the performance of eco-industrial park development in China. Journal of Cleaner Production，64：486-494.

Tomiyama T. 1997. A manufacturing paradigm toward the 21st century. Integrated Computer-Aided Engineering，4（3）：159-178.

Trappey A J C，Liu T H，Hwang C T. 1997. Using EXPRESS data modeling technique for PCB assembly analysis. Computers in Industry，34（1）：111-123.

Tregidga H，Milne M，Kearins K. 2014.（Re）presenting “sustainable organizations”. Accounting，Organizations and Society，39（6）：477-494.

United Nations Development Programme. 2016. Transforming Our World：The 2030 Agenda for Sustainable Development. New York.

United Nations Division for Sustainable Development. 2001. Environmental Management Accounting：Procedures and Principles. New York.

United Nations Division for Sustainable Development. 2002. Environmental Management Accounting：Policies and Linkages. New York.

US Environmental Protection Agency. 1995. An introduction to environmental accounting as a business management tool：key concepts and terms. Washington D C.

Valero A，Usón S，Torres C，et al. 2013. Thermoeconomic tools for the analysis of eco-industrial parks. Energy，62：62-72.

van Boxtel A J B，Perez-Lopez P，Breitmayer E，et al. 2015. The potential of optimized process design to advance LCA performance of algae production systems. Applied Energy，154：1122-1127.

Vasile E，Man M. 2012. Current dimension of environmental management accounting. Procedia-Social and Behavioral Sciences，62：566-570.

Velte C J，Wilfahrt A，Müller R，et al. 2017. Complexity in a life cycle perspective. Procedia CIRP，61：104-109.

Wagner B. 2015. A report on the origins of material flow cost accounting（MFCA）research activities. Journal of Cleaner Production，108：1255-1261.

Water Accounting Standards Board. 2012a. Australian Water Accounting Standard 1：Preparation and Presentation of General Purpose Water Accounting Reports. Australia：Bureau of Meteorology.

Water Accounting Standards Board. 2012b. Australian Water Accounting Standard 2：Assurance Engagements on General Purpose Water Accounting Reports. Australia：Bureau of Meteorology.

Water Accounting Standards Board. 2014. Water Accounting Conceptual Framework for the Preparation and Presentation of General Purpose Water Accounting Reports. Canberra：Bureau of Meteorology.

World Business Council for Sustainable Development. 1996. Eco-efficient Leadership for Improved Economic and Environmental Performance. Geneva.

World Business Council for Sustainable Development. 2000. Measuring Eco-effiency—a Guide to Reporting Company Performance. Geneva.

Witjes S，Lozano R. 2016. Towards a more circular economy：proposing a framework linking sustainable public procurement and sustainable business models. Resources，Conservation and Recycling，112：37-44.

Wolman A. 1965. The metabolism of cities. Scientific American，213（3）：179-190.

Xiong F，Xiao X，Chen X H，et al. 2015. Path optimization of Chinese aluminum corporation for a circular economy strategy based on a resource value flow model：a case study of ChinaLCO. Environmental Engineering and Management Journal，14（8）：1923-1932.

Yin J H，Zheng M Z，Chen J. 2015. The effects of environmental regulation and technical progress on CO_2 Kuznets curve：an evidence from China. Energy Policy，77：97-108.

Yong R. 2007. The circular economy in China. Journal of Material Cycles and Waste Management，9（2）：121-129.

Zeng H X，Chen X H，Xiao X，et al. 2017. Institutional pressures，sustainable supply chain management，and circular economy capability：empirical evidence from Chinese eco-industrial park firms. Journal of Cleaner Production，155：54-65.

Zhou Z F，Zhao W T，Chen X H，et al. 2017. MFCA extension from a circular economy perspective：model modifications and case study. Journal of Cleaner Production，149（2）：110-125.

后　记

历经三载，在此著作即将付梓之际，顿时感触颇深。回顾创作过程中的点点滴滴，多个伏笔于案前悉心研究的白昼黑夜恍若白驹过隙，但这一切终究没有白费，付出的心血终于有了回报。此刻，除了有一闪的轻松之外，我更高兴的是自己能为环境会计这一领域添砖加瓦，为生态文明建设和人类的绿色发展尽绵薄之力。虽然自己所研究的成果可能只是该领域的一个很小的方面，但十分荣幸能用所学和所知为新时代生态文明建设和生态环境保护体制机制建设贡献一份力量。

从接触环境会计这个领域开始，我就深深地意识到了自己所承担的社会责任和学术使命，环境会计不仅是一个简单的会计问题，更是关乎人类命运与高质量发展的环境难题，尤其是当今环境问题已成为制约我国经济可持续发展的瓶颈，频繁出现的环境污染与生态破坏事件更使我深切地感受到从事环境会计研究的紧迫性和重要性。

在本著作的撰写过程中遇到了许多困难和瓶颈，但很幸运自己在曲折的过程中坚持下来，也收获和学到了很多。在此，我必须向诸多为我提供帮助的组织和学者致以衷心的感谢！本著作得以撰写完成和顺利出版，首先必须感谢国家社会科学基金重大项目（项目编号：11&ZD166）和湖南省哲学社会科学基金青年项目（项目编号：18YBQ130）的支持，以及中南大学商学院“双一流”建设专著出版专项经费资助，正是有了这些强有力的后盾支持，我才能够顺利完成这份研究并整理成稿出版。其次，本著作的成功出版离不开中南大学和科学出版社领导及同仁们的大力支持，离不开我学术成长道路上所遇到的诸多前辈们的悉心指导和耐心帮助，您们就如一盏盏指路明灯，指引着我在学术探索的道路上前行；同时，特别感谢科学出版社的责任编辑徐倩老师为此著作所付出的艰辛劳动，向您认真、严谨、负责的敬业精神致以崇高的敬意！我非常有幸成为中南大学商学院环境会计研究团队的一员，大家敏锐的学术洞察力、高标准的学术追求、严谨务实的学术态度是我今后创作的动力源泉。最后，我还要由衷感谢一直陪伴在我左右的家人，正是有你们默默的支持、付出和理解，才使得我能安心专于研究。

我更明白，当前所做的研究只是环境会计领域的冰山一角，这个领域中还有许多问题值得我去发现、研究和解决。由于水平有限，书中不妥之处在所难免，敬请各位同仁、读者批评赐教。我一定会以此为契机鼓励自己、督促自己，不断地去探索和思考新问题，尽力为环境会计学的发展和繁荣多做一点力所能及的贡献。

曾辉祥

2021年11月4日

于中南大学米塔尔楼